本书获得江西科技师范大学教材出版基金资助

高等学校“十三五”规划教材

SolidWorks 实用教程 30 例

陈智琴　曾卫军　李文魁　程丽红　编著

北　京
冶 金 工 业 出 版 社
2021

内 容 提 要

本书以30个实用的典型零件为例，由易到难详细讲解了SolidWorks软件进行三维建模的方法和技巧，内容涵盖了二维草图的绘制、拉伸特征创建零件、旋转特征创建零件、放样特征创建零件、扫描特征创建零件、装配体模型和工程图。

本书所论述的实例知识点内容深入、典型，具有很强的实用性和操作性。本书为材料和机械类本科生的教学用书，也可供广大工程技术人员和SolidWorks技术人员参考。

图书在版编目(CIP)数据

SolidWorks实用教程30例/陈智琴等编著. —北京：冶金工业出版社，2019.8（2021.11重印）

高等学校"十三五"规划教材

ISBN 978-7-5024-8207-7

Ⅰ.①S… Ⅱ.①陈… Ⅲ.①计算机辅助设计—应用软件—高等学校—教材 Ⅳ.①TP391.72

中国版本图书馆CIP数据核字（2019）第172267号

SolidWorks实用教程30例

出版发行	冶金工业出版社	**电　　话**	(010)64027926
地　　址	北京市东城区嵩祝院北巷39号	**邮　　编**	100009
网　　址	www.mip1953.com	**电子信箱**	service@mip1953.com

责任编辑 杜婷婷　美术编辑 郑小利　版式设计 禹 蕊

责任校对 王永欣　责任印制 禹 蕊

北京虎彩文化传播有限公司印刷

2019年8月第1版，2021年11月第3次印刷

787mm×1092mm 1/16；8印张；193千字；121页

定价29.00元

投稿电话 (010)64027932　投稿信箱 tougao@cnmip.com.cn

营销中心电话 (010)64044283

冶金工业出版社天猫旗舰店 yjgycbs.tmall.com

（本书如有印装质量问题，本社营销中心负责退换）

前　言

SolidWorks 是由美国 SolidWorks 公司推出的一款基于 Windows 平台的优秀三维制图设计软件，该软件具有功能强大、易学易用和技术创新三大特点，广泛应用于三维 CAD/CAM 设计，极大地提高了广大工程技术人员的设计效率。

本书结合编者多年三维制图设计课程教学经验与 SolidWorks 软件的实际应用体会，从使用者的角度出发，通过集经验与技巧于一体的 30 个典型实例教程讲解，系统地介绍了各类典型零件的分析、建模过程。内容包括二维草图的绘制、拉伸特征创建零件模型、旋转特征创建零件模型、放样特征创建零件模型、扫描特征创建零件模型、装配体模型和工程图。在此过程中遵循先分析后建模的原则，对相关知识点讲解深入、透彻，使读者能够更好地掌握 SolidWorks 的建模技巧。

书中涵盖了 30 个实验项目，内容由浅入深，涉及的操作范围全面。本书结合具体的典型实例，将 SolidWorks 软件重要的知识点嵌入具体的实例中，使读者可以循序渐进地学习。书中许多实例来自工程实际，具有一定的代表性和技巧性。书中有些实例还采用了一题多解、精解的方法，创建模型的方法多样，拓宽了读者的思路，并给予了读者思考的空间，便于巩固所学的知识。采用文字结合大量运用 SolidWorks 软件建模过程中的操作图片，使内容更加清晰，操作的指导性强。结合具体实例及二维码中的数字资源，使得 SolidWorks 三维制图软件的操作简单易懂、专业性和实际操作性强，对于提高学生运用 SolidWorks 软件进行三维零件设计的建模操作能力具有很强的指导作用，非常适合选作三维制图设计类课程的教材。

本书中每个实例教程后都配有该实例教程视频录像文件，扫二维码即可查看。

本书在编写的过程中参考和采纳了江西科技师范大学材料类专业学生近年来在三维制图设计课程中提出的意见和建议，同时还参考了一些相关文献资料，在此一并表示感谢。

本书由陈智琴、曾卫军、李文魁、程丽红编著，参加编写的有艾建平、闵旭光、方军、张淑芳、白凌云。

由于编著者水平及经验有限，书中疏漏和不妥之处，敬请广大读者批评指正。

编著者
2019 年 6 月

目　录

实例教程 1　草图 1
——使用镜向操作绘制的草图 1

扫一扫
观看视频讲解

绘制如图 1-1 所示的草图 1。

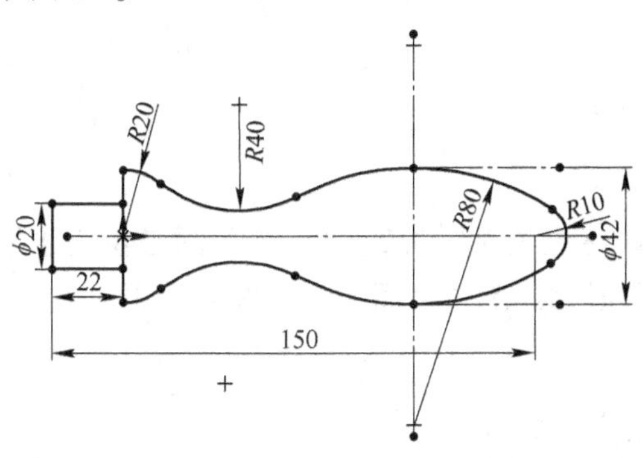

图 1-1　草图 1

实例分析：草图 1 包含了 7 段圆弧，其中 3 段（*R*20、*R*40、*R*80）关于水平中心线对称，可以利用镜向操作命令。*R*10 圆弧的圆心位于水平中心线上，圆弧两端连接上下对称的 *R*80 的两段圆弧。各段相连圆弧之间呈“相切”的几何关系。

绘制步骤：

（1）启动 SolidWorks 软件，选择菜单“文件”→“新建”命令，在弹出的新建文件对话框中选择“零件”，单击“确定”按钮，进入零件设计界面。

（2）从特征管理器中选择“前视基准面”，单击“正视于”按钮，单击“草图绘制”按钮，进入草图绘制界面。单击“中心线”按钮，绘制一条过原点的水平中心线。单击“直线”按钮，绘制一条以原点为中心的竖直直线。绘制两条关于中心线对称、右端点位于竖直直线上、长为 22 的水平直线。再绘制一条将水平中心线左端点连接起来、长为 20 的竖直直线，如图 1-2 所示。

（3）单击“圆心/起/终点画弧”按钮，绘制圆心位于原点、以竖直直线上端点为起点的 *R*20 圆弧。单击“3 点画弧”按钮，绘制 *R*40 和 *R*80 两段圆弧。各段相连圆弧之间添加“相切”的几何关系，如图 1-3 所示。

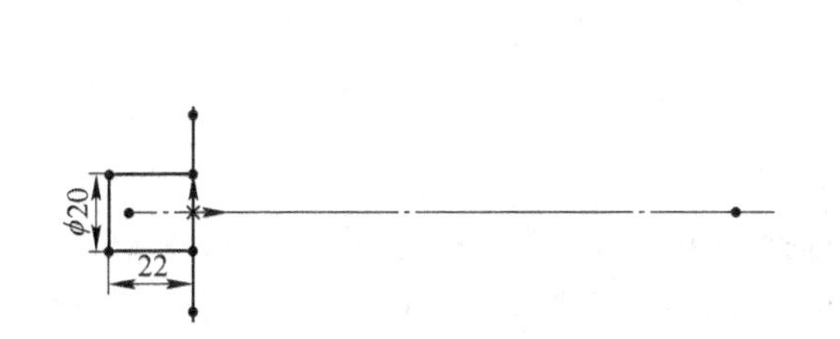

图 1-2　绘制直线和中心线

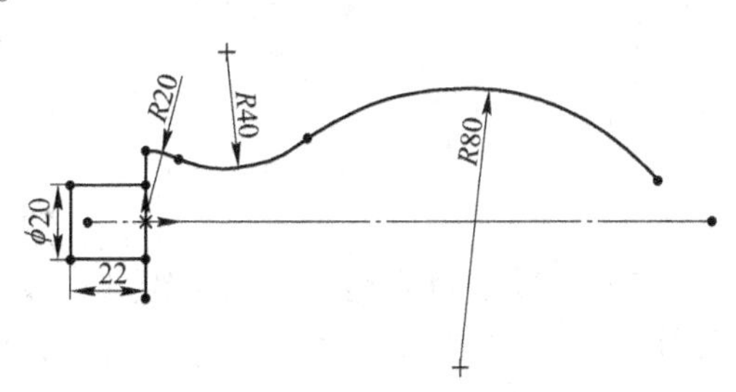

图 1-3　绘制 3 段圆弧

（4）单击草图栏上的“镜向实体”按钮，系统弹出“镜向”属性管理器。同时选中 3 段圆弧（*R*20、*R*40、*R*80）为“要镜向的实体”，选择过原点的水平中心线为“镜向点”，结果如图 1-4 所示。单击“确定”按钮完成镜向操作，如图 1-5 所示。

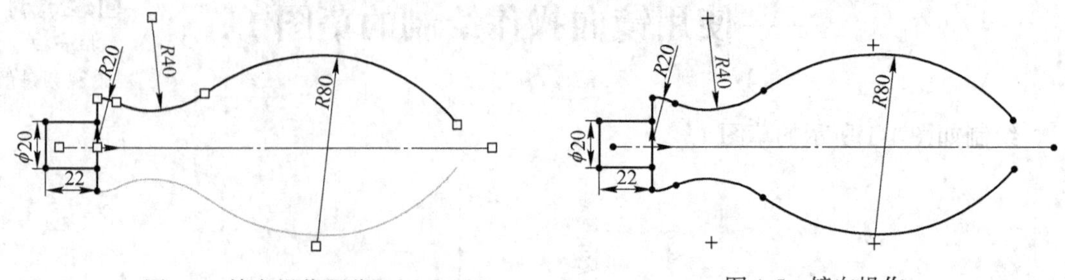

图 1-4　镜向操作预览　　　图 1-5　镜向操作

（5）单击“圆心/起/终点画弧”按钮，绘制圆心位于水平中心线上，距离草图最左端 150 的 *R*10 圆弧。各段相连圆弧之间添加“相切”的几何关系，如图 1-6 所示。

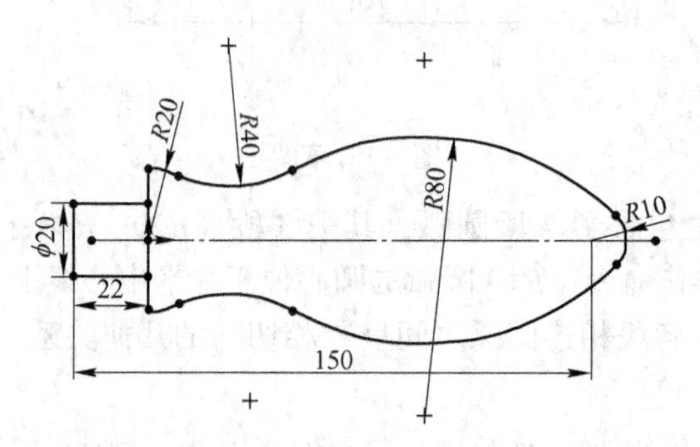

图 1-6　绘制 *R*10 圆弧

（6）单击“中心线”按钮，过上下 *R*80 两段圆弧的圆心绘制一条竖直中心线，并分别以竖直中心线与上下 *R*80 两段圆弧的两个交点为左端点绘制两条水平中心线，其间距设为 42，完成如图 1-7 所示的草图 1。

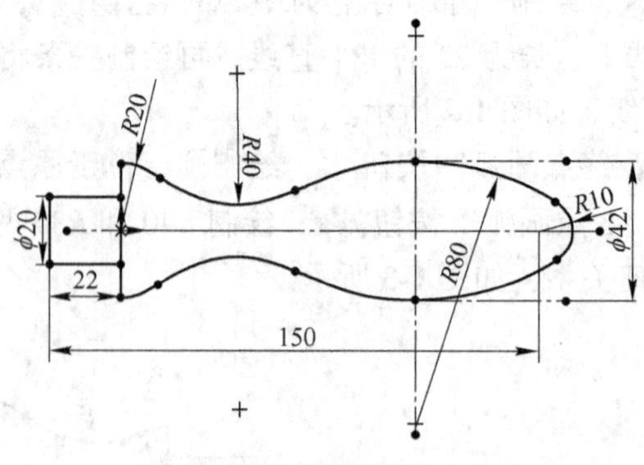

图 1-7　草图 1

（7）完整实例教程 1 草图 1 绘制完成。选择菜单“文件”→“另存为”命令，在弹出的“另存为”对话框将文件命名为“实例教程 1 草图 1. SLDPRT”，单击“保存”按钮。

实例教程 2　草图 2
——使用圆周阵列操作绘制的草图 2

扫一扫
观看视频讲解

绘制如图 2-1 所示的草图 2。

实例分析：草图 2 包含了 7 个圆、10 段圆弧、18 条直线，其中 5 个 ϕ12 圆和 5 段 R9. 6、R28. 8 的圆弧关于原点圆周阵列，18 条直线中的其中 3 条为一组，以原点为中心呈圆周阵列排布，可以利用两次“圆周阵列”操作命令。5 个 ϕ12 圆的圆心位于 ϕ76. 8 的圆弧上，各段相连圆弧之间呈“相切”的几何关系。

绘制步骤：

（1）启动 SolidWorks 软件，选择菜单“文件”→“新建”命令，在弹出的新建文件对话框中选择“零件”，单击“确定”按钮，进入零件设计界面。

（2）从特征管理器中选择“前视基准面”，单击“正视于”按钮，单击“草图绘制”按钮，进入草图绘制界面。单击“中心线”按钮，过原点绘制水平和竖直的两条中心线。单击“圆”按钮，绘制圆心位于原点 ϕ30. 4 和 ϕ76. 8 的两个圆，其中 ϕ76. 8 圆弧为构造线，如图 2-2 所示。

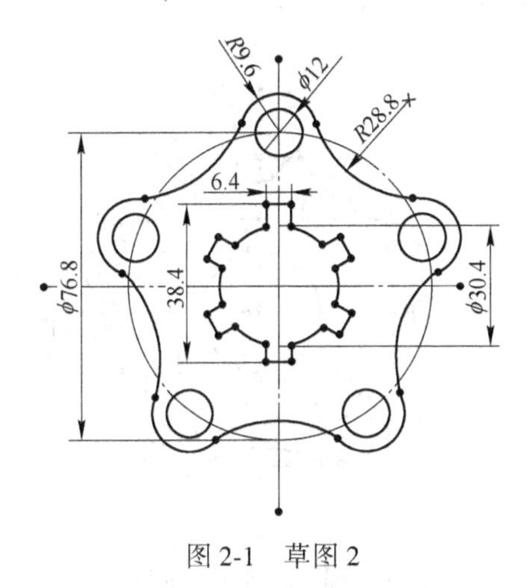

图 2-1　草图 2

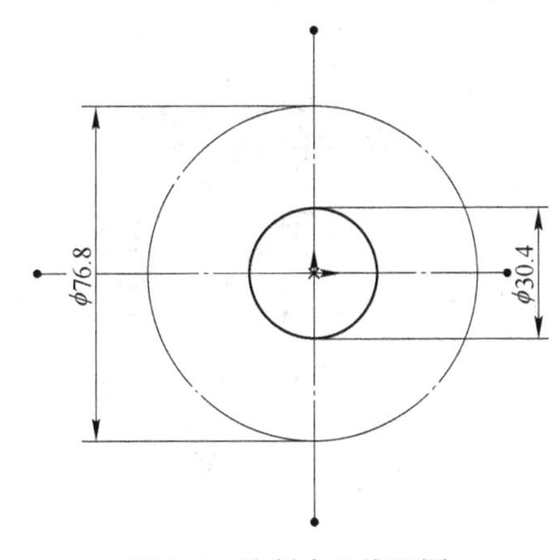

图 2-2　绘制中心线和圆

（3）单击“圆”按钮，单击鼠标右键，选择“快速捕捉”里“交叉点捕捉”命令，绘制 ϕ12 圆，圆心位于 ϕ76. 8 大圆与竖直中心线的交点处。单击“圆心/起/终点画弧”按钮，绘制与 ϕ12 圆同心的 R9. 6 圆弧。单击“直线”按钮，绘制两条下端点在 ϕ30. 4 圆弧的竖直直线和一条水平直线，其中两条竖直直线关于竖直中心线呈“对称”的几何关系，水平直线长度为 6. 4，结果如图 2-3 所示。

（4）单击草图栏上的“圆周阵列”按钮，系统弹出“圆周阵列”属性管理器。同时选中 ϕ12 圆和 R9. 6 圆弧为“要阵列的实体”，实例数为 5，单击“确定”按钮完成圆周阵列操作。将经过圆周阵列操作所得到的 4 个圆周阵列的小圆圆心与 ϕ76. 8 的圆弧添加“重合”几何关系，结果如图 2-4 所示。

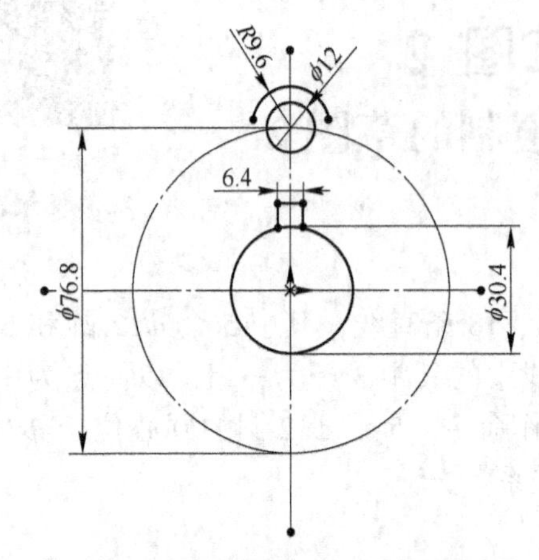

图 2-3 绘制小圆、圆弧和直线

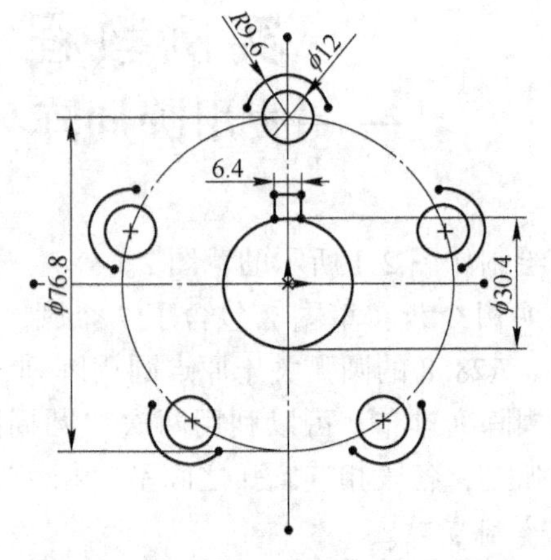

图 2-4 圆周阵列 ϕ12 圆和 *R*9.6 圆弧

（5）单击“3 点画弧”按钮，在两段 *R*9.6 的圆弧之间绘制 *R*28.8 圆弧，两段相连圆弧之间添加“相切”的几何关系，如图 2-5 所示。

（6）单击草图栏上的“圆周阵列”按钮，系统弹出“圆周阵列”属性管理器。选中 *R*28.8 圆弧为“要阵列的实体”，实例数为 5，单击“确定”按钮完成圆周阵列操作，结果如图 2-6 所示。

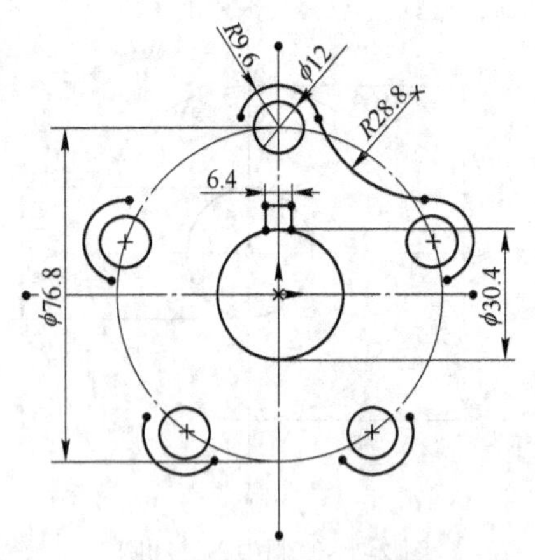

图 2-5 绘制 *R*28.8 圆弧

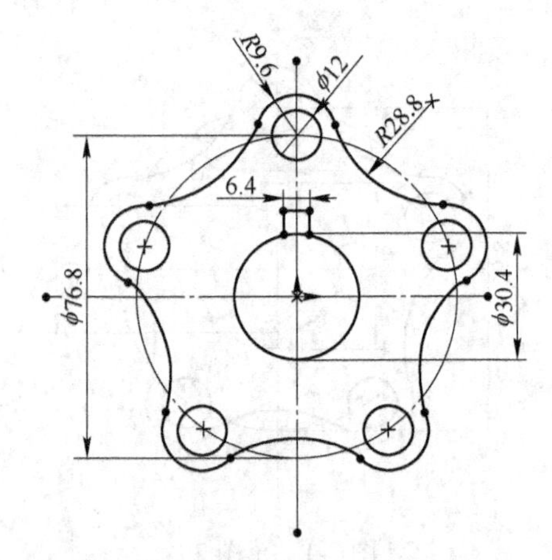

图 2-6 圆周阵列 *R*28.8 圆弧

（7）单击草图栏上的“圆周阵列”按钮，系统弹出“圆周阵列”属性管理器。同时选中三条短直线为“要阵列的实体”，实例数为 6，单击“确定”按钮完成圆周阵列操作。同时将经过圆周阵列操作所得到的 10 条直线端点与 ϕ30.4 圆添加“重合”几何关系，并标注尺寸 38.4，结果如图 2-7 所示。

（8）单击草图栏上的“剪裁实体”按钮，系统弹出“剪裁”属性管理器。选择“剪裁到最近端”选项，将直线与 ϕ30.4 圆之间的圆弧依次剪裁掉，单击“关闭对话框”按钮完成实体剪裁操作，完成如图 2-8 所示的草图 2。

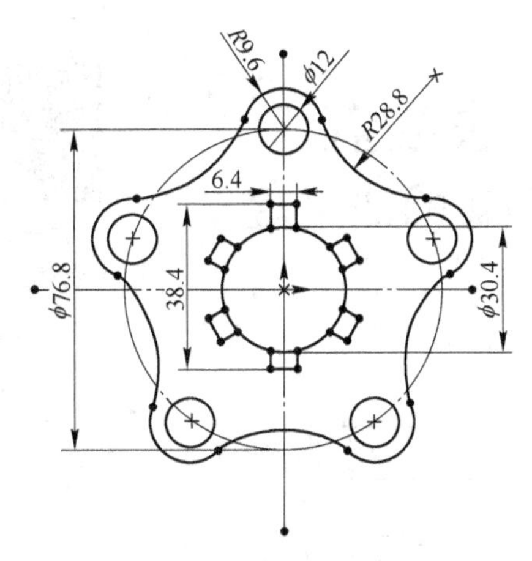

图 2-7 圆周阵列 3 条直线

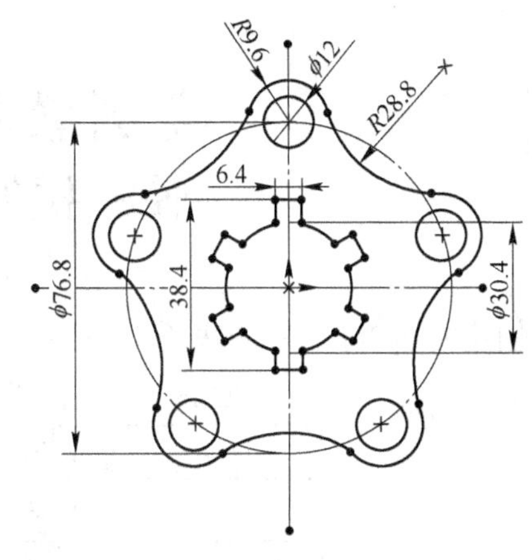

图 2-8 草图 2

(9) 完整实例教程 2 草图 2 绘制完成。选择菜单“文件”→“另存为”命令，在弹出的“另存为”对话框将文件命名为“实例教程 2 草图 2. SLDPRT”，单击“保存”按钮。

实例教程 3　法兰盘

——使用拉伸特征创建的法兰盘

创建如图 3-1 所示的法兰盘。

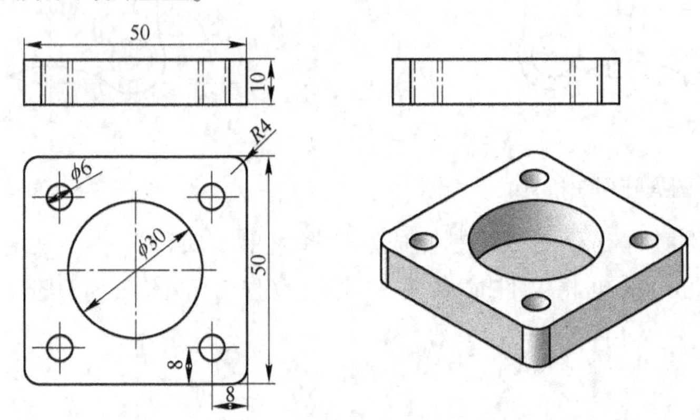

图 3-1　法兰盘

实例分析：法兰盘是一种常见的机械零件。本例中的法兰盘结构比较简单，是对称零件。完成草图绘制，使用拉伸特征即可完成法兰盘的创建。

绘制步骤：

（1）启动 SolidWorks 软件，选择菜单“文件”→“新建”命令，在弹出的新建文件对话框中选择“零件”，单击“确定”按钮，进入零件设计界面。

（2）从特征管理器中选择“上视基准面”，单击“正视于”按钮，单击“草图绘制”按钮，进入草图绘制界面。单击“中心矩形”按钮，绘制中心位于原点 50×50 的矩形，如图 3-2 所示。

（3）单击“中心线”按钮，过原点绘制水平和竖直的两条中心线。单击“圆”按钮，绘制圆心位于原点 $\phi30$ 的大圆，另外绘制 $\phi6$ 的小圆，小圆的圆心距离矩形上边线和右边线均为 8，如图 3-3 所示。

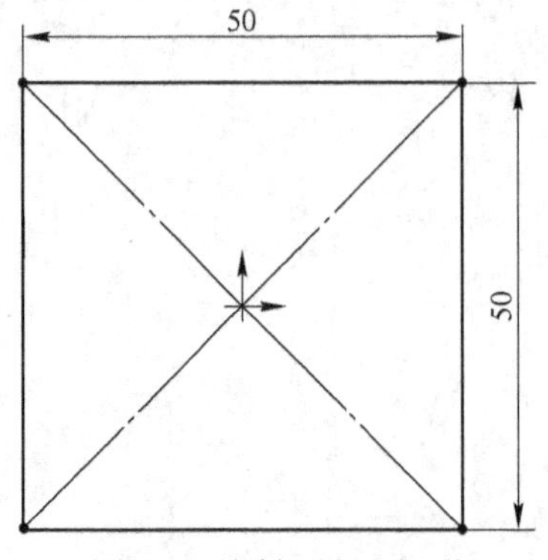

图 3-2　绘制 50×50 矩形

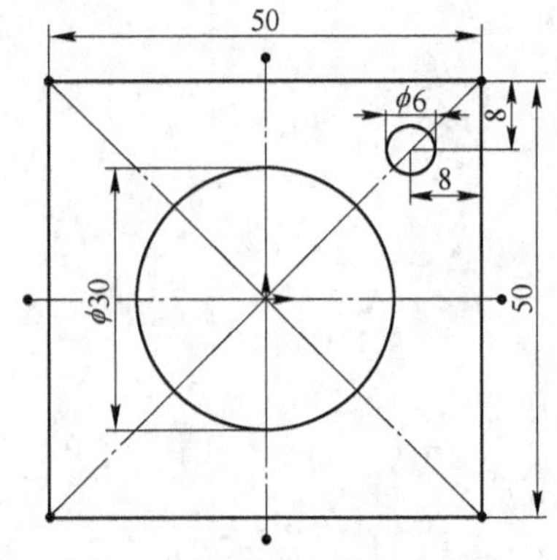

图 3-3　绘制中心线和大小圆

（4）单击草图栏上的“镜向实体”按钮，系统弹出“镜向”属性管理器。选中 $\phi6$ 的小圆为“要镜向的实体”，选择过原点的水平中心线为“镜向点”，结果如图 3-4 所示。单击“确定”按钮完成镜向操作，如图 3-5 所示。

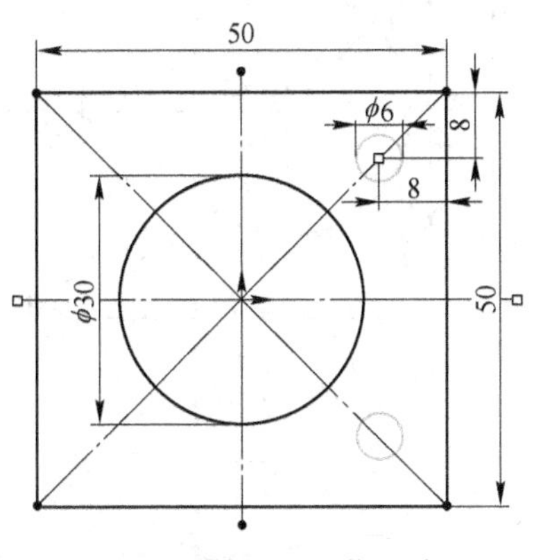

图 3-4　镜向 1 操作预览

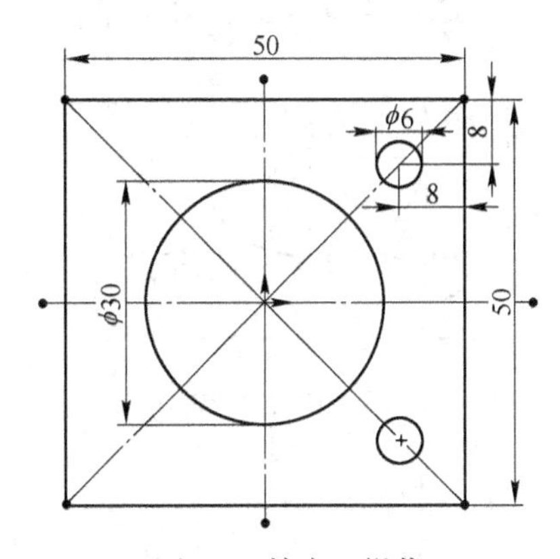

图 3-5　镜向 1 操作

（5）再次单击草图栏上的“镜向实体”按钮，系统弹出“镜向”属性管理器。同时选中右边两个 $\phi6$ 的小圆为“要镜向的实体”，选择过原点的竖直中心线为“镜向点”，结果如图 3-6 所示。单击“确定”按钮完成镜向操作，如图 3-7 所示。

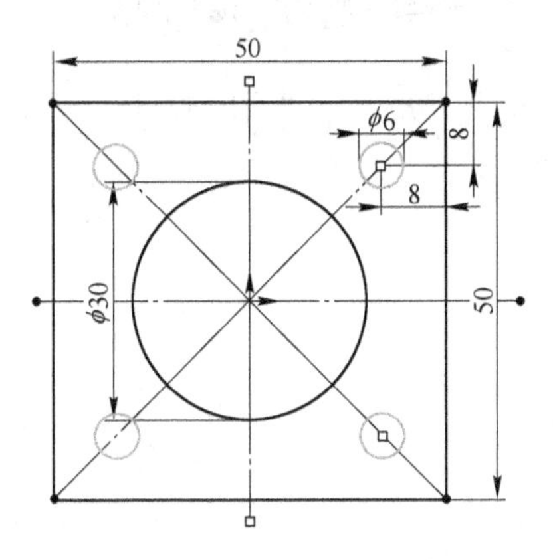

图 3-6　镜向 2 操作预览

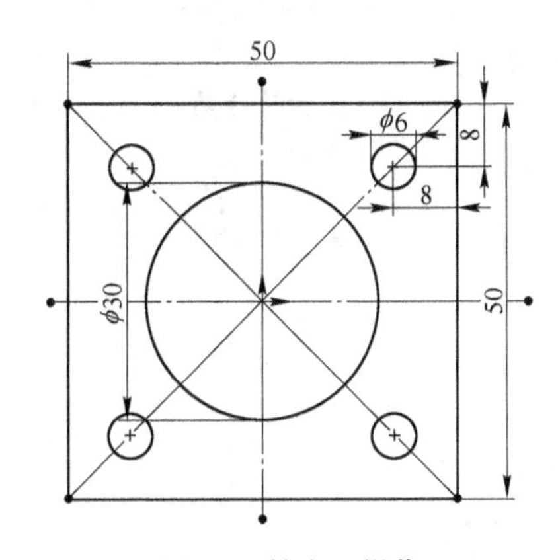

图 3-7　镜向 2 操作

（6）选择菜单“工具”→“草图工具”→“圆角”命令，系统弹出“圆角”属性管理器。选择矩形 4 个顶点为“要圆角化的实体”，圆角半径 R 为 4，结果如图 3-8 所示。单击“确定”按钮完成 4 处圆角操作，如图 3-9 所示。

（7）单击“特征”切换到特征创建面板，在特征栏中选择“拉伸凸台/基体”命令，系统弹出“凸台-拉伸”属性管理器。在“方向 1（1）”栏的“终止条件”选择框中选择“给定深度”，深度设为 10，其他采用默认设置，结果如图 3-10 所示。单击“确定”按钮完成拉伸特征操作，如图 3-11 所示。

（8）完整实例教程 3 法兰盘创建完成。选择菜单“文件”→“另存为”命令，在弹出的“另存为”对话框将文件命名为“实例教程 3 法兰盘 . SLDPRT”，单击“保存”按钮。

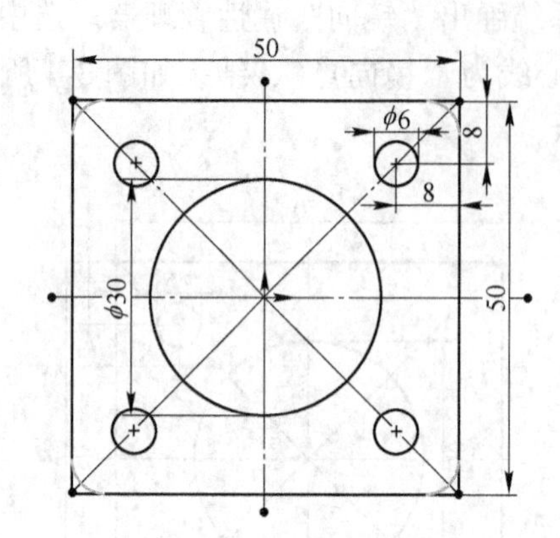

图 3-8 圆角操作预览

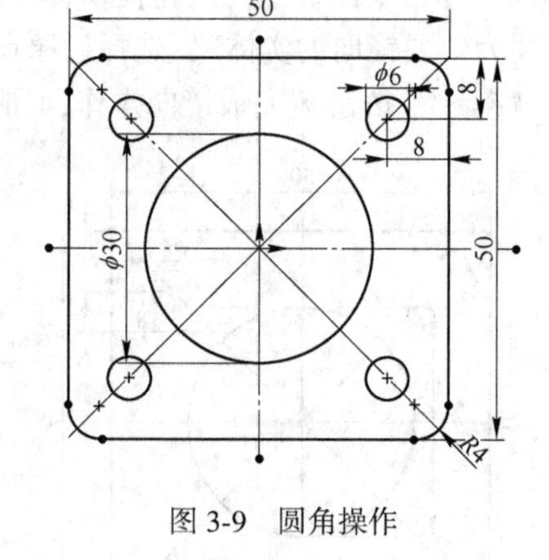

图 3-9 圆角操作

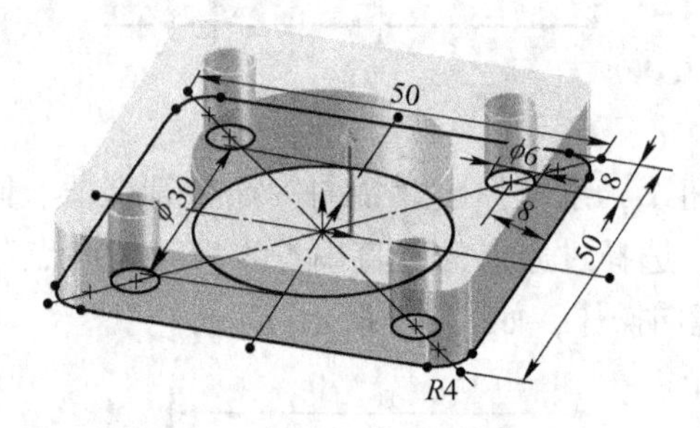

图 3-10 凸台拉伸操作预览

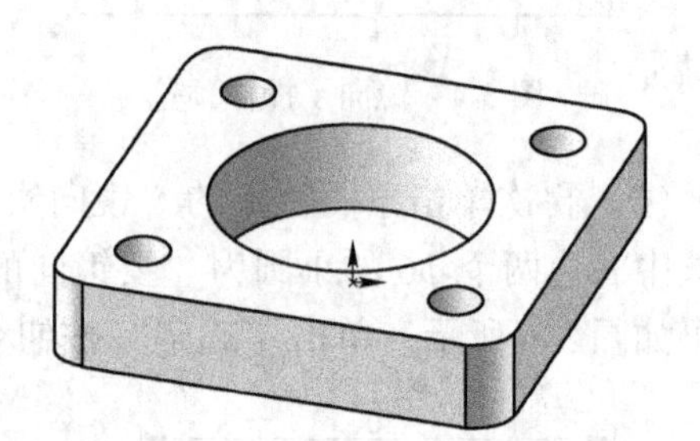

图 3-11 凸台拉伸操作

实例教程 4　阶梯轴
——使用多次拉伸特征创建的阶梯轴

扫一扫
观看视频讲解

创建如图 4-1 所示的阶梯轴。

实例分析：本例中的阶梯轴包含了三节大小不等的圆柱体，每节圆柱体均可用拉伸特征完成。

绘制步骤：

（1）启动 SolidWorks 软件，选择菜单“文件”→“新建”命令，在弹出的新建文件对话框中选择“零件”，单击“确定”按钮，进入零件设计界面。

（2）从特征管理器中选择“上视基准面”，单击“正视于”按钮，单击“草图绘制”按钮，进入草图绘制界面。单击“圆”按钮，绘制圆心位于原点 $\phi 30$ 的圆，完成图 4-2 所示的草图 1。

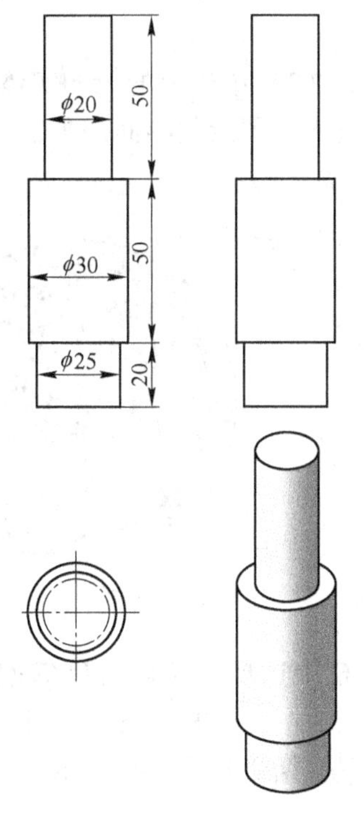

图 4-1　阶梯轴

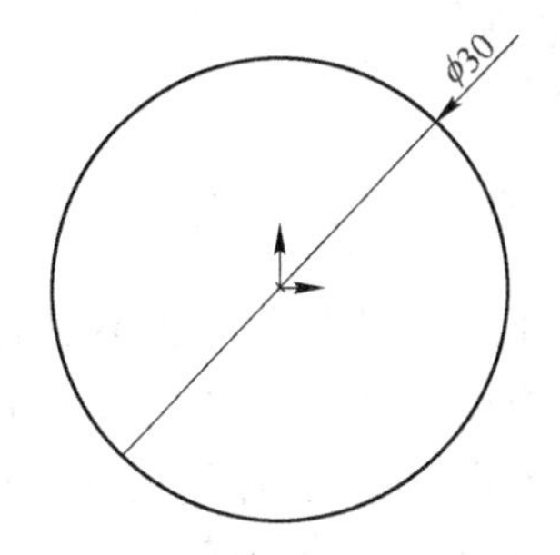

图 4-2　在上视基准面上绘制草图 1

（3）单击“特征”切换到特征创建面板，在特征栏中选择“拉伸凸台/基体”命令，系统弹出“凸台-拉伸”属性管理器。在“方向 1（1）”栏的“终止条件”选择框中选择“给定深度”，深度设为 50，其他采用默认设置，结果如图 4-3 所示。单击“确定”按钮完成拉伸特征操作，如图 4-4 所示。

（4）单击“草图”切换到草图绘制界面。选取步骤（3）中生成的拉伸实体上端面，单击“正视于”按钮，单击“草图绘制”按钮，进入草图绘制界面。单击“圆”按钮，绘制圆心位于原点 $\phi20$ 的圆，完成图 4-5 所示的草图 2。

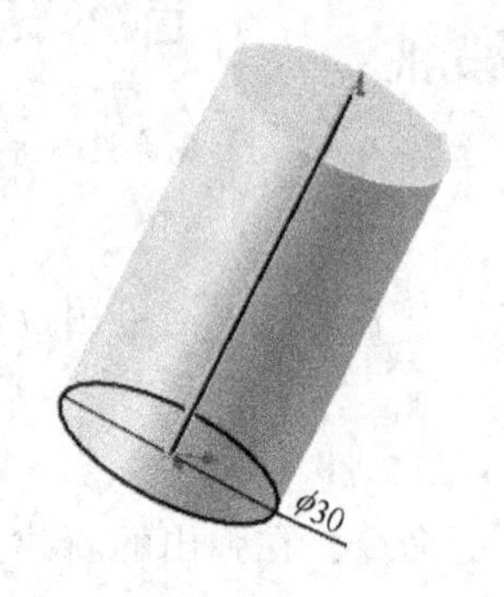

图 4-3 凸台拉伸 1 操作预览

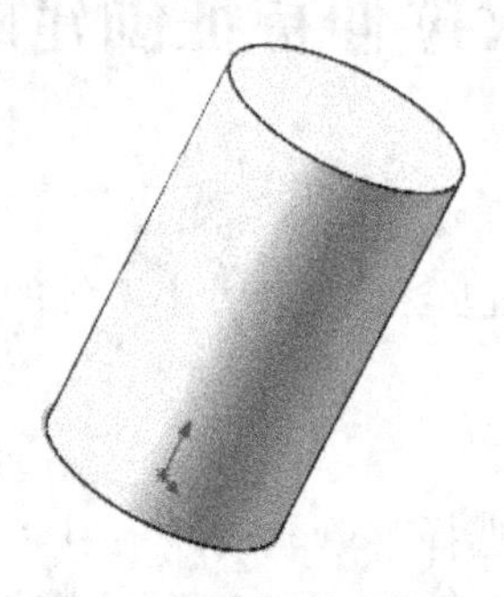

图 4-4 凸台拉伸 1 操作

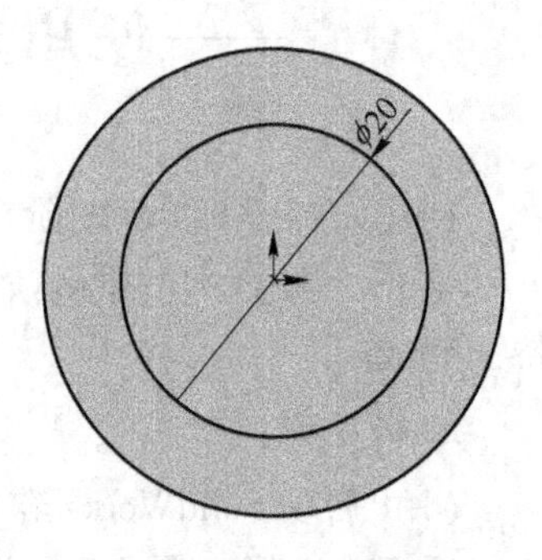

图 4-5 在面 1 上绘制草图 2

（5）单击“特征”切换到特征创建面板，在特征栏中选择“拉伸凸台/基体”命令，系统弹出“凸台-拉伸”属性管理器。在“方向 1（1）”栏的“终止条件”选择框中选择“给定深度”，深度设为 50，其他采用默认设置，结果如图 4-6 所示。单击“确定”按钮完成拉伸特征操作，如图 4-7 所示。

（6）单击“草图”切换到草图绘制界面。选取步骤（3）中生成的拉伸实体下端面，单击“正视于”按钮，单击“草图绘制”按钮，进入草图绘制界面。单击“圆”按钮，绘制圆心位于原点 $\phi25$ 的圆，完成图 4-8 所示的草图 3。

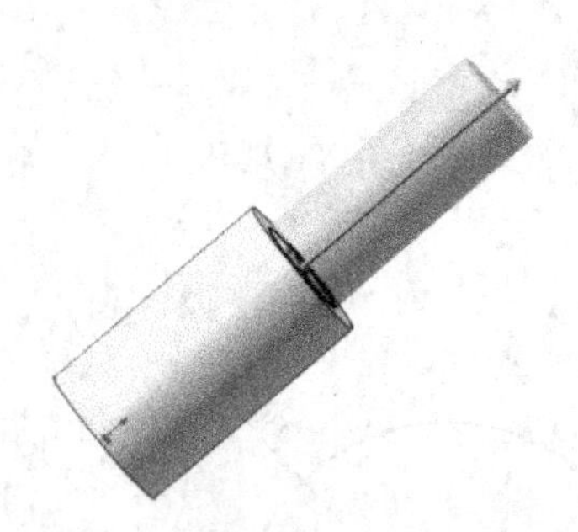

图 4-6 凸台拉伸 2 操作预览

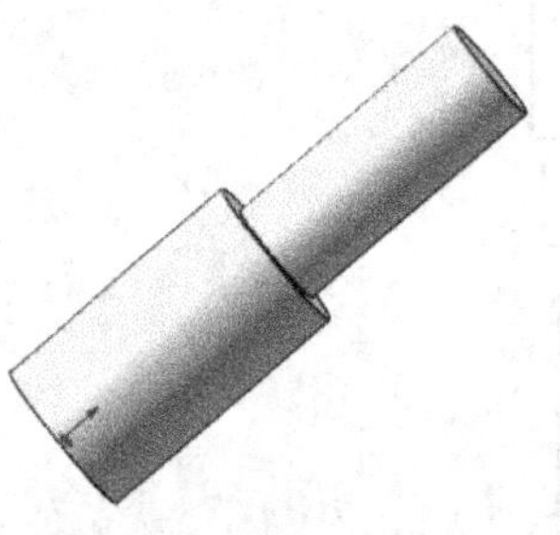

图 4-7 凸台拉伸 2 操作

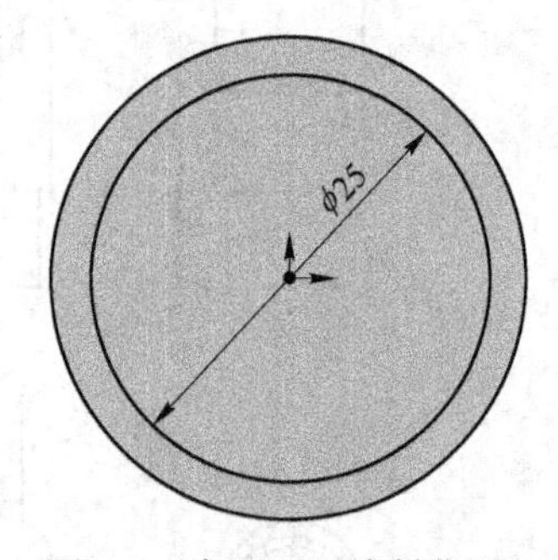

图 4-8 在面 2 上绘制草图 3

（7）单击“特征”切换到特征创建面板，在特征栏中选择“拉伸凸台/基体”命令，系统弹出“凸台-拉伸”属性管理器。在“方向 1（1）”栏的“终止条件”选择框中选择“给定深度”，深度设为 20，其他采用默认设置，结果如图 4-9 所示。单击“确定”按钮完成拉伸特征操作，如图 4-10 所示。

（8）完整实例教程 4 阶梯轴创建完成，选择菜单“文件”→“另存为”命令，在弹出的“另存为”对话框将文件命名为“实例教程 4 阶梯轴 . SLDPRT”，单击“保存”按钮。

对于本例中的阶梯轴，读者也可以将三个不同尺寸的圆绘制在一个草图上，利用共享草图分三次拉伸创建完成；还可以利用旋转特征创建完成。

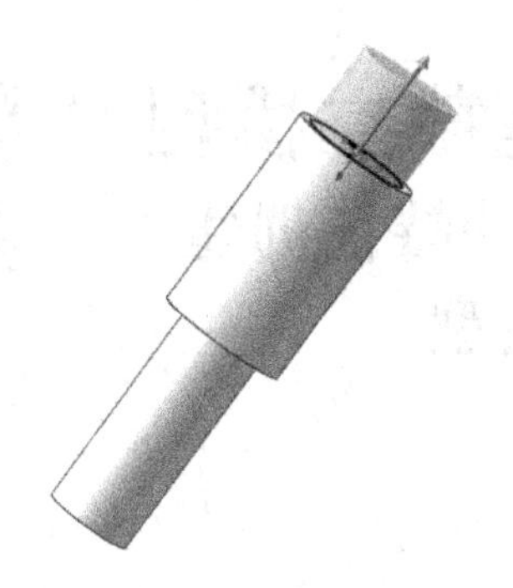

图 4-9　凸台拉伸 3 操作预览

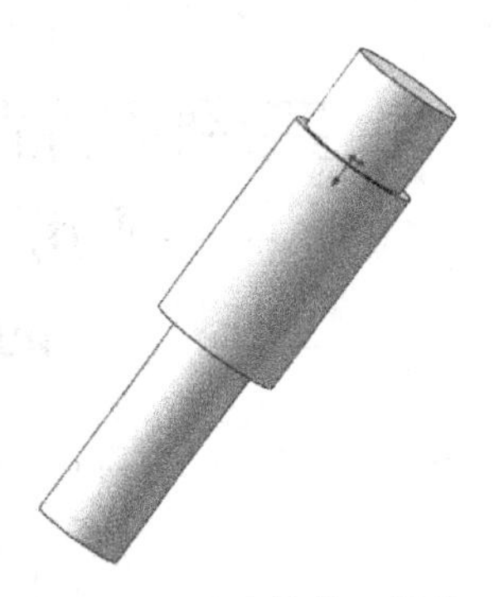

图 4-10　凸台拉伸 3 操作

实例教程 5　半圆筒截交模型
——使用拉伸和切除拉伸特征创建的半圆筒截交模型

扫一扫
观看视频讲解

创建如图 5-1 所示的半圆筒截交模型。

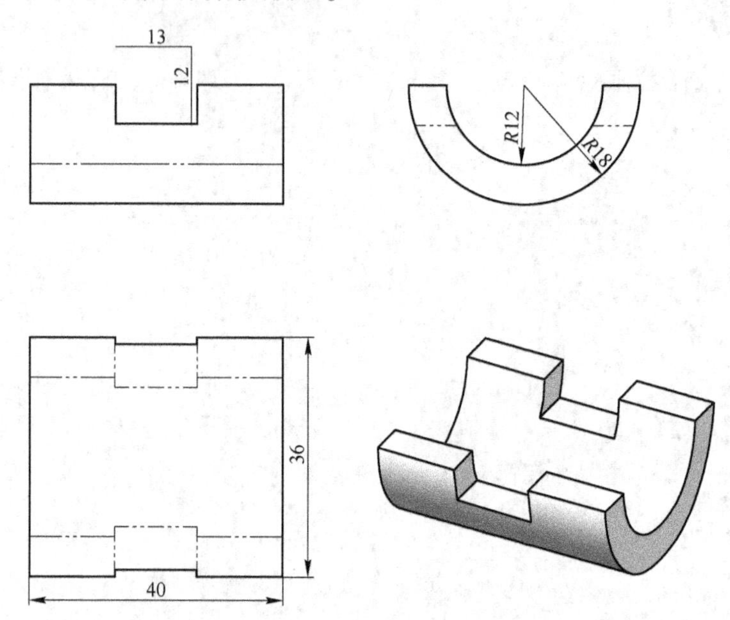

图 5-1　半圆筒截交模型

实例分析：本例中的半圆筒截交模型可以分成两部分完成。第一部分是利用拉伸特征创建半圆筒模型；第二部分是在半圆筒模型基础上利用切除拉伸特征创建半圆筒截交模型。

第一部分创建半圆筒模型有两种方法。

方法一：利用凸台拉伸特征完成。

绘制步骤：

（1）启动 SolidWorks 软件，选择菜单“文件”→“新建”命令，在弹出的新建文件对话框中选择“零件”，单击“确定”按钮，进入零件设计界面。

（2）从特征管理器中选择“右视基准面”，单击“正视于”按钮，单击“草图绘制”按钮，进入草图绘制界面。单击“中心线”按钮，绘制 1 条过原点的水平中心线。单击“圆心/起/终点画弧”按钮，绘制圆心位于原点 *R*12 和 *R*18 的两个半圆。单击“直线”按钮，绘制两条分别连接 *R*12 和 *R*18 两个半圆的水平直线，结果如图 5-2 所示。

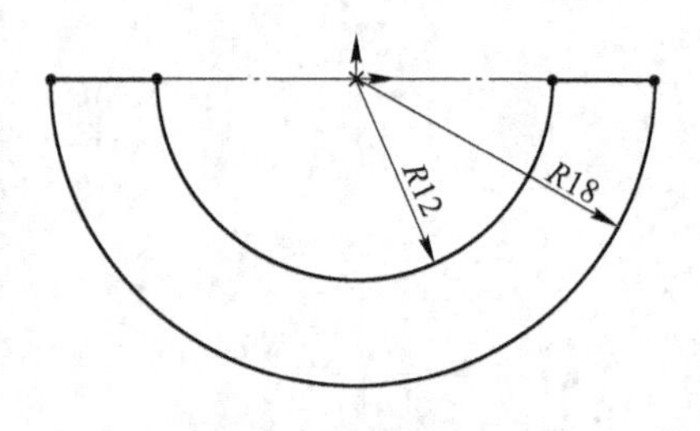

图 5-2　在右视基准面上绘制草图 1

(3) 单击“特征”切换到特征创建面板，在特征栏中选择“拉伸凸台/基体”命令，系统弹出“凸台-拉伸”属性管理器。在“方向1（1）”栏的“终止条件”选择框中选择“两侧对称”，深度设为40，其他采用默认设置，结果如图5-3所示。单击“确定”按钮完成拉伸特征操作，如图5-4所示。

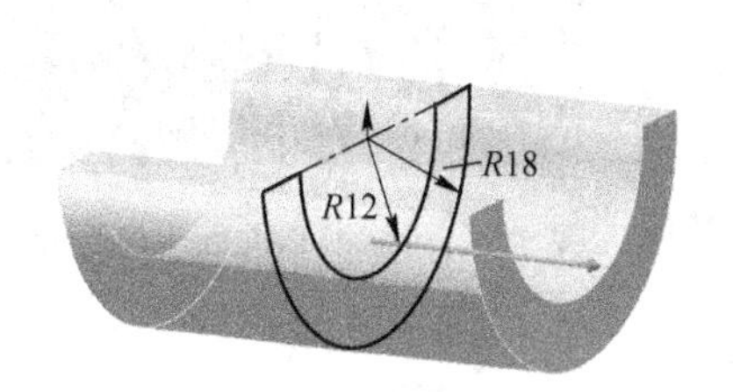

图5-3　凸台拉伸操作预览

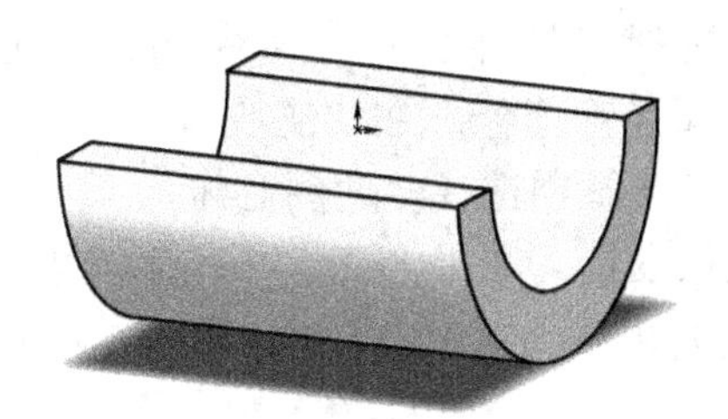

图5-4　凸台拉伸操作

方法二：利用薄壁拉伸特征完成。

绘制步骤：

(1) 启动SolidWorks软件，选择菜单“文件”→“新建”命令，在弹出的新建文件对话框中选择“零件”，单击“确定”按钮，进入零件设计界面。

(2) 从特征管理器中选择“右视基准面”，单击“正视于”按钮，单击“草图绘制”按钮，进入草图绘制界面。单击“中心线”按钮，绘制一条过原点的水平中心线。单击“圆心/起/终点画弧”按钮，绘制圆心位于原点$R12$的半圆，结果如图5-5所示。

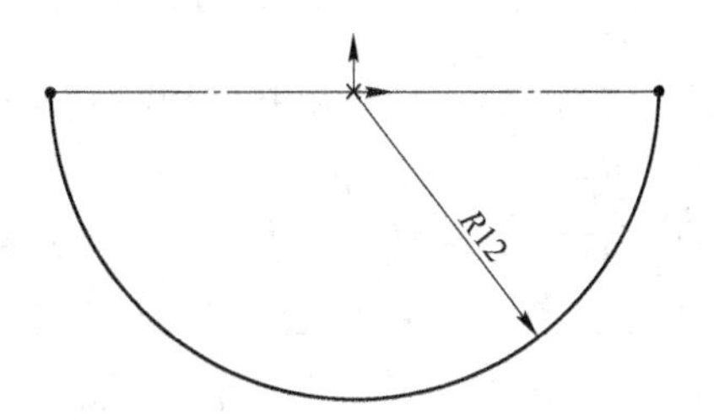

图5-5　在右视基准面上绘制草图1

(3) 单击“特征”切换到特征创建面板，在特征栏中选择“拉伸凸台/基体”命令，系统弹出“凸台-拉伸”属性管理器。在“方向1（1）”栏的“终止条件”选择框中选择“两侧对称”，深度设为40。系统自动勾选“薄壁特征”，薄壁特征的类型选择“单向”，厚度设为6，其他采用默认设置，结果如图5-6所示。单击“确定”按钮完成薄壁拉伸特征操作，如图5-7所示。

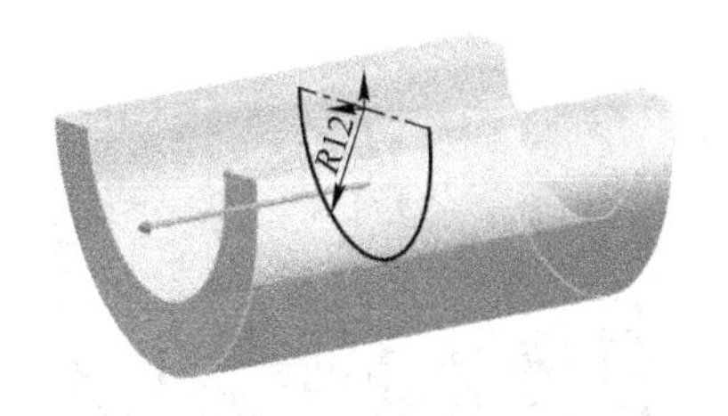

图5-6　半圆筒薄壁拉伸操作预览

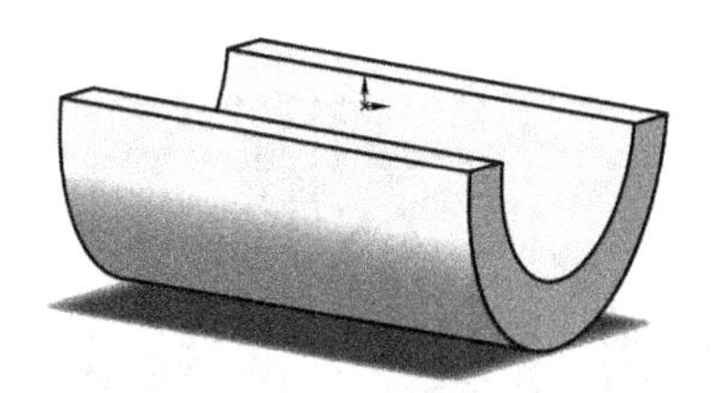

图5-7　半圆筒薄壁拉伸操作

第二部分利用切除拉伸特征创建半圆筒截交模型有三种方法。

方法一：在前视基准面绘制草图，利用切除拉伸特征完成。

(4) 单击“草图”切换到草图绘制界面。从特征管理器中选择“前视基准面”，单击“正视于”按钮，单击“草图绘制”按钮，进入草图绘制界面。单击“中心矩形”按钮，绘制中心位于原点 13×12 的矩形，如图 5-8 所示。

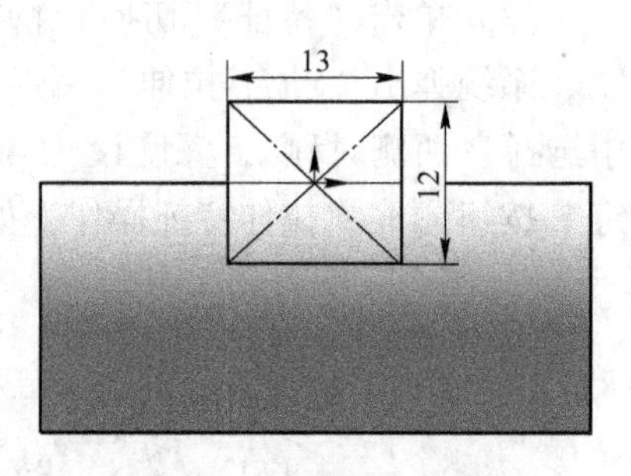

图 5-8　在前视基准面上绘制草图 2

（5）单击“特征”切换到特征创建面板，在特征栏中选择“拉伸切除”命令，系统弹出“切除-拉伸”属性管理器。在“方向 1（1）”栏的“终止条件”选择框中选择“两侧对称”，深度设为 36，其他采用默认设置，结果如图 5-9 所示。单击“确定”按钮完成切除拉伸特征操作，如图 5-10 所示。

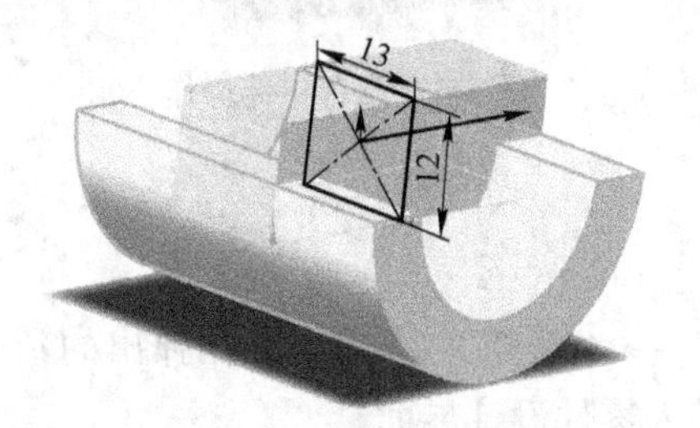

图 5-9　切除拉伸 1 操作预览

图 5-10　切除拉伸 1 操作

方法二：在右视基准面绘制草图，利用切除拉伸特征完成。

（4）单击“草图”切换到草图绘制界面。从特征管理器中选择“右视基准面”，单击“正视于”按钮，单击“草图绘制”按钮，进入草图绘制界面。单击“中心矩形”按钮，绘制中心位于原点 36×12 的矩形，如图 5-11 所示。

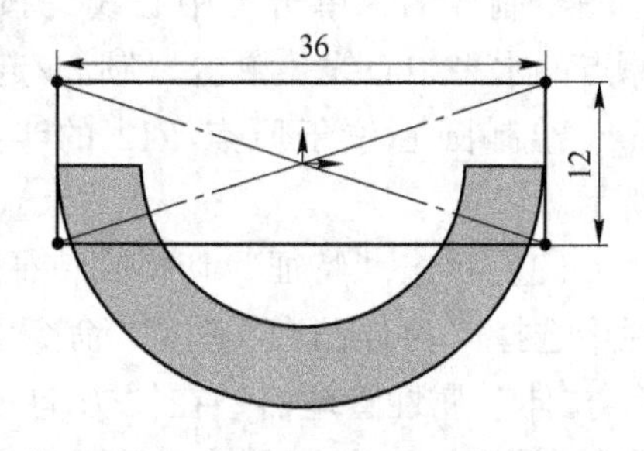

图 5-11　在右视基准面上绘制草图 2

（5）单击“特征”切换到特征创建面板，在特征栏中选择“拉伸切除”命令，系统弹出“切除-拉伸”属性管理器。在“方向 1（1）”栏的“终止条件”选择框中选择“两侧对称”，深度设为 13，其他采用默认设置，结果如图 5-12 所示。单击“确定”按钮完成切除拉伸特征操作，如图 5-13 所示。

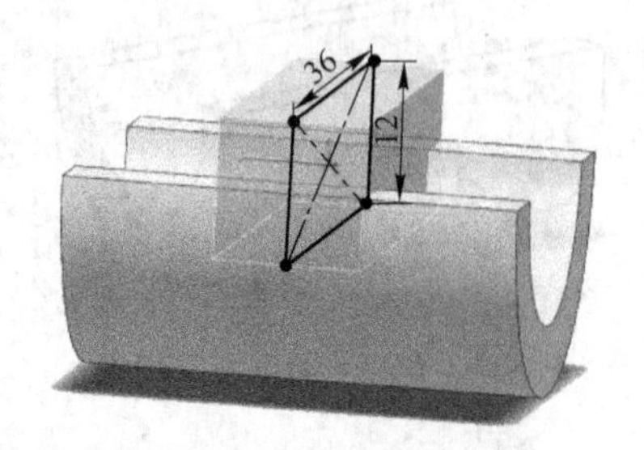

图 5-12　切除拉伸 2 操作预览

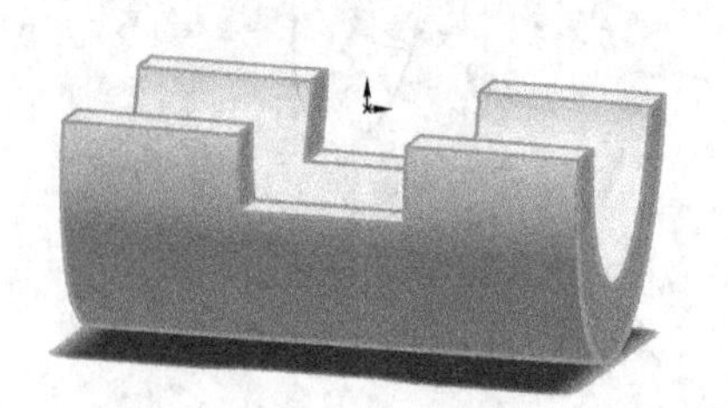
图 5-13　切除拉伸 2 操作

方法三：在上视基准面绘制草图，利用切除拉伸特征完成。

（4）单击“草图”切换到草图绘制界面。从特征管理器中选择“上视基准面”，单击“正视于”按钮，单击“草图绘制”按钮，进入草图绘制界面。单击“中心矩形”按钮，绘制中心位于原点 36×13 的矩形，如图 5-14 所示。

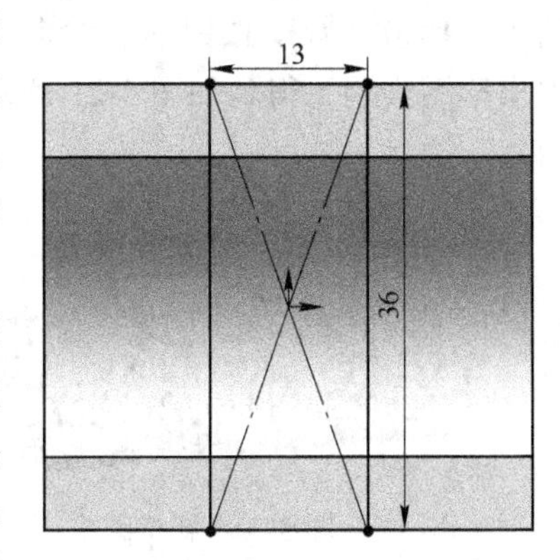

图 5-14　在上视基准面上绘制草图 2

（5）单击“特征”切换到特征创建面板，在特征栏中选择“拉伸切除”命令，系统弹出“切除-拉伸”属性管理器。在“方向 1（1）”栏的“终止条件”选择框中选择“两侧对称”，深度设为 12，其他采用默认设置，结果如图 5-15 所示。单击“确定”按钮完成切除拉伸特征操作，如图 5-16 所示。

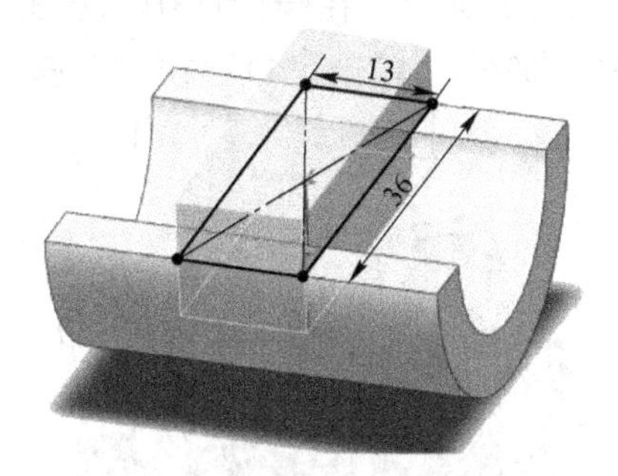

图 5-15　切除拉伸 3 操作预览

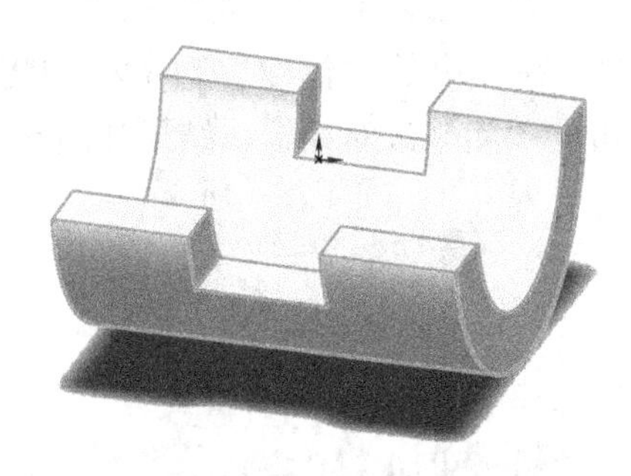

图 5-16　切除拉伸 3 操作

（6）完整实例教程 5 半圆筒截交模型创建完成，如图 5-17 所示。选择菜单“文件”→“另存为”命令，在弹出的“另存为”对话框将文件命名为“实例教程 5 半圆筒截交模型 .SLDPRT”，单击“保存”按钮。

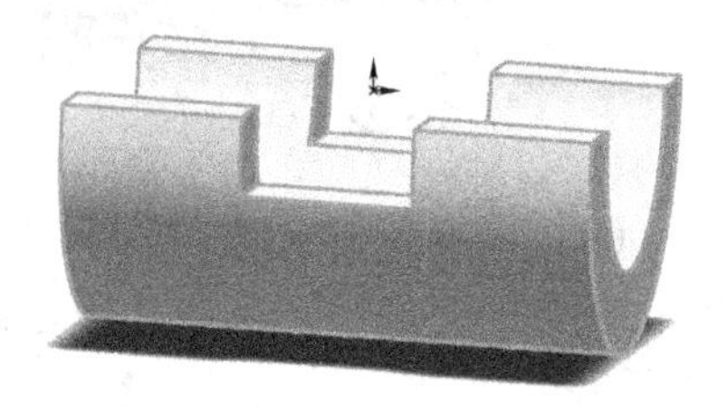

图 5-17　半圆筒截交模型

对于半圆筒的缺口除了可以是方形外，也可以是圆形。可以直接在现有的半圆筒截交模型基础上进行修改。

（7）选择特征管理器中切除-拉伸 1 下的草图 2，单击鼠标左键，从弹出的快捷菜单中选择“编辑草图”按钮，系统进入草图编辑界面。从右往左框选住草图 2，如图 5-18 所示。单击鼠标右键，从弹出的快捷菜单中选择“删除”。删除草图 2 后的结果如图5-19

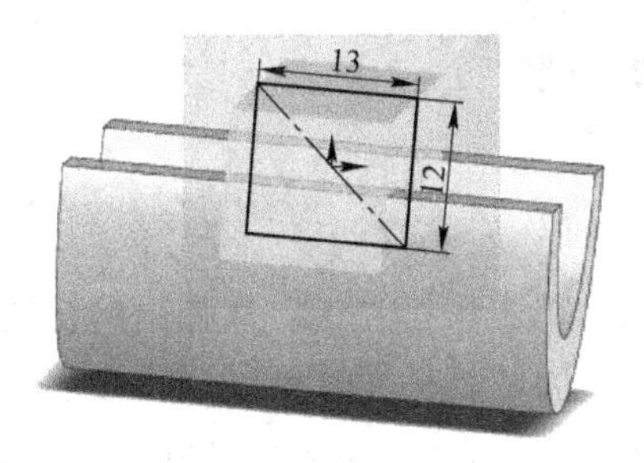

图 5-18　框选草图 2 预览

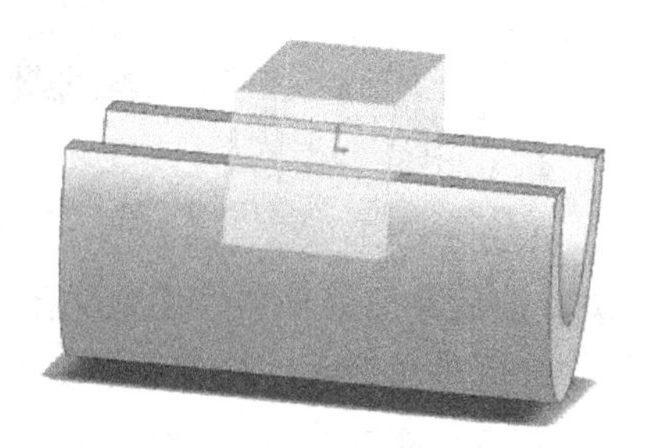

图 5-19　删除草图 2 后的结果

所示。单击“圆”按钮，绘制圆心位于原点 $\phi18$ 的圆，完成图 5-20 所示的新草图 2，退出草图绘制，得到如图 5-21 所示圆形缺口的半圆筒截交模型。

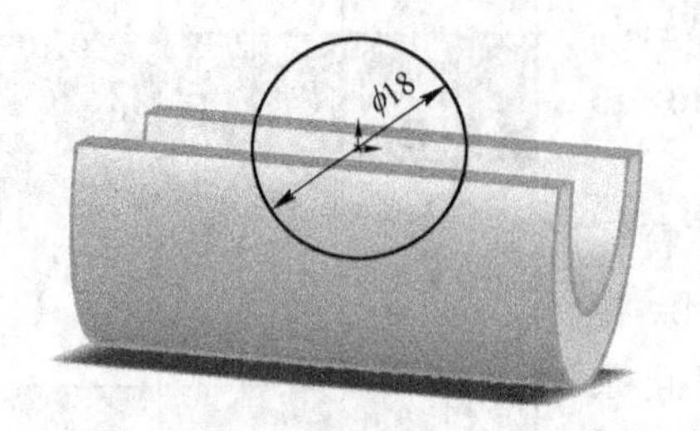

图 5-20　新草图 2

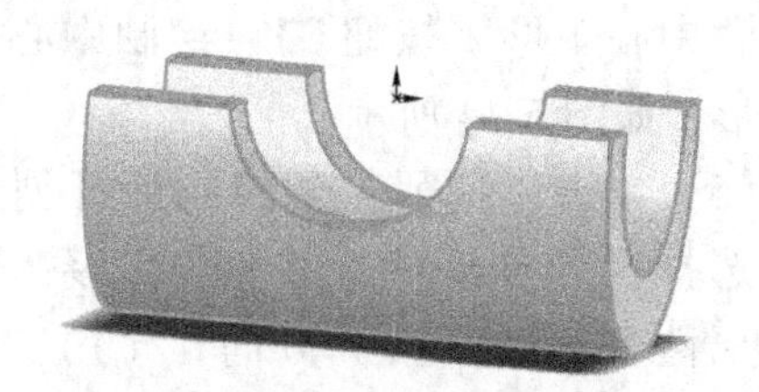

图 5-21　圆形缺口的半圆筒截交模型

（8）在特征管理器区，用鼠标右键单击“注解”选项，选择“显示注解”“显示特征尺寸”和“显示参考尺寸”三个选项，结果如图 5-22 所示。在绘图区中，双击尺寸“$\phi18$”，在弹出的“修改”对话框中将尺寸修改为“$\phi26$”，单击“重建模型”按钮，再单击关闭修改对话框，结果如图 5-23 所示。

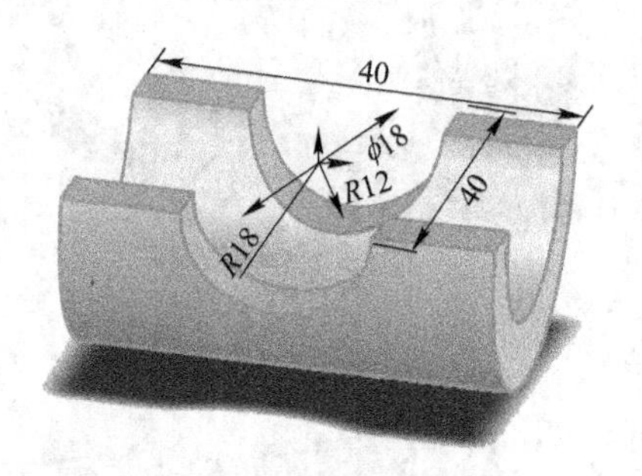

图 5-22　显示特征尺寸

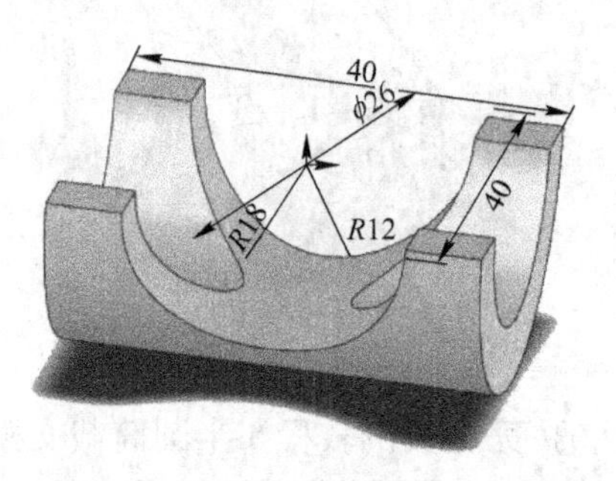

图 5-23　修改尺寸（$\phi18\to\phi26$）

（9）重复步骤（8），在绘图区中，双击尺寸“$\phi26$”，在弹出的“修改”对话框中将尺寸修改为“$\phi24$”，单击“重建模型”按钮，再单击关闭修改对话框，结果如图 5-24 所示。

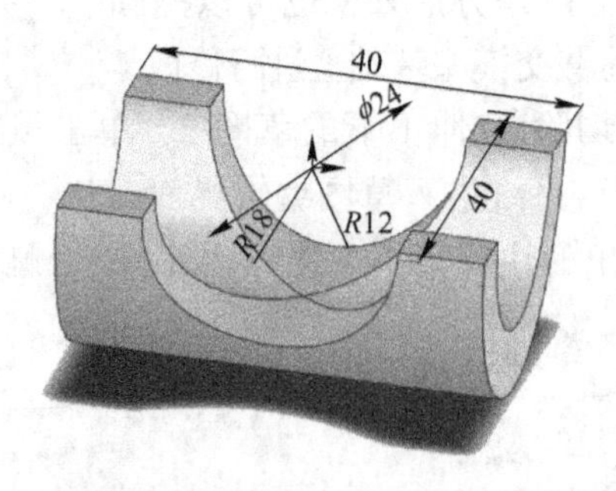

图 5-24　修改尺寸（$\phi26\to\phi24$）

（10）选择特征管理器中切除-拉伸 1 下的草图 2，单击鼠标左键，从弹出的快捷菜单中选择“编辑草图平面”按钮，系统弹出“草图绘制平面”属性管理器，显示当前草图处于“前视基准面”，单击特征树中的“上视基准面”，单击“确定”按钮，模型更改为如图 5-25 所示的状态。

（11）在绘图区中，双击尺寸“ϕ24”，在弹出的“修改”对话框中将尺寸修改为“ϕ18”，单击“重建模型”按钮，再单击✔关闭修改对话框，结果如图5-26所示。

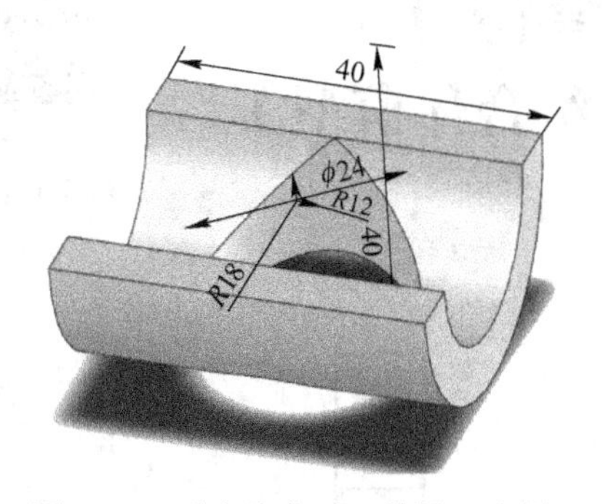

图5-25 更改基准面（前视→上视）

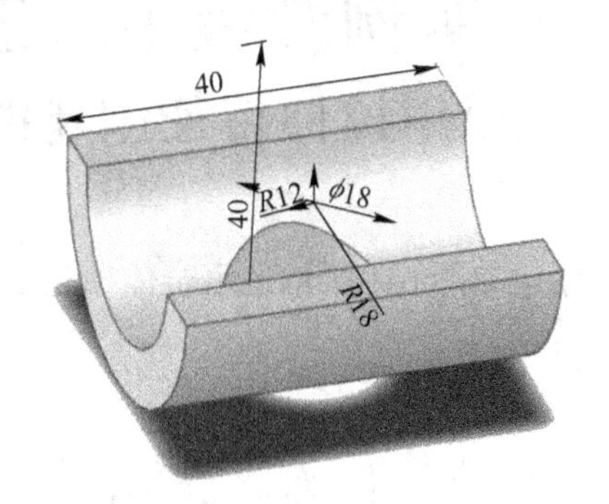

图5-26 修改尺寸（ϕ24→ϕ18）

实例教程 6　组合体模型 1
——使用拉伸特征创建的叠加类组合体模型 1

扫一扫
观看视频讲解

创建如图 6-1 所示的组合体模型 1。

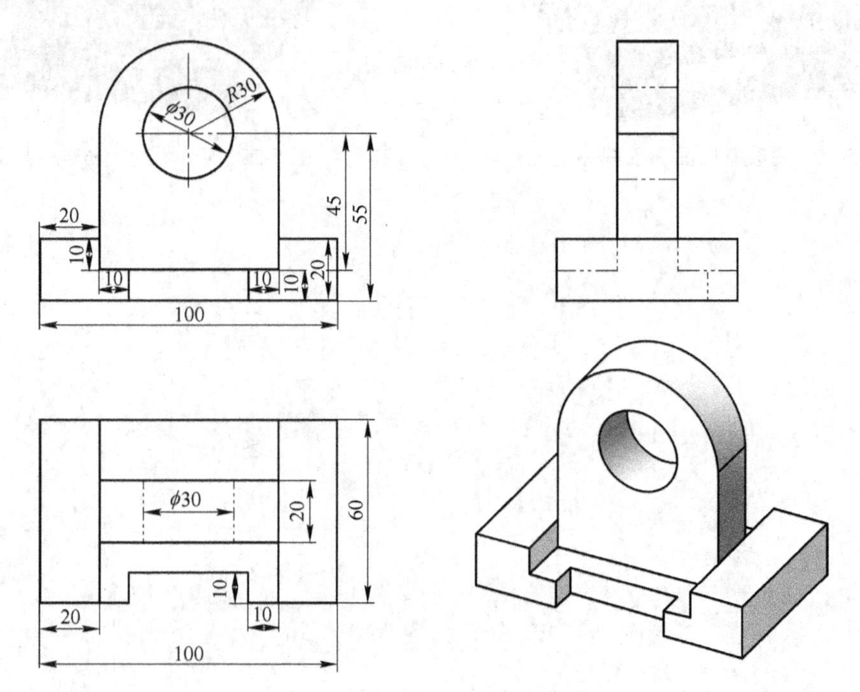

图 6-1　组合体模型 1

实例分析：本例中的组合体模型 1 是一个典型的叠加类组合体。模型可以分成两部分，第一部分是带缺口的凸台，第二部分是圆台。

绘制步骤：

（1）启动 SolidWorks 软件，选择菜单“文件”→“新建”命令，在弹出的新建文件对话框中选择“零件”，单击“确定”按钮，进入零件设计界面。

（2）从特征管理器中选择“前视基准面”，单击“正视于”按钮，单击“草图绘制”按钮，进入草图绘制界面。单击“中心线”按钮，绘制一条以原点为上端点的竖直中心线，线长 45。单击“直线”按钮，绘制四条水平直线和四条竖直直线，完成图 6-2 所示的草图 1。

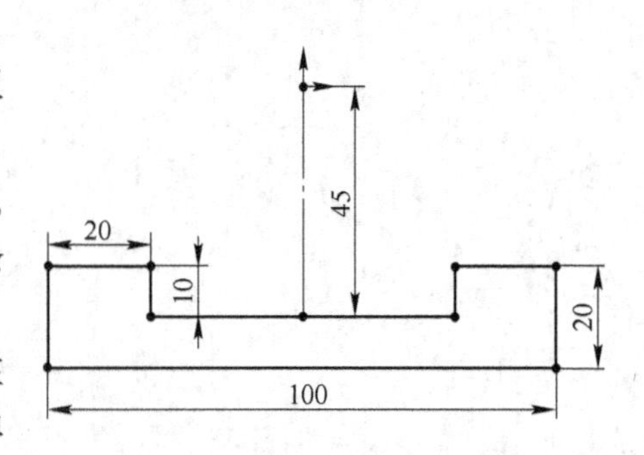

图 6-2　在前视基准面上绘制草图 1

（3）单击“特征”切换到特征创建面板，在特征栏中选择“拉伸凸台/基体”命令，系统弹出“凸台-拉伸”属性管理器。在“方向 1（1）”

栏的“终止条件”选择框中选择“两侧对称”，深度设为 60，其他采用默认设置，结果如图 6-3 所示。单击“确定”按钮✔完成拉伸特征操作，如图 6-4 所示。

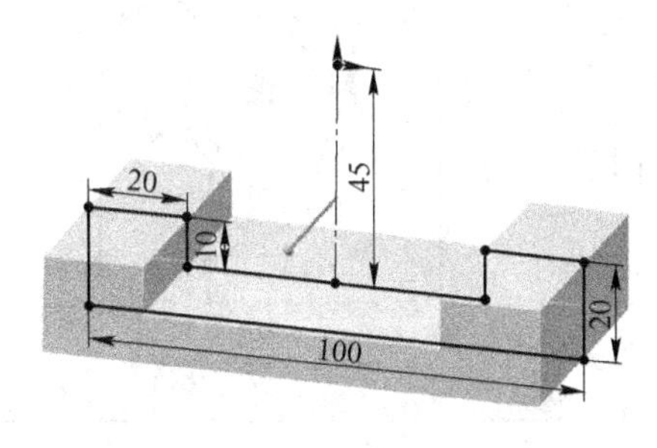

图 6-3　凸台拉伸 1 操作预览

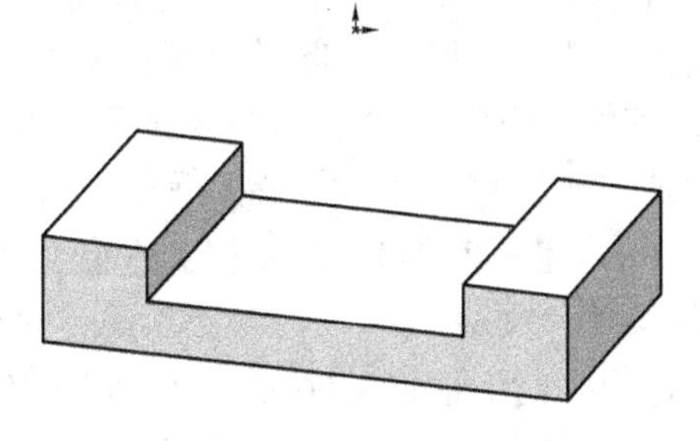
图 6-4　凸台拉伸 1 操作

（4）单击“草图”切换到草图绘制界面。选取步骤（3）中生成的拉伸实体前端面，单击“正视于”按钮，单击“草图绘制”按钮，进入草图绘制界面。单击“中心线”按钮，绘制一条以原点为上端点的竖直中心线。单击“边角矩形”按钮，绘制一个矩形，使其第一个顶点在水平直线上，对角线顶点位于另一条水平直线上，矩形关于过原点的竖直中心线对称，矩形右边距离右边第一条竖直直线的距离为 10，如图 6-5 所示。

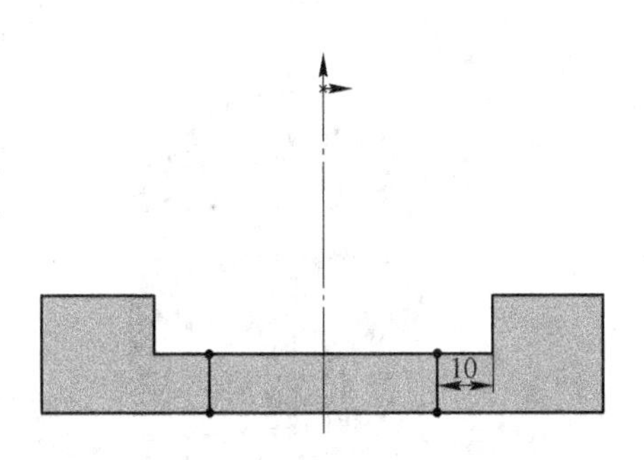

图 6-5　在面 1 上绘制草图 2

（5）单击“特征”切换到特征创建面板，在特征栏中选择“拉伸切除”命令，系统弹出“切除-拉伸”属性管理器。在“方向 1（1）”栏的“终止条件”选择框中选择“给定深度”，深度设为 10，其他采用默认设置，结果如图 6-6 所示。单击“确定”按钮✔完成切除拉伸特征操作，如图 6-7 所示。

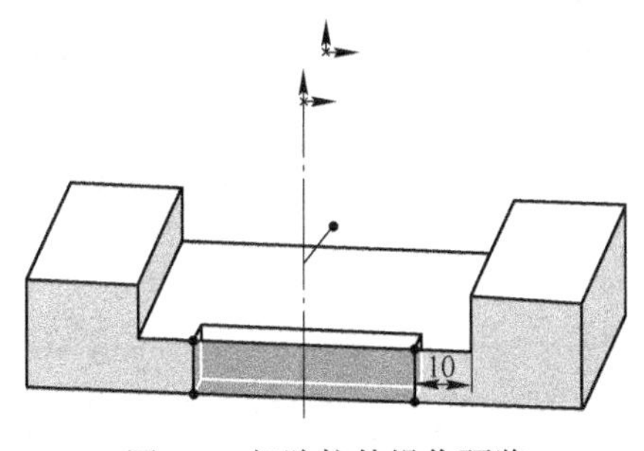

图 6-6　切除拉伸操作预览

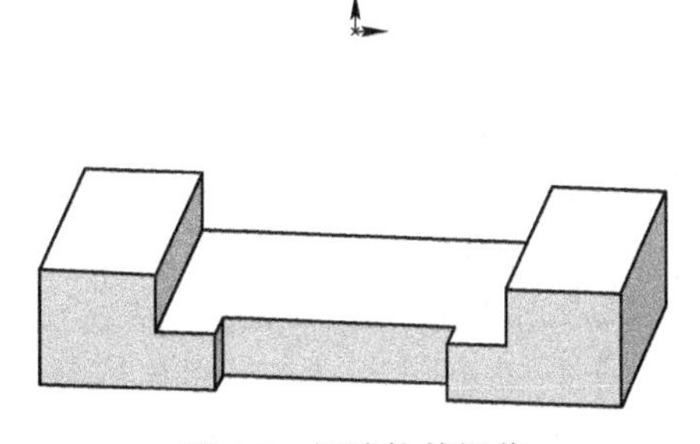
图 6-7　切除拉伸操作

（6）单击“草图”切换到草图绘制界面。从特征管理器中选择“前视基准面”，单击“正视于”按钮，单击“草图绘制”按钮，进入草图绘制界面。单击“圆”按钮，绘制圆心位于原点 $\phi 30$ 的圆。单击“圆心/起/终点画弧”按钮，绘制圆心位于原点 $R30$ 的半圆。单击“直线”按钮，过 $R30$ 半圆两端点分别绘制两条竖直直线，直线与半圆相切。再绘制一条水平直线，水平直线左右端点分别与两条竖直直线相交，如图 6-8 所示。

（7）单击“特征”切换到特征创建面板，在特征栏中选择“拉伸凸台/基体”命令，系统弹出“凸台-拉伸”属性管理器。在“方向 1（1）”栏的“终止条件”选择框中选择“两侧对称”，深度设为 20，其他采用默认设置，结果如图 6-9 所示。单击“确定”按钮完成拉伸特征操作，如图 6-10 所示。

（8）完整实例教程 6 组合体模型 1 创建完成。选择菜单“文件”→“另存为”命令，在弹出的“另存为”对话框将文件命名为“实例教程 6 组合体模型 1. SLDPRT”，单击“保存”按钮。

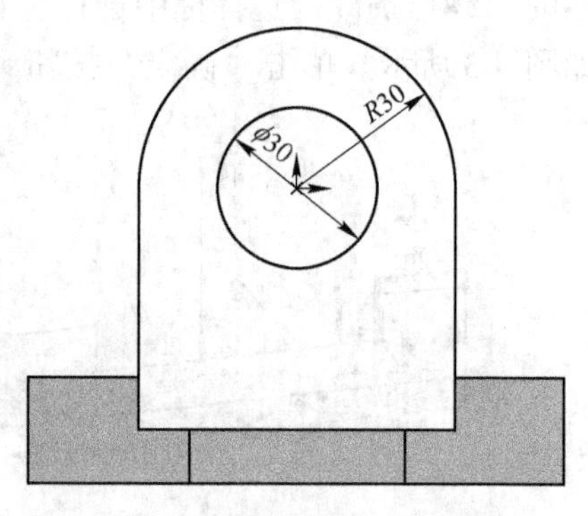

图 6-8 在前视基准面上绘制草图 3

图 6-9 凸台拉伸 2 操作预览

图 6-10 凸台拉伸 2 操作

实例教程 7　组合体模型 2
——使用拉伸特征创建的叠加类组合体模型 2

扫一扫
观看视频讲解

创建如图 7-1 所示的组合体模型 2。

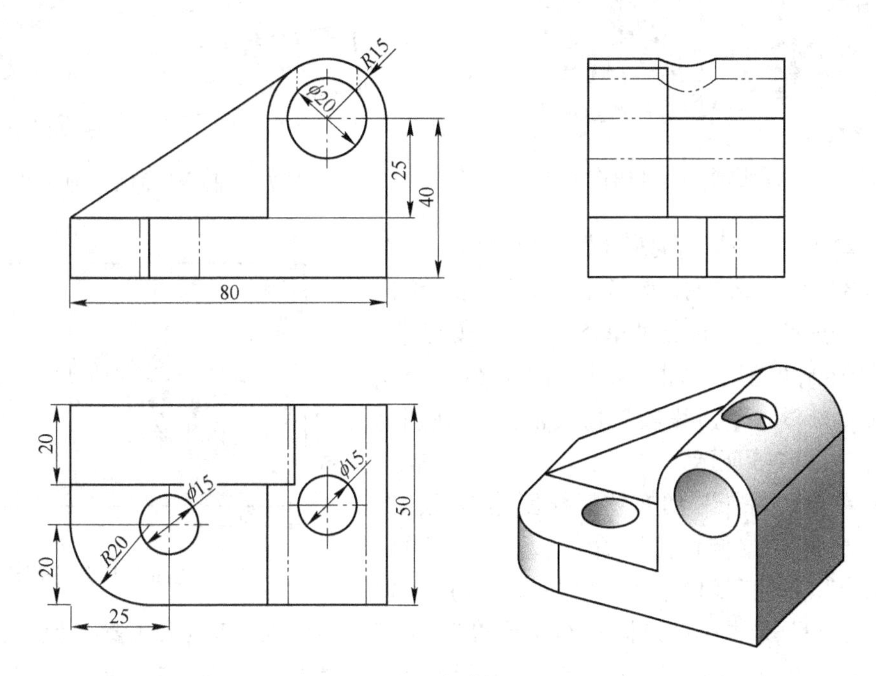

图 7-1　组合体模型 2

实例分析：本例中的组合体模型 2 是一个叠加类组合体。模型可分两次凸台拉伸和两次切除拉伸创建完成。

绘制步骤：

（1）启动 SolidWorks 软件，选择菜单“文件”→“新建” 命令，在弹出的新建文件对话框中选择“零件”，单击“确定”按钮，进入零件设计界面。

（2）从特征管理器中选择“前视基准面”，单击“正视于”按钮，单击“草图绘制”按钮，进入草图绘制界面。单击“圆”按钮，绘制圆心位于原点 ϕ20 的圆。单击“圆心/起/终点画弧”按钮，绘制圆心位于原点 R15 的半圆。单击“直线”按钮，绘制两条水平直线和两条竖直直线，完成图 7-2 所示的草图 1。

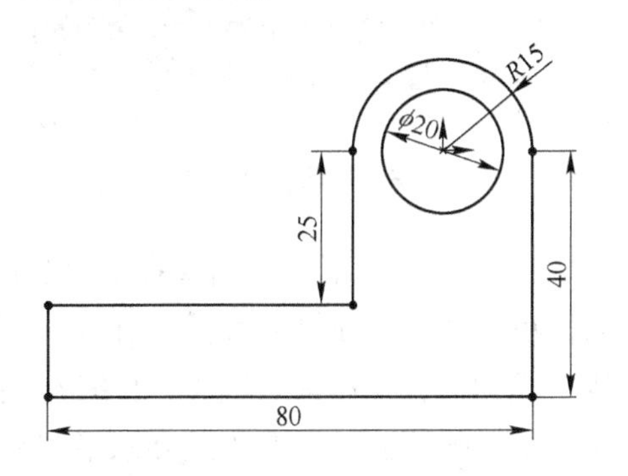

图 7-2　在前视基准面上绘制草图 1

（3）单击“特征”切换到特征创建面板，在特征栏中选择“拉伸凸台/基体”命令，系统弹出“凸台-拉伸”属性管理器。在“方向 1（1）”栏的“终止条件”选择框中选择“两侧对称”，深度设为 50，其他采用默认设置，结果如图 7-3 所示。单击“确定”按钮✔完成拉伸特征操作，如图 7-4 所示。

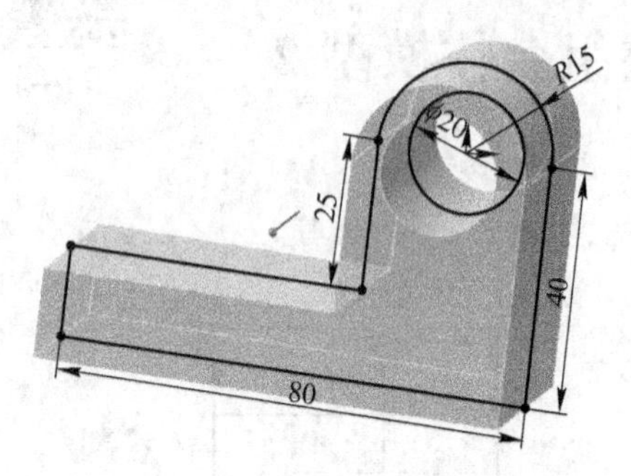

图 7-3 凸台拉伸 1 特征操作预览

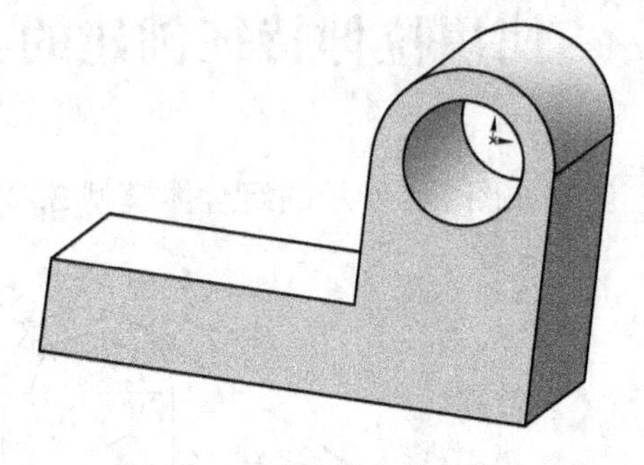

图 7-4 凸台拉伸 1 特征操作

（4）单击“草图”切换到草图绘制界面。选取步骤（3）中生成的拉伸实体的上端面，单击“正视于”按钮，单击“草图绘制”按钮，进入草图绘制界面。单击“圆”按钮，绘制 ϕ15 的圆，圆心与左边线和下边线的距离分别为 25 和 20，如图 7-5 所示。

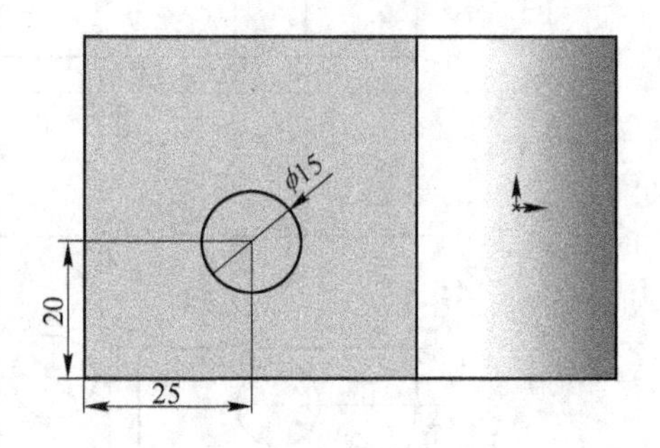

图 7-5 在面 1 上绘制草图 2

（5）单击“特征”切换到特征创建面板，在特征栏中选择“拉伸切除”命令，系统弹出“切除-拉伸”属性管理器。在“方向 1（1）”栏的“终止条件”选择框中选择“给定深度”，深度设为 15，其他采用默认设置，结果如图 7-6 所示。单击“确定”按钮✔完成切除拉伸特征操作，如图 7-7 所示。

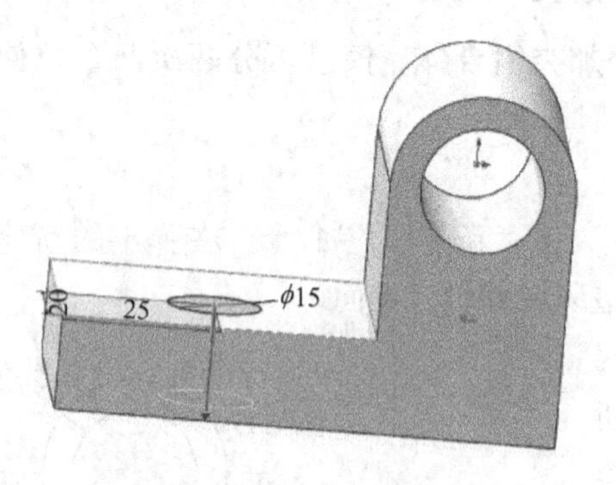

图 7-6 切除拉伸 1 操作预览

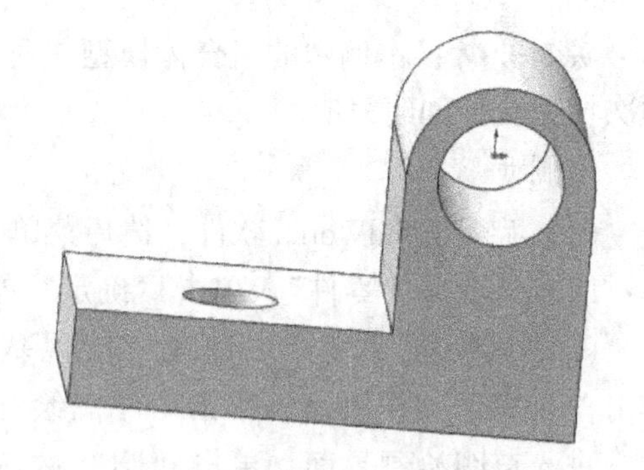

图 7-7 切除拉伸 1 特征操作

（6）单击“草图”切换到草图绘制界面。选取步骤（3）中生成的拉伸实体的后端面，单击“正视于”按钮，单击“草图绘制”按钮，进入草图绘制界面。单击“直线”按钮，绘制一条直线，直线左端点与 *R*15 圆弧相切，右端点与水平直线相交。同时选中 *R*15 圆弧、竖直直线和水平直线，单击“转换实体引用”按钮，将 *R*15 圆弧和两条直线实体引用至草图 3 上，如图 7-8 所示。

（7）单击“特征”切换到特征创建面板，在特征栏中选择“拉伸凸台/基体”命令，系统弹出“凸台-拉伸”属性管理器。在“方向1（1）”栏的“终止条件”选择框中选择“给定深度”，深度设为20，单击“反向”图标按钮，其他采用默认设置，结果如图7-9所示。单击“确定”按钮完成拉伸特征操作，如图7-10所示。

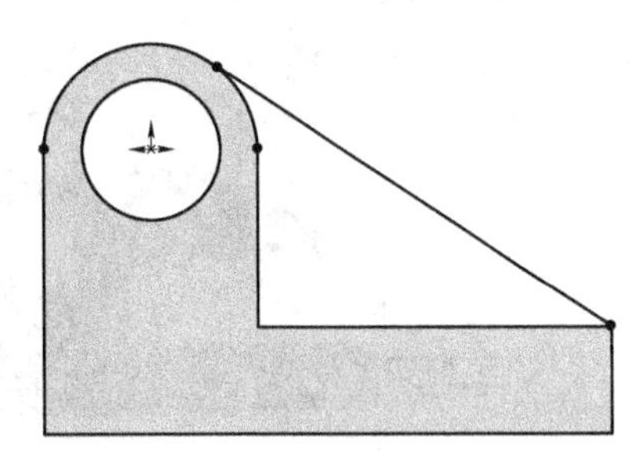

图7-8　在面2上绘制草图3

（8）单击“草图”切换到草图绘制界面。从特征管理器中选择“上视基准面”，单击“正视于”按钮，单击“草图绘制”按钮，进入草图绘制界面。单击“圆”按钮，绘制圆心位于原点$\phi 15$的圆，如图7-11所示。

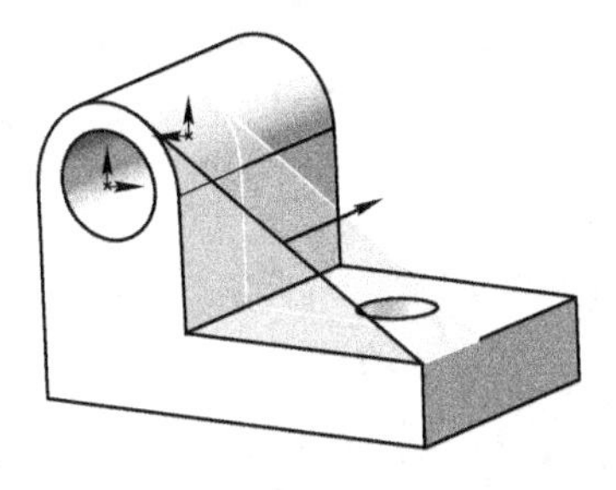

图7-9　凸台拉伸2操作预览

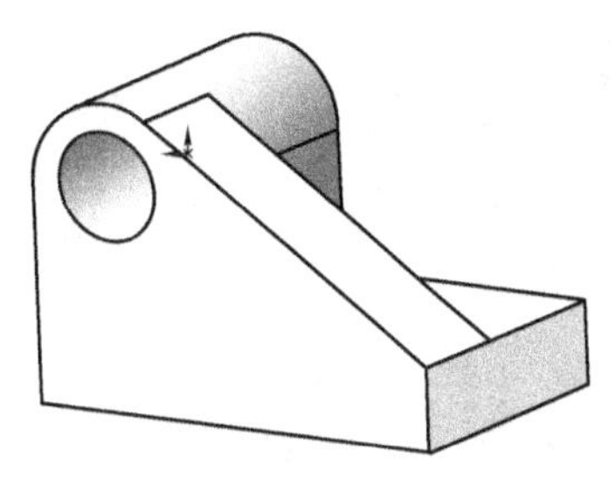

图7-10　凸台拉伸2操作

（9）单击“特征”切换到特征创建面板，在特征栏中选择“拉伸切除”命令，系统弹出“切除-拉伸”属性管理器。在“方向1（1）”栏的“终止条件”选择框中选择“完全贯穿”，单击“反向”图标按钮，其他采用默认设置，结果如图7-12所示。单击“确定”按钮完成切除拉伸特征操作，如图7-13所示。

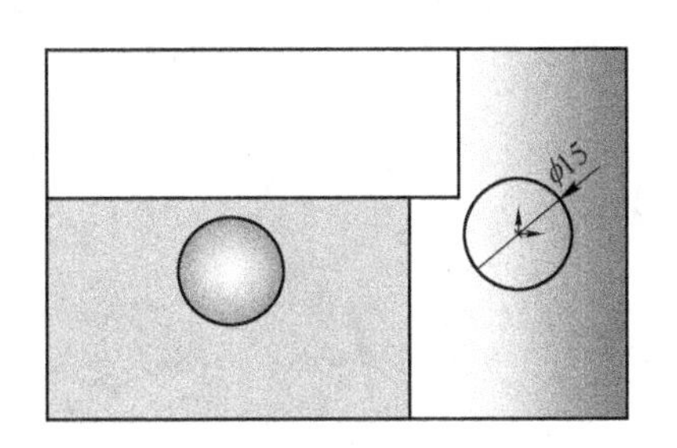

图7-11　在上视基准面上绘制草图4

（10）单击特征栏上的“圆角”按钮，系统弹出“圆角”属性管理器。圆角类型选择“恒定大小圆角”，圆角项目选择组合体模型2左边竖直边线，圆角半径R为20，结果如图7-14所示。单击“确定”按钮完成圆角操作，如图7-15所示。

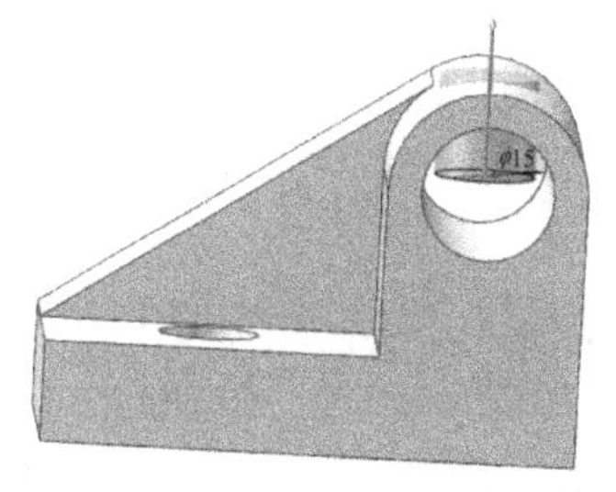

图7-12　切除拉伸2操作预览

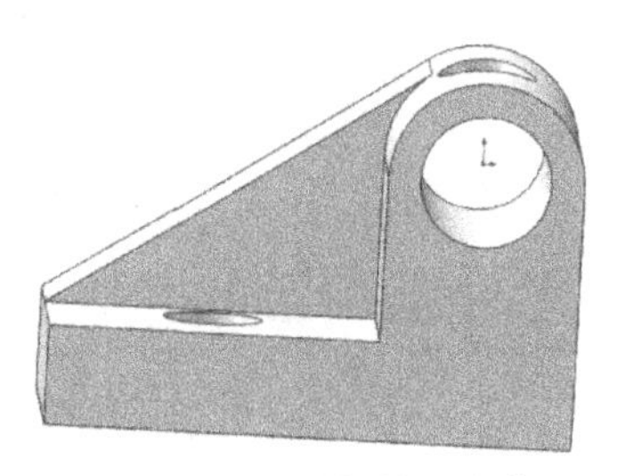

图7-13　切除拉伸2操作

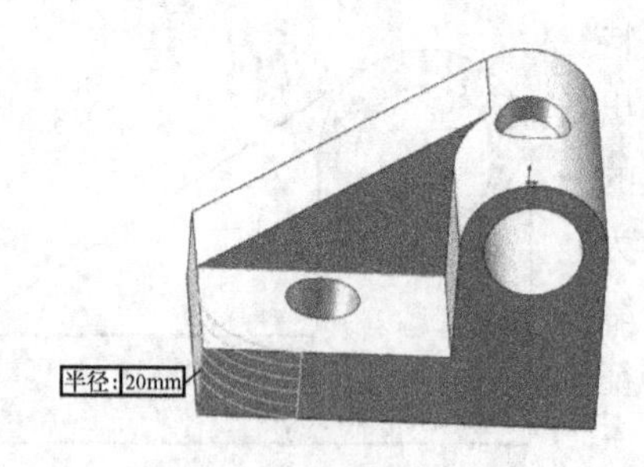

图 7-14 圆角操作预览

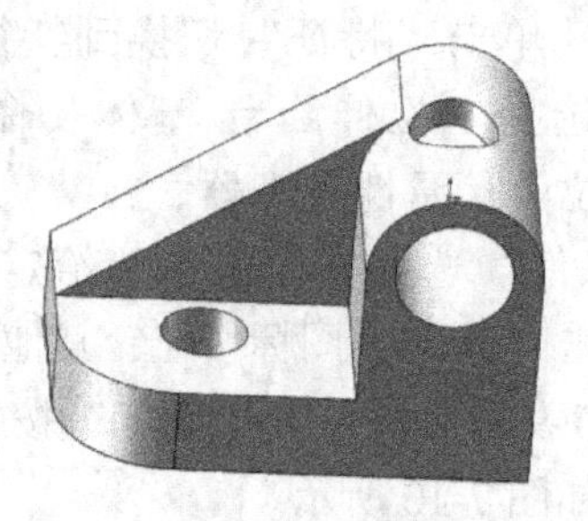

图 7-15 圆角操作

（11）完整实例教程 7 组合体模型 2 创建完成。选择菜单“文件”→“另存为”命令，在弹出的“另存为”对话框将文件命名为“实例教程 7 组合体模型 2. SLDPRT”，单击“保存”按钮。

实例教程 8　组合体模型 3
——使用拉伸特征创建的叠加类组合体模型 3

扫一扫
观看视频讲解

创建如图 8-1 所示的组合体模型 3。

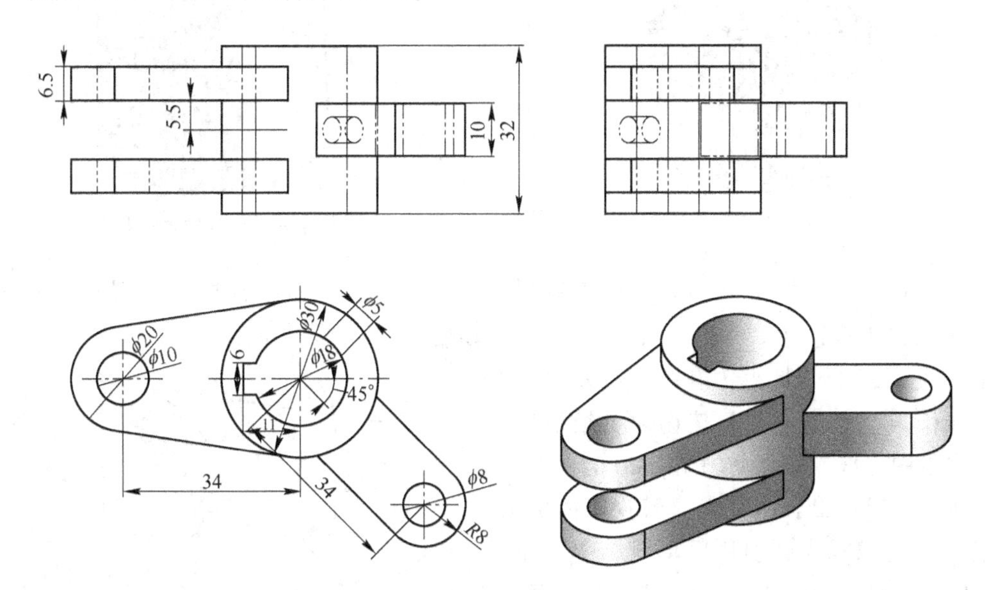

图 8-1　组合体模型 3

实例分析：本例中的组合体模型 3 是一个典型的叠加类组合体。模型可以分成四部分，第一部分是带缺口的圆筒，第二部分是左边上下两个对称的凸台，第三部分是右边的凸台，第四部分是缺口。

方法一：按照组成该组合体模型的四部分依次进行建模。

绘制步骤：

（1）启动 SolidWorks 软件，选择菜单“文件”→“新建”命令，在弹出的新建文件对话框中选择“零件”，单击“确定”按钮，进入零件设计界面。

（2）从特征管理器中选择“上视基准面”，单击“正视于”按钮，单击“草图绘制”按钮，进入草图绘制界面。单击“圆”按钮，绘制圆心位于原点 ϕ18 和 ϕ30 的两个圆。单击“中心矩形”按钮，绘制中心位于原点 22×6 的矩形，完成图 8-2 所示的草图 1。

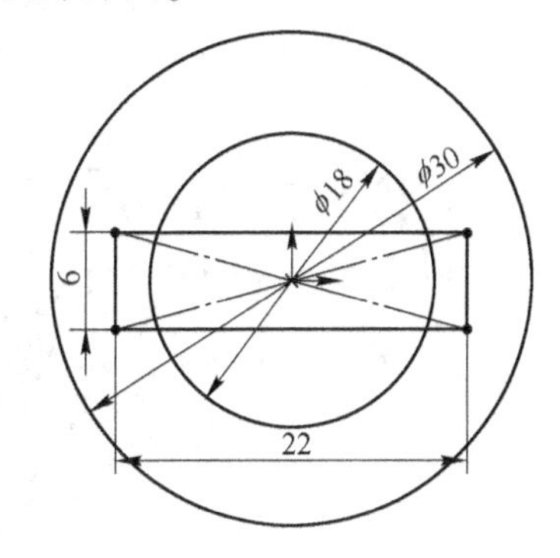

图 8-2　在上视基准面上绘制草图 1

（3）单击“特征”切换到特征创建面板，在特征栏中选择“拉伸凸台/基体”命令，系统弹出“凸台-拉伸”属性管理器。在“方向 1”栏的“终止条件”选择框中选择“两侧对称”，深度设为 32。单击“所选轮廓

(S)”栏，在绘图区中选择“草图 1-局部范围<1>”和“草图 1-局部范围<2>”，其他采用默认设置，结果如图 8-3 所示。单击“确定”按钮完成拉伸特征操作，如图 8-4 所示。

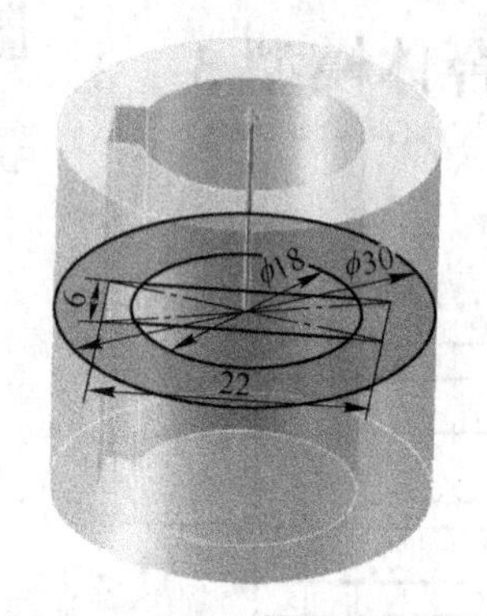

图 8-3 凸台拉伸 1 操作预览

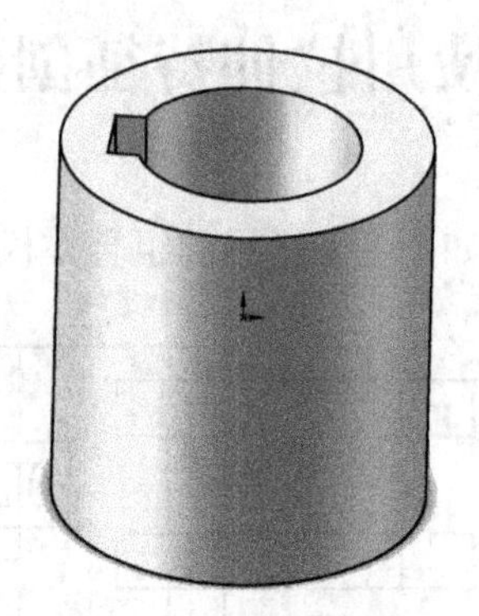

图 8-4 凸台拉伸 1 操作

(4) 单击“草图”切换到草图绘制界面。从特征管理器中选择“上视基准面”，单击“正视于”按钮，单击“草图绘制”按钮，进入草图绘制界面。单击“中心线”按钮，绘制一条以原点为右端点的水平中心线，线长 34。单击“圆”按钮，绘制圆心位于水平中心线左端点 $\phi10$ 和 $\phi20$ 的两个圆。选中 $\phi30$ 大圆的圆弧，单击“转换实体引用”按钮，将 $\phi30$ 大圆引用至草图 2 上。单击“直线”按钮，在中心线上下分别绘制两条直线，每条直线两端分别与 $\phi20$ 和 $\phi30$ 圆弧相交并相切，如图 8-5 所示。

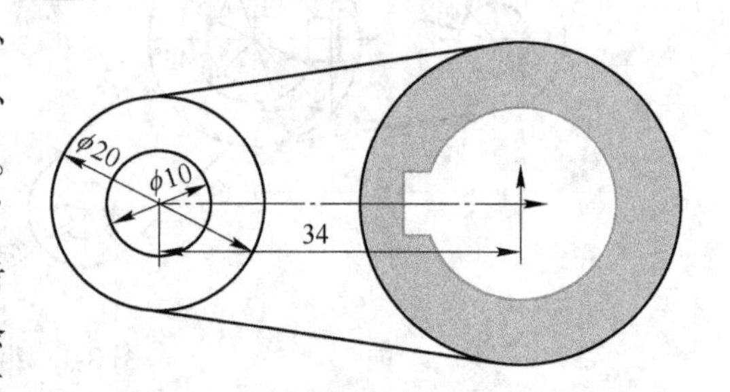

图 8-5 在上视基准面上绘制草图 2

(5) 单击“特征”切换到特征创建面板，在特征栏中选择“拉伸凸台/基体”命令，系统弹出“凸台-拉伸”属性管理器。在“从 (F)”栏中选择“等距”，等距值设为 5. 5。在“方向 1 (1)”栏的“终止条件”选择框中选择“给定深度”，深度设为 6. 5。勾选“合并结果”。单击“所选轮廓 (S)”栏，在绘图区中选择“草图 2-局部范围<1>”“草图 2-局部范围<2>”和“草图 2-局部范围<3>”，其他采用默认设置，结果如图 8-6 所示。单击“确定”按钮完成拉伸特征操作，如图 8-7 所示。

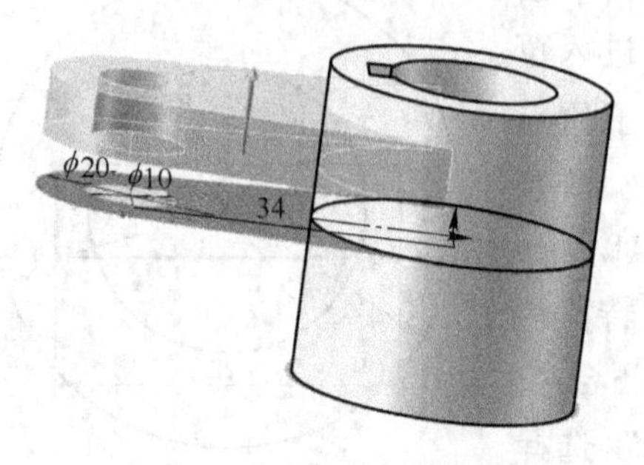

图 8-6 凸台拉伸 2 操作预览

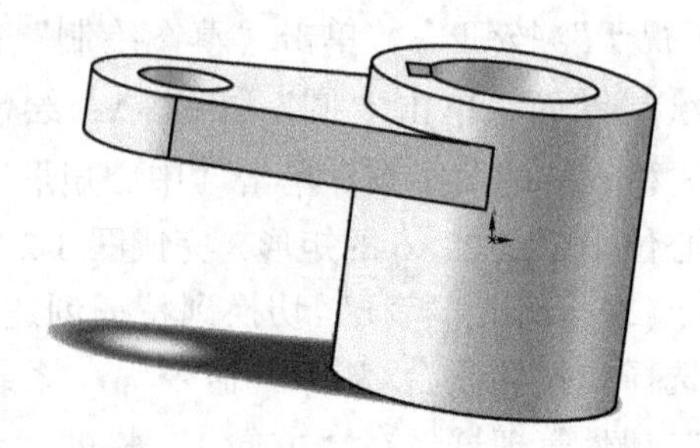

图 8-7 凸台拉伸 2 操作

(6) 单击特征栏上的“镜向”按钮，系统弹出“镜向”属性框，“镜向面”栏选择“上视基准面”，“要镜向的特征（F）”栏中选择“凸台-拉伸2”，其他采用默认设置，结果如图8-8所示。单击“确定”按钮完成镜向特征操作，如图8-9所示。

此部分实体的生成也可再次借助一次凸台拉伸完成，读者可自行完成。

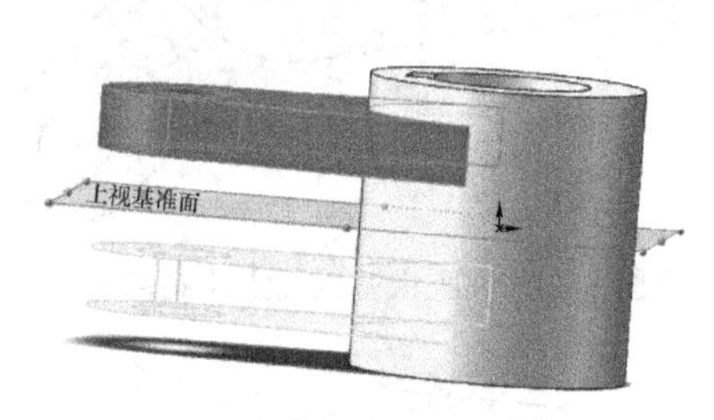

图8-8　镜向操作预览

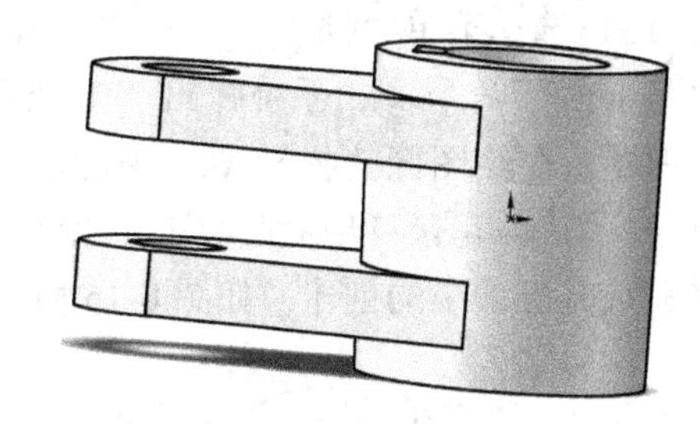

图8-9　镜向操作

(7) 单击“草图”切换到草图绘制界面。从特征管理器中选择“上视基准面”，单击“正视于”按钮，单击“草图绘制”按钮，进入草图绘制界面。单击“中心线”按钮，绘制两条中心线，一条以原点为左端点的水平中心线，一条以原点为上端点的斜中心线，该线长34，两条中心线之间的夹角为45°。单击“圆”按钮，绘制圆心位于中心线下端点 $\phi8$ 的圆。单击“中心点直槽口”按钮，绘制中心在斜中心线中点的直槽口，槽口宽度为16。选中 $\phi30$ 大圆的圆弧，单击“转换实体引用”按钮，将 $\phi30$ 大圆引用至草图3上，如图8-10所示。

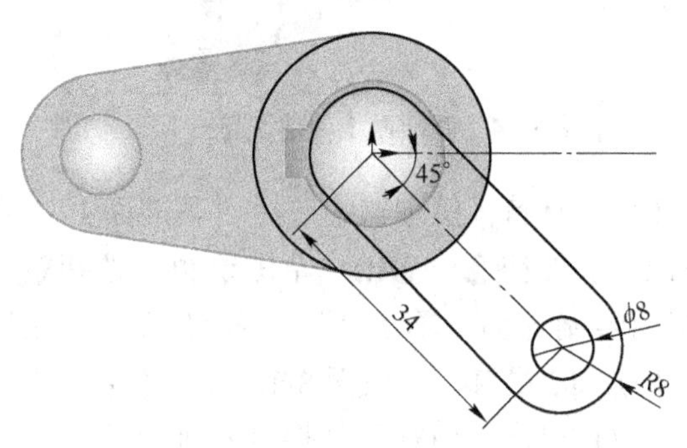

图8-10　在上视基准面上绘制草图3

(8) 单击“特征”切换到特征创建面板，在特征栏中选择“拉伸凸台/基体”命令，系统弹出“凸台-拉伸”属性管理器。在“方向1（1）”栏的“终止条件”选择框中选择“两侧对称”，深度设为10。勾选“合并结果”。单击“所选轮廓（S）”栏，在绘图区中选择“草图3-局部范围<1>”，其他采用默认设置，结果如图8-11所示。单击“确定”按钮完成拉伸特征操作，如图8-12所示。

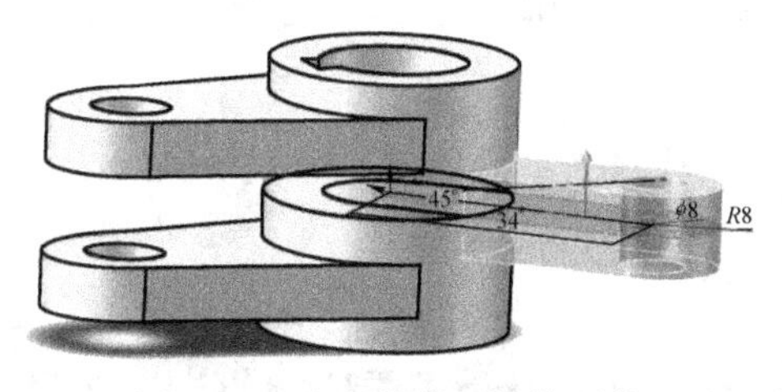

图8-11　凸台拉伸3操作预览

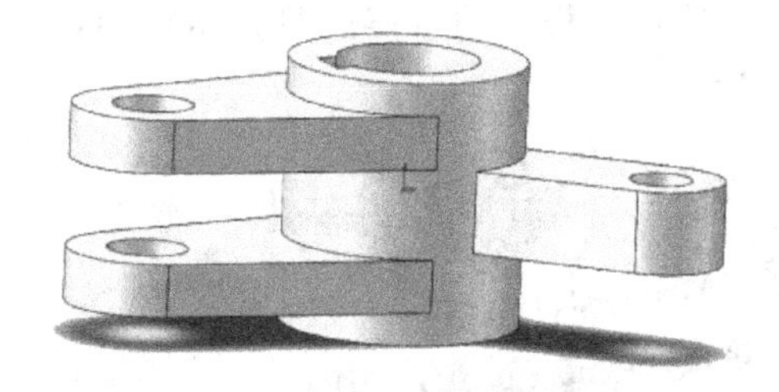

图8-12　凸台拉伸3操作

(9) 单击“草图”切换到草图绘制界面。从特征管理器中选择“上视基准面”，单击“正视于”按钮，单击“草图绘制”按钮，进入草图绘制界面。单击“中心线”

按钮，绘制两条中心线，一条以原点为左端点的水平中心线，一条以原点为左下端点的斜中心线，两条中心线之间的夹角为 45°，完成图 8-13 所示的草图 4，并退出草图绘制。

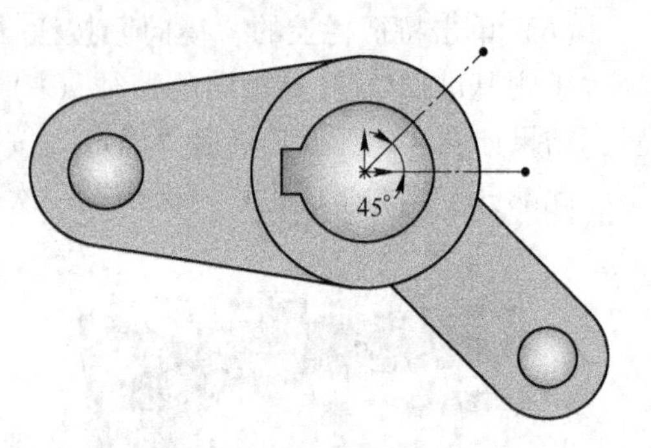

图 8-13 在上视基准面上绘制草图 4

（10）选择菜单“插入”→“参考几何体”→“基准面”命令，系统弹出“基准面”属性管理器。在绘图区选择草图 4 中的斜中心线和原点，结果如图 8-14 所示。单击“确定”按钮完成基准面 1 的创建，如图 8-15 所示。

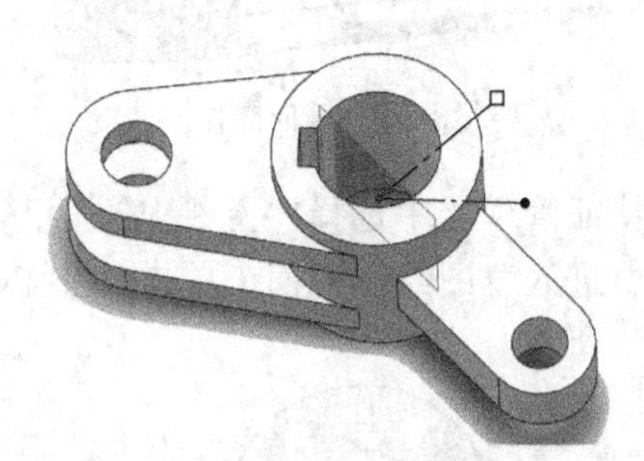
图 8-14 基准面 1 创建预览

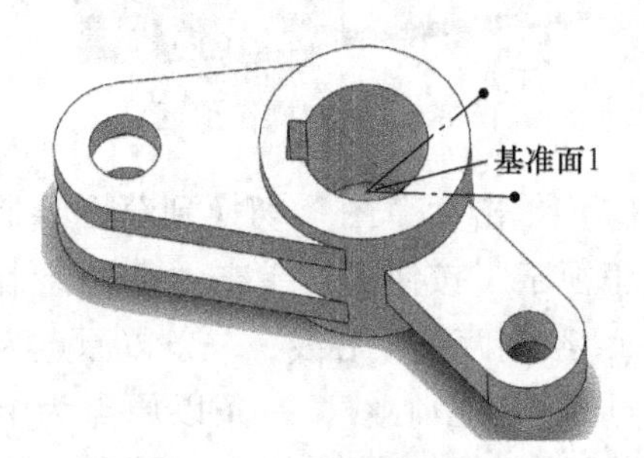

图 8-15 基准面 1 创建

（11）从特征管理器中选择“基准面 1”，单击“正视于”按钮，单击“草图绘制”按钮，进入草图绘制界面。单击“圆”按钮，绘制圆心位于原点 $\phi 5$ 的圆，完成图 8-16 所示的草图 5。

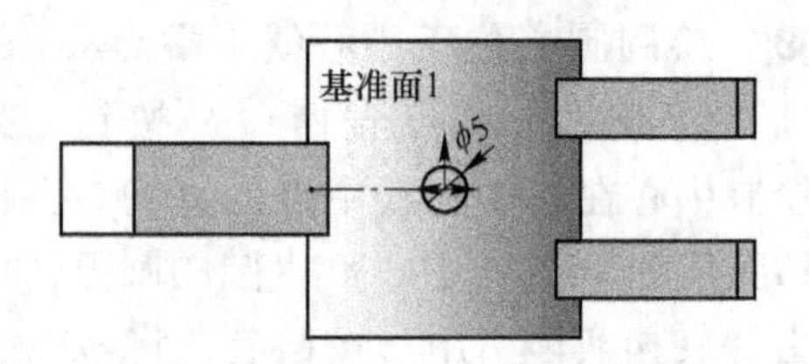

图 8-16 在基准面 1 上绘制草图 5

（12）单击“特征”切换到特征创建面板，在特征栏中选择“拉伸切除”命令，系统弹出“切除-拉伸”属性管理器。在“方向 1（1）”栏的“终止条件”选择框中选择“完全贯穿”，单击“反向”图标按钮，其他采用默认设置，结果如图 8-17 所示。单击“确定”按钮完成切除拉伸特征操作，如图 8-18 所示。

（13）将草图 4 和基准面 1 隐藏，完整实例教程 8 组合体模型 3 创建完成，如图 8-19 所示。选择菜单“文件”→“另存为”命令，在弹出的“另存为”对话框将文件命名为“实例教程 8 组合体模型 3. SLDPRT”，单击“保存”按钮。

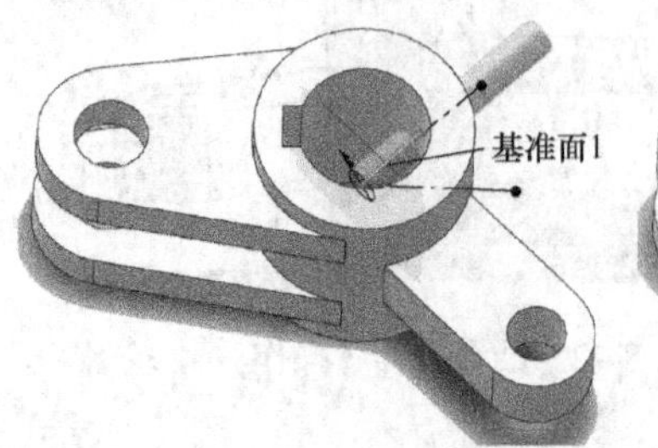

图 8-17 切除拉伸操作预览

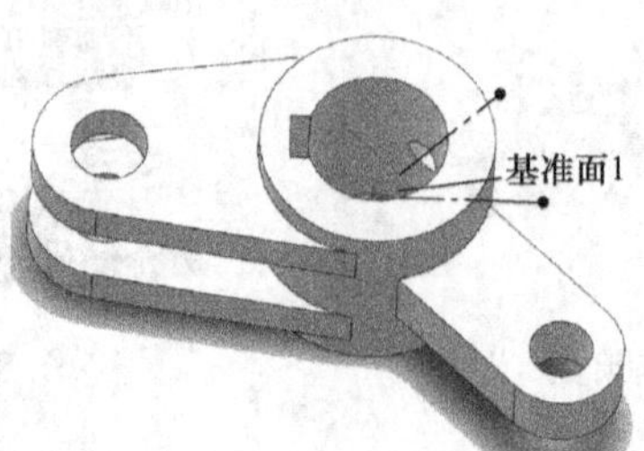

图 8-18 切除拉伸操作

图 8-19 组合体模型 3

方法二：经前面方法介绍可知，组成该组合体模型前 3 个部分的 3 个草图都是在上视基准面上绘制的。在此可以将绘制在上视基准面的 3 个草图合并成 1 个草图，然后依次选择该草图上不同轮廓进行建模。

绘制步骤：

(1) 启动 SolidWorks 软件，选择菜单“文件”→“新建”命令，在弹出的新建文件对话框中选择“零件”，单击“确定”按钮，进入零件设计界面。

(2) 从特征管理器中选择“上视基准面”，单击“正视于”按钮，单击“草图绘制”按钮，进入草图绘制界面，单击“中心线”按钮，过原点绘制三条中心线。其中一条是水平中心线，左端点到原点的距离是 34；一条是竖直中心线；一条是以原点为左上端点的斜中心线，该线长 34，该中心线与水平中心线之间的夹角为 45°。单击“圆”按钮，绘制圆心位于原点 $\phi18$ 和 $\phi30$ 的两个圆；圆心位于水平中心线左端点 $\phi10$ 和 $\phi20$ 的两个圆；圆心位于斜中心线下端点 $\phi8$ 的圆。单击“圆心/起/终点画弧”按钮，绘制圆心位于斜中心线下端点 $R8$ 的圆弧。单击“直线”按钮，在水平中心线上下分别绘制两条直线，每条直线两端分别与 $\phi20$ 和 $\phi30$ 圆弧相交并相切；两条与 $R8$ 圆弧相切，并与斜中心线平行的直线。单击“中心矩形”按钮，绘制中心位于原点 22×6 的矩形，完成图 8-20 所示的草图 1。

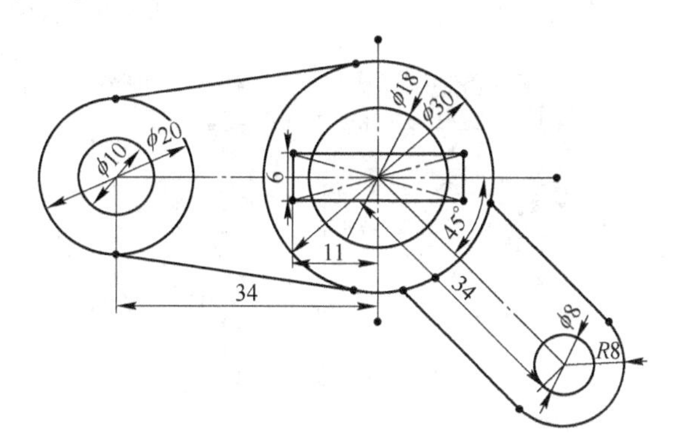

图 8-20　在上视基准面上绘制草图 1

(3) 单击“特征”切换到特征创建面板，在特征栏中选择“拉伸凸台/基体”命令，系统弹出“凸台-拉伸”属性管理器。在“方向 1”栏的“终止条件”选择框中选择“两侧对称”，深度设为 32。单击“所选轮廓（S）”栏，在绘图区中选择“草图 1-局部范围<1>”和“草图 1-局部范围<2>”，其他采用默认设置，结果如图 8-21 所示。单击“确定”按钮完成拉伸特征操作，如图 8-22 所示。

(4) 在特征栏中选择“拉伸凸台/基体”命令，系统出现“拉伸”提示属性管理器，如图 8-23 所示。单击零件前面的⊞，展开零件的特征，如图 8-24 所示。单击凸台-拉伸 1 特征前面的⊞，展开凸台-拉伸 1 特征下的草图 1，如图 8-25 所示。单击草图 1，系统弹出“凸台-拉伸”属性管理器。在“从（F）”栏中选择“等距”，等距值设为 5. 5。在“方向 1（1）”栏的“终止条件”选择框中选择“给定深度”，深度设为 6. 5，勾选“合并结果”。单击“所选轮廓（S）”栏，在绘图区中选择“草图 1-局部范围<1>”和“草图 1-局部范围<2>”，其他采用默认设置，结果如图 8-26 所示。单击“确定”按钮完成拉伸特征操作，如图 8-27 所示。

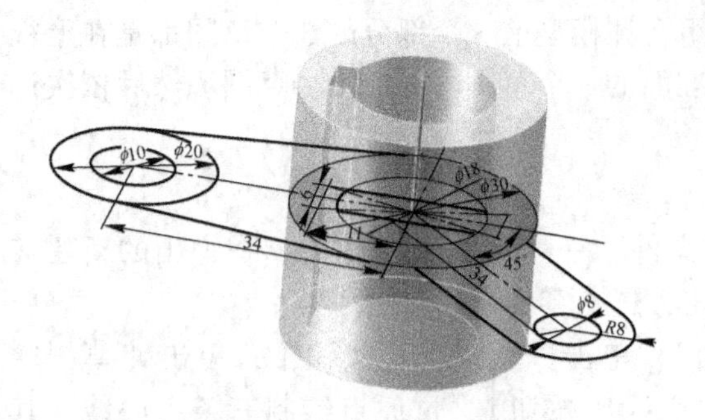

图 8-21　凸台拉伸 1 操作预览

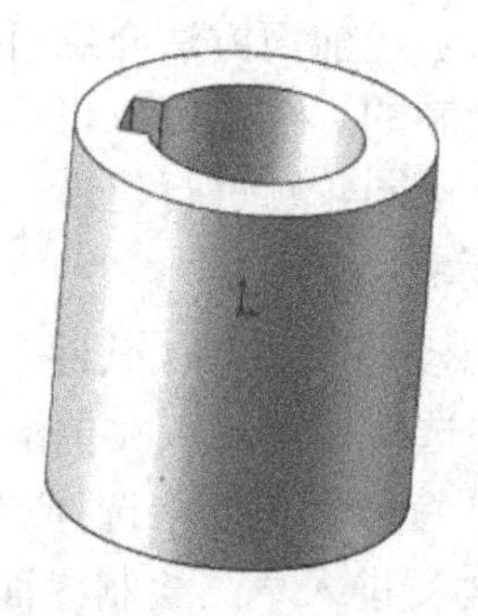

图 8-22　凸台拉伸 1 操作

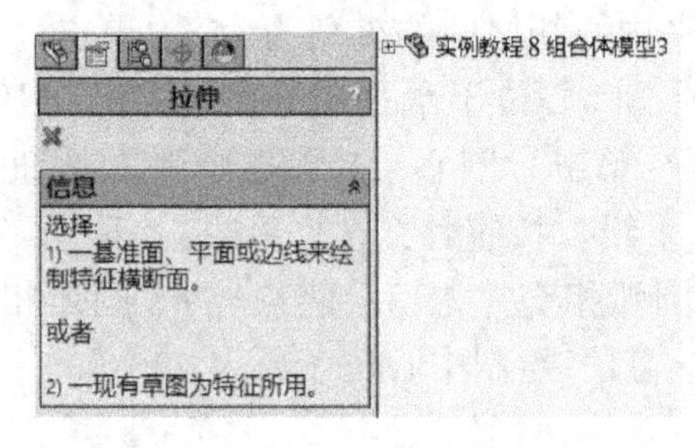

图 8-23　拉伸属性管理器 1

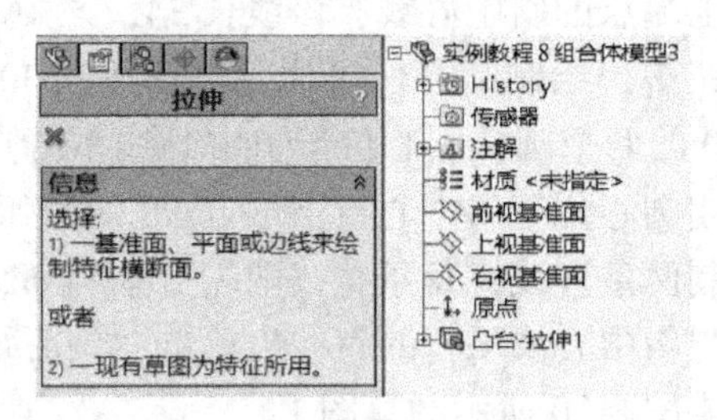

图 8-24　拉伸属性管理器 2

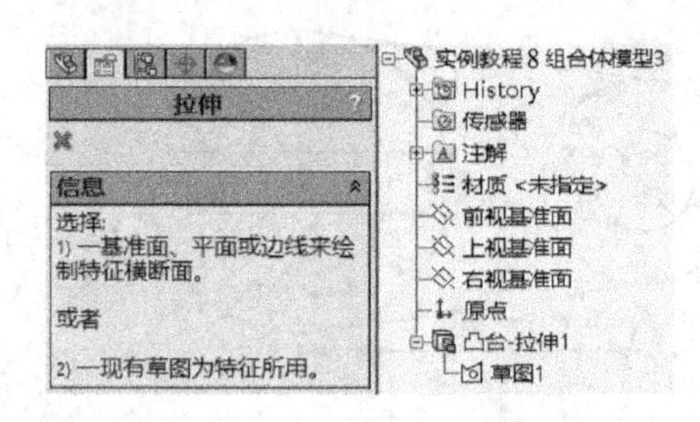

图 8-25　拉伸属性管理器 3

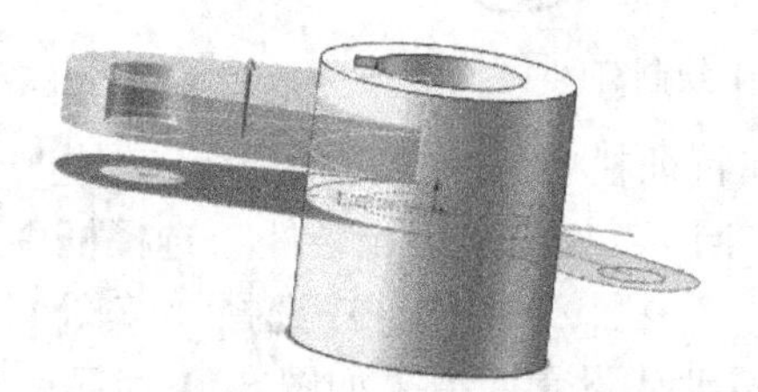

图 8-26　凸台拉伸 2 操作预览

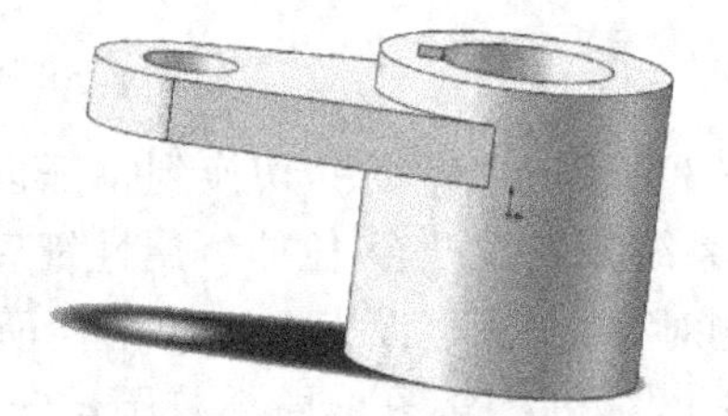

图 8-27　凸台拉伸 2 操作

（5）重复步骤（4），在特征栏中选择“拉伸凸台/基体”命令，系统出现“拉伸”提示属性管理器，单击零件前面的⊞，展开零件的特征，单击凸台-拉伸 1 特征前面的⊞，展开凸台-拉伸 1 特征下的草图 1，单击草图 1，系统弹出“凸台-拉伸”属性管理器。在“从（F）”栏中选择“等距”，等距值设为 5.5，单击“反向”图标按钮。在“方向 1（1）”栏的“终止条件”选择框中选择“给定深度”，深度设为 6.5，单击“反向”图标按钮，勾选“合并结果”。单击“所选轮廓（S）”栏，在绘图区中选择“草图 1-局部范围<1>”和“草图 1-局部范围<2>”，其他采用默认设置，结果如图 8-28 所示。单击“确定”按钮完成拉伸特征操作，如图 8-29 所示。

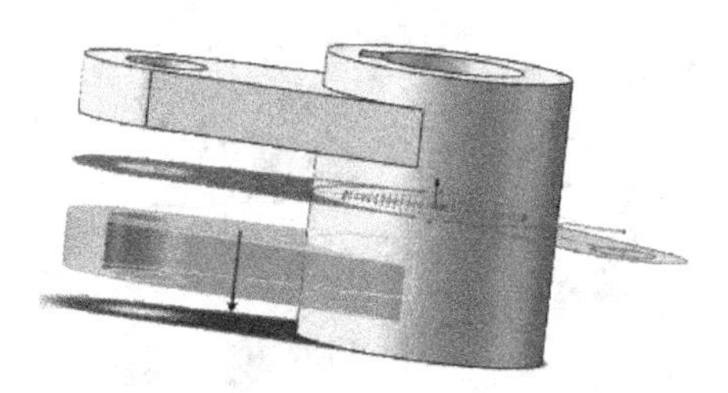

图 8-28　凸台拉伸 3 操作预览

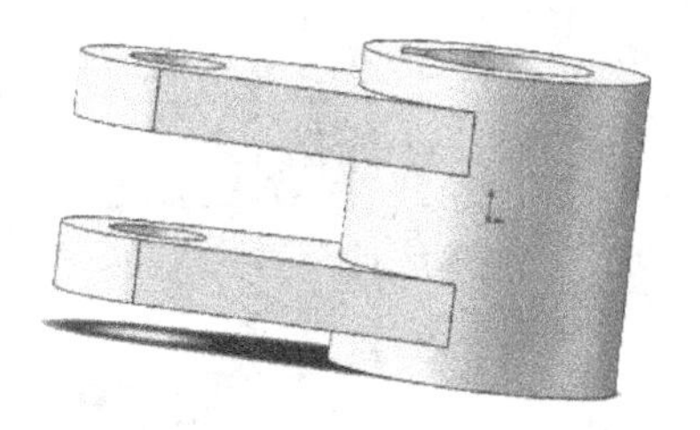

图 8-29　凸台拉伸 3 操作

（6）重复步骤（4），在特征栏中选择“拉伸凸台/基体”命令，系统出现“拉伸”提示属性管理器，单击零件前面的⊞，展开零件的特征，单击凸台-拉伸 1 特征前面的⊞，展开凸台-拉伸 1 特征下的草图 1，单击草图 1，系统弹出“凸台-拉伸”属性管理器。在“方向 1（1）”栏的“终止条件”选择框中选择“两侧对称”，深度设为 10，勾选“合并结果”。单击“所选轮廓（S）”栏，在绘图区中选择“草图 1-局部范围<1>”，其他采用默认设置，结果如图 8-30 所示。单击“确定”按钮完成拉伸特征操作，如图 8-31 所示。

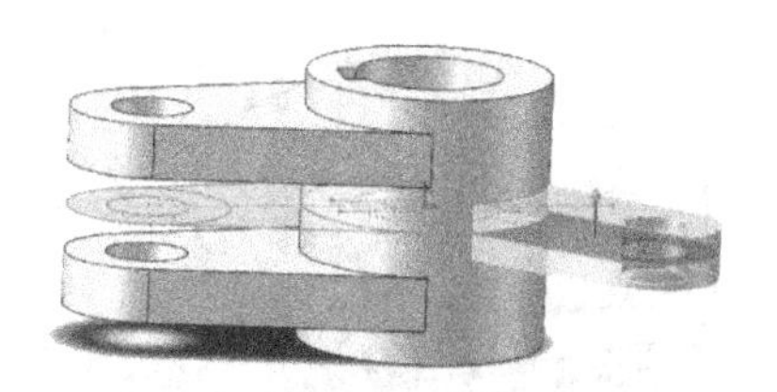

图 8-30　凸台拉伸 4 操作预览

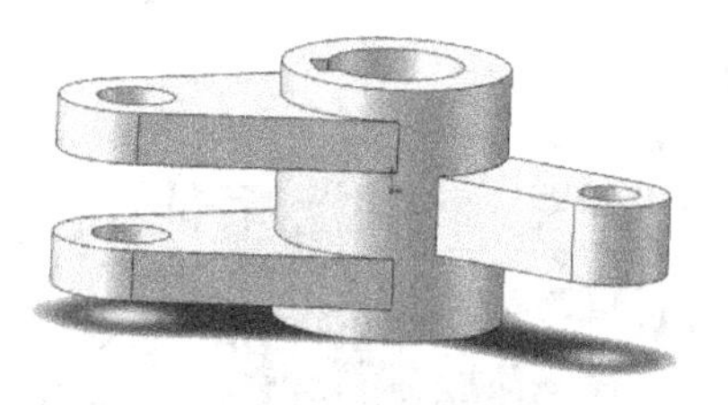

图 8-31　凸台拉伸 4 操作

（7）单击“草图”切换到草图绘制界面。从特征管理器中选择“上视基准面”，单击“正视于”按钮，单击“草图绘制”按钮，进入草图绘制界面。单击“中心线”按钮，绘制两条中心线，一条以原点为左端点的水平中心线，一条以原点为左下端点的斜中心线，两条中心线之间的夹角为 45°，完成图 8-32 所示的草图 2，并退出草图绘制。

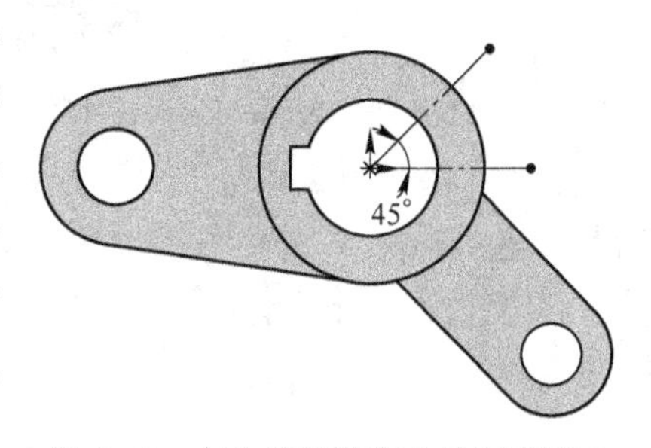

图 8-32　在上视基准面上绘制草图 2

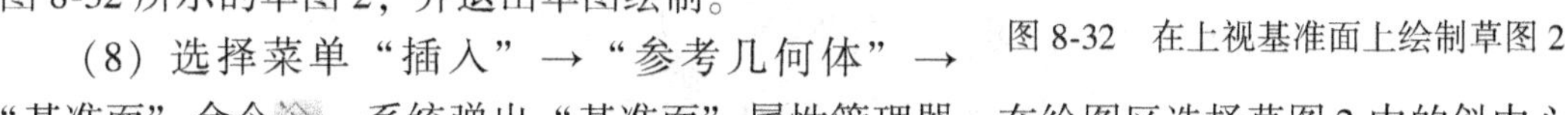

（8）选择菜单“插入”→“参考几何体”→“基准面”命令，系统弹出“基准面”属性管理器。在绘图区选择草图 2 中的斜中心线和原点，结果如图 8-33 所示。单击“确定”按钮完成基准面 1 的创建，如图 8-34 所示。

（9）从特征管理器中选择“基准面 1”，单击“正视于”按钮，进入草图绘制界面，在基准面 1 上绘制草图 3。单击“圆”按钮，绘制圆心位于原点 $\phi 5$ 的圆，完成图 8-35 所示的草图 3。

（10）单击“特征”切换到特征创建面板，在特征栏中选择“拉伸切除”命令，系统弹出“切除-拉伸”属性管理器。在“方向 1（1）”栏的“终止条件”选择框中选择“完全贯穿”，单击“反向”图标按钮，其他采用默认设置，结果如图 8-36 所示。单击“确定”按钮完成切除拉伸特征操作，如图 8-37 所示。

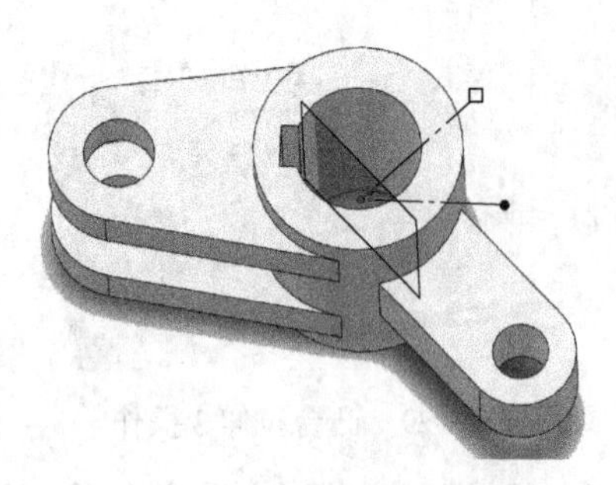

图 8-33　基准面 1 创建预览

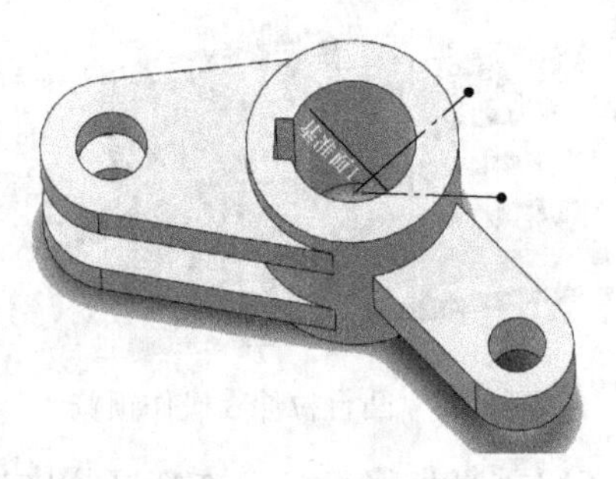

图 8-34　基准面 1 创建

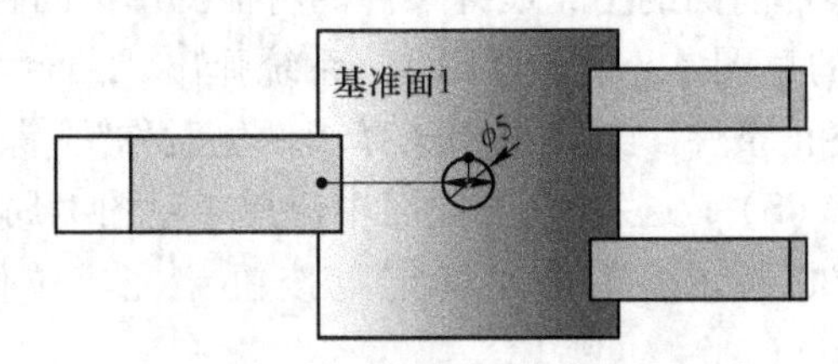

图 8-35　在基准面 1 上绘制草图 3

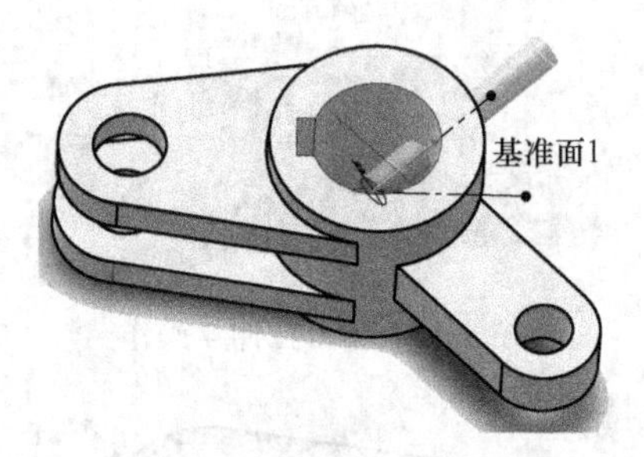

图 8-36　切除拉伸操作预览

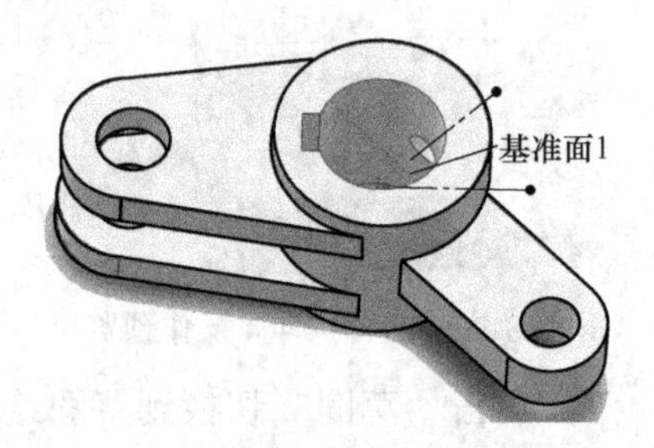

图 8-37　切除拉伸操作

（11）将草图 2 和基准面 1 隐藏，完整实例教程 8 组合体模型 3 创建完成，如图 8-38 所示。选择菜单“文件”→“另存为”命令，在弹出的“另存为”对话框将文件命名为“实例教程 8 组合体模型 3. SLDPRT”，单击“保存”按钮。

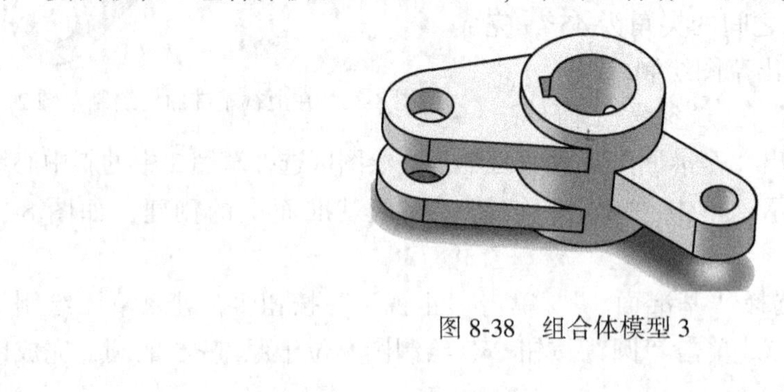

图 8-38　组合体模型 3

扫一扫
观看视频讲解

实例教程 9　滑动轴承座

——使用拉伸、异形孔和圆角特征创建的滑动轴承座

创建如图 9-1 所示的滑动轴承座。

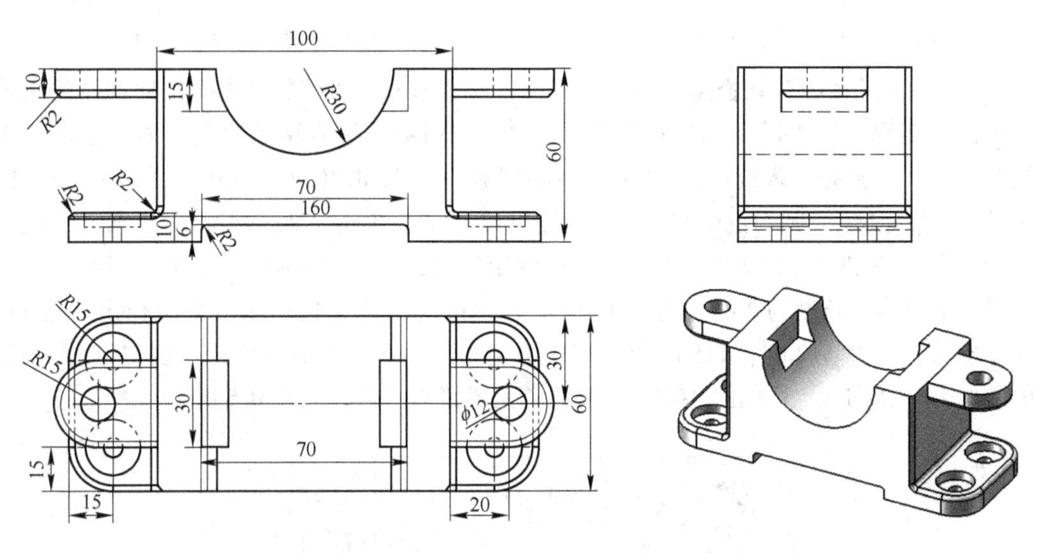

图 9-1　滑动轴承座

实例分析：本例中的滑动轴承座主要运用了凸台拉伸、孔、圆角和切除拉伸特征操作。需要注意在选取草图基准面，圆角与孔的先后顺序等过程中所用到的技巧。

绘制步骤：

（1）启动 SolidWorks 软件，选择菜单“文件”→“新建”命令，在弹出的新建文件对话框中选择“零件”，单击“确定”按钮，进入零件设计界面。

（2）从特征管理器中选择“前视基准面”，单击“正视于”按钮，单击“草图绘制”按钮，进入草图绘制界面。单击“中心线”按钮，绘制一条以原点为上端点的竖直中心线。单击“圆心/起/终点画弧”按钮，绘制圆心位于原点 $R30$ 的半圆。单击“直线”按钮，绘制 7 条水平直线和 6 条竖直直线，完成图 9-2 所示的草图 1。

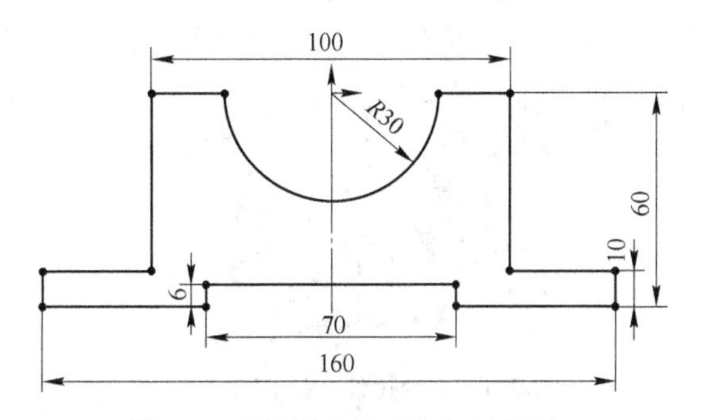

图 9-2　在前视基准面上绘制草图 1

（3）单击“特征”切换到特征创建面板，在特征栏中选择“拉伸凸台/基体”命令，系统弹出“凸台-拉伸”属性管理器。在“方向 1（1）”栏的“终止条件”选择框

中选择“两侧对称”，深度设为 60，其他采用默认设置，结果如图 9-3 所示。单击“确定”按钮✔完成拉伸特征操作，如图 9-4 所示。

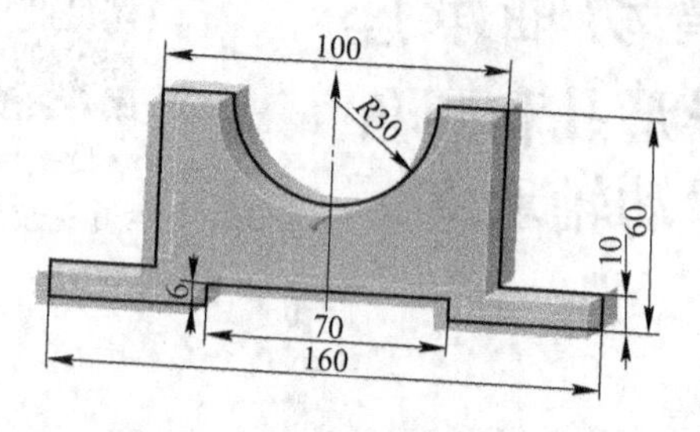

图 9-3 凸台拉伸 1 操作预览

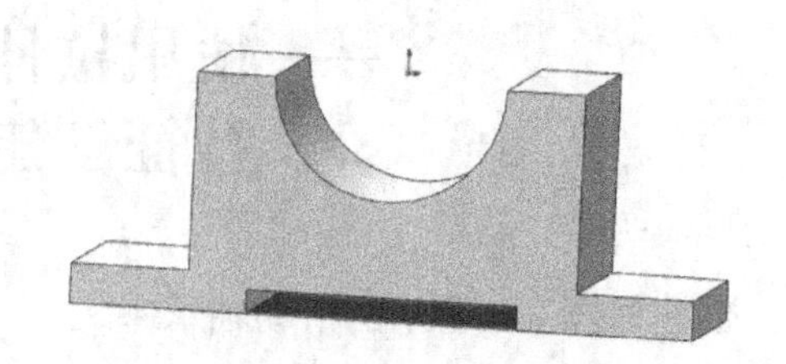

图 9-4 凸台拉伸 1 操作

（4）单击“草图”切换到草图绘制界面。选取步骤（3）中生成的拉伸实体的上端面，单击“正视于”按钮，单击“草图绘制”按钮，进入草图绘制界面。单击“中心线”按钮，绘制一条过原点的水平中心线和一条过原点的竖直中心线。单击“圆（*R*）”按钮，绘制圆心位于水平中心线上 $\phi12$ 的圆，单击“圆心/起/终点画弧”按钮，绘制与 $\phi12$ 圆同心的 *R*15 半圆。单击“直线”按钮，绘制两条水平直线和一条竖直直线，水平直线长度为 20。单击草图栏上的“镜向实体”按钮，系统弹出“镜向”属性管理器。选中 $\phi12$ 圆、*R*15 的半圆和 3 条直线为“要镜向的实体”，选择过原点的竖直中心线为“镜向点”，单击“确定”按钮✔完成镜向操作，如图 9-5 所示。

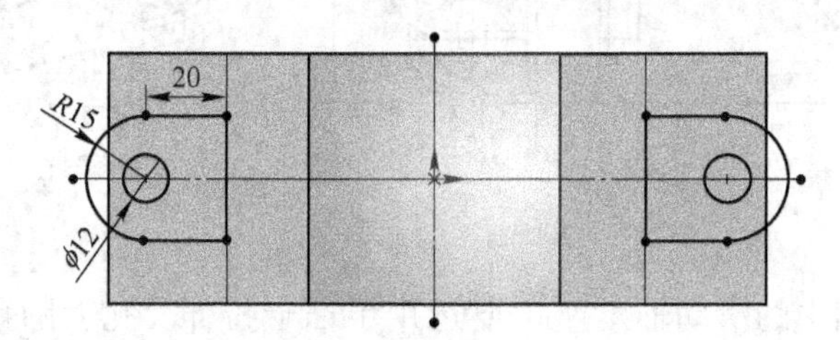

图 9-5 在面 1 上绘制草图 2

（5）单击“特征”切换到特征创建面板，在特征栏中选择“拉伸凸台/基体”命令，系统弹出“凸台-拉伸”属性管理器。在“方向 1（1）”栏的“终止条件”选择框中选择“给定深度”，深度设为 10，单击“反向”图标按钮，其他采用默认设置，结果如图 9-6 所示。单击“确定”按钮✔完成拉伸特征操作，如图 9-7 所示。

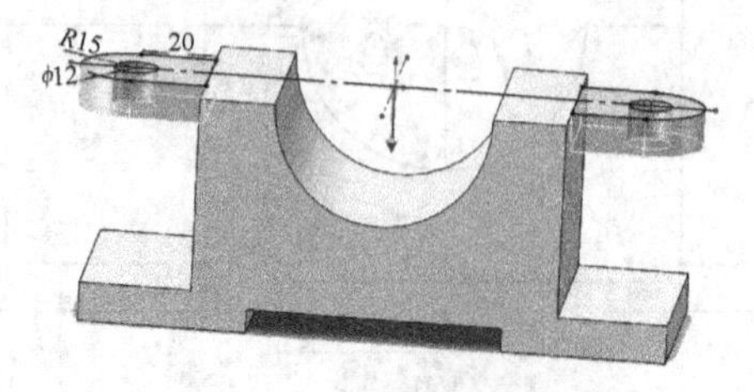

图 9-6 凸台拉伸 2 操作预览

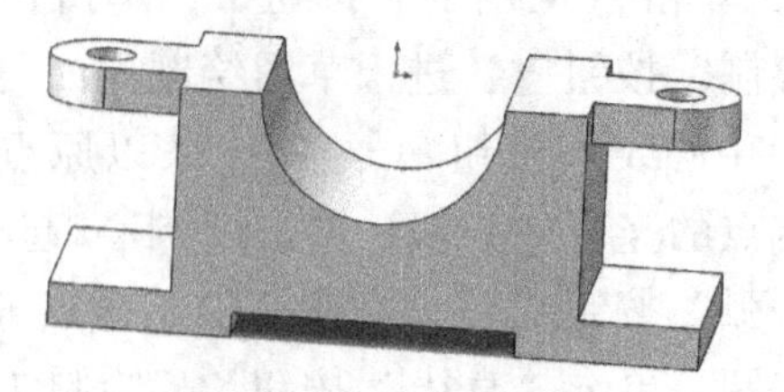

图 9-7 凸台拉伸 2 操作

（6）单击特征栏上的“圆角”按钮，系统弹出“圆角”属性管理器。圆角类型选择“恒定大小圆角”，圆角项目选择模型上的 4 条竖直边线，圆角半径 *R* 为 15，结果如图 9-8 所示。单击“确定”按钮✔完成圆角操作，如图 9-9 所示。

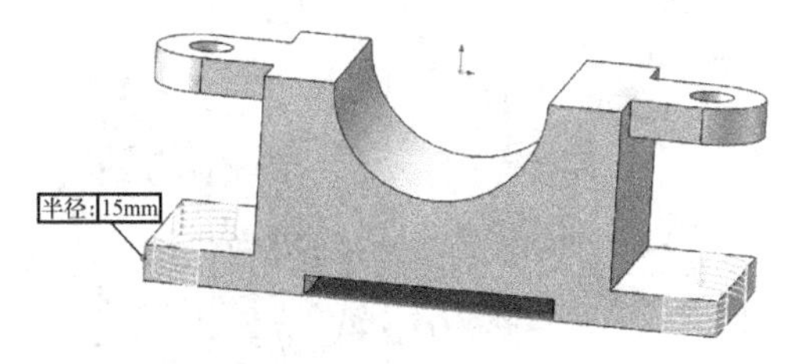

图 9-8　圆角 1 操作预览

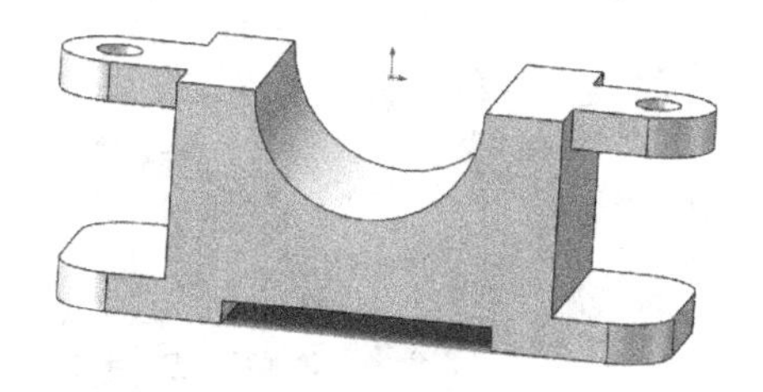

图 9-9　圆角 1 操作

（7）选择菜单“插入”→“特征”→“孔”→“向导”命令，系统弹出“孔规格”属性管理器。“孔类型”选择“六角精致螺栓”，选取步骤（3）中生成的拉伸实体的右上端面为“孔位置”，其他采用默认设置，结果如图 9-10 所示。单击“确定”按钮完成 1/4 六角头螺钉的柱形沉头孔的创建，如图 9-11 所示。

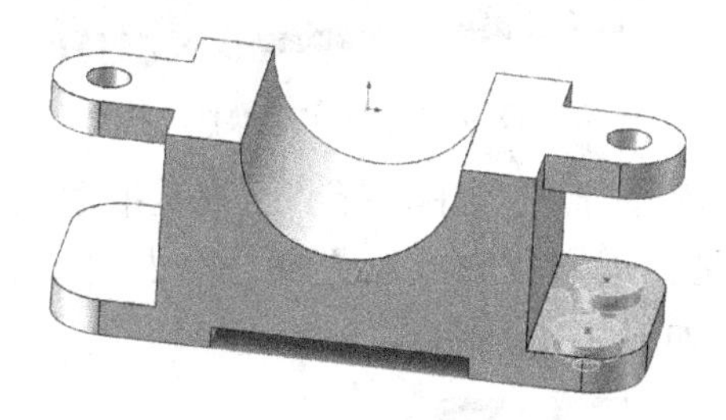

图 9-10　柱形沉头孔操作预览

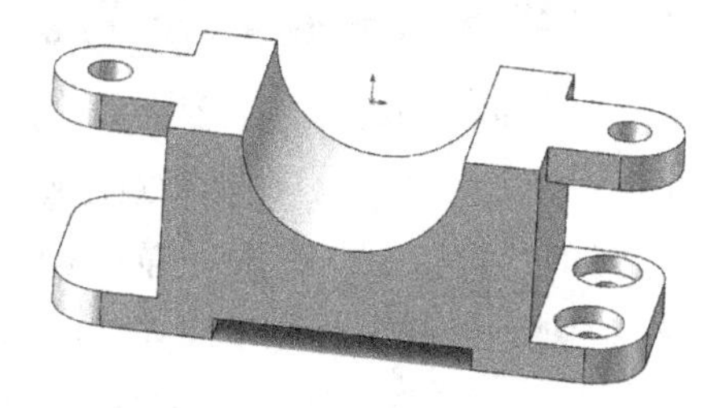

图 9-11　柱形沉头孔操作

（8）选择特征管理器中“1/4 六角头螺钉的柱形沉头孔 1”下的草图 4，单击鼠标左键，从弹出的快捷菜单中选择“编辑草图”按钮，系统进入草图编辑界面。同时选中同侧的孔中心点和 *R*15 的圆弧边线添加“同心”的几何关系，再次选择另一侧的孔中心点和 *R*15 的圆弧边线添加“同心”的几何关系，如图 9-12 所示。单击“退出草图”绘制命令，结果如图 9-13 所示。

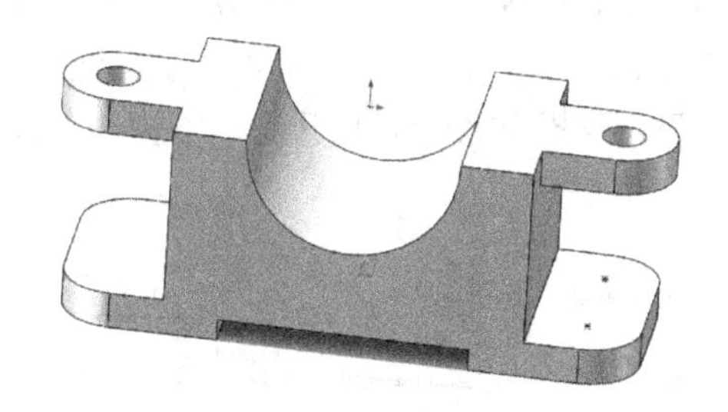

图 9-12　柱形沉头孔定位操作预览

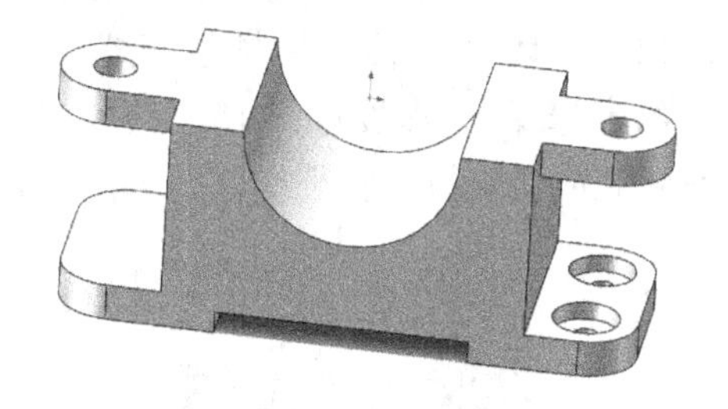

图 9-13　柱形沉头孔定位操作

（9）单击特征栏上的“镜向”按钮，系统弹出“镜向”属性框，“镜向面”栏选择“右视基准面”，“要镜向的特征（F）”栏中选择“1/4 六角头螺钉的柱形沉头孔 1”，其他采用默认设置，结果如图 9-14 所示。单击“确定”按钮完成镜向特征操作，如图 9-15 所示。

（10）重复步骤（6），单击特征栏上的“圆角”按钮，系统弹出“圆角”属性管理器。圆角类型选择“恒定大小圆角”，圆角项目选择模型上的 8 条边线，圆角半径 *R* 为 2，结果如图 9-16 所示。单击“确定”按钮完成圆角操作，如图 9-17 所示。

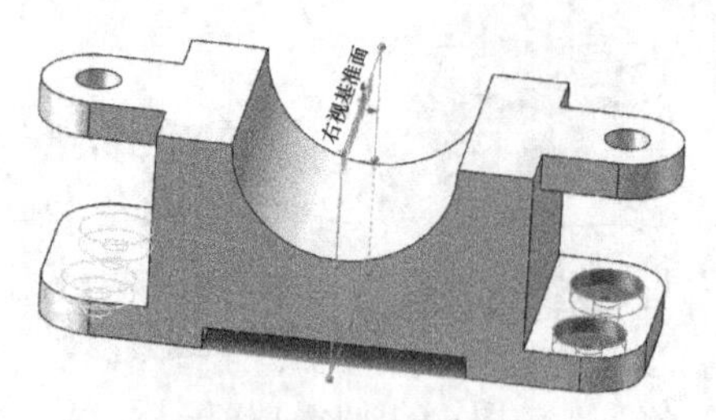

图 9-14 镜向操作预览

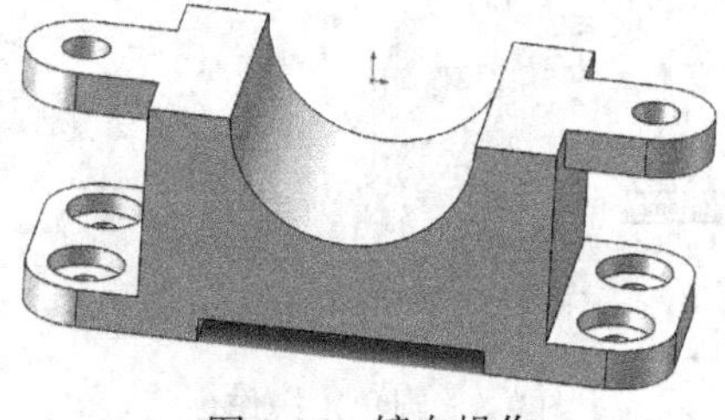

图 9-15 镜向操作

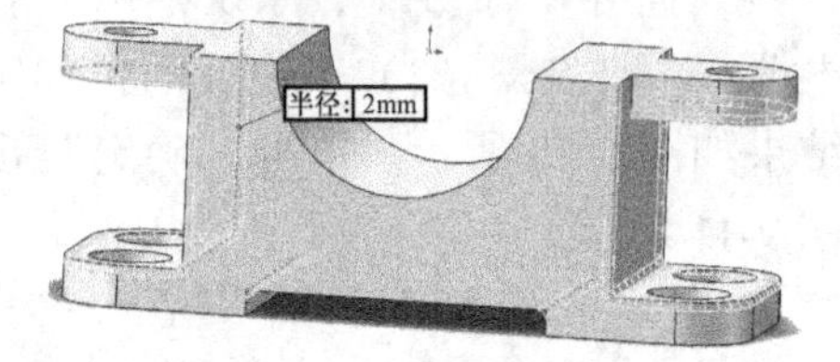

图 9-16 圆角 2 操作预览

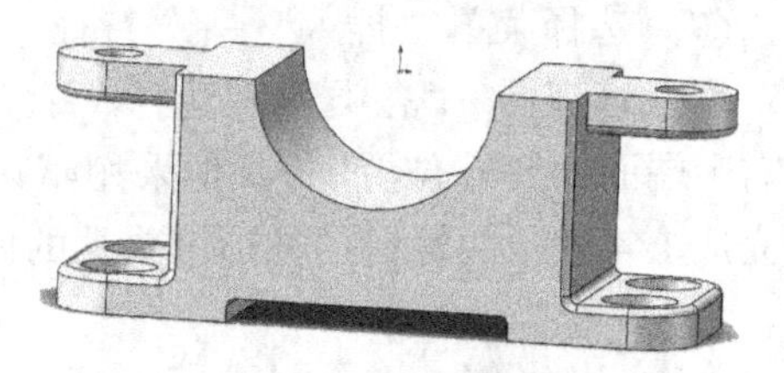

图 9-17 圆角 2 操作

（11）单击“草图”切换到草图绘制界面。从特征管理器中选择“上视基准面”，单击“正视于”按钮，单击“草图绘制”按钮，进入草图绘制界面。单击“中心矩形”按钮，绘制中心位于原点 70×30 的矩形，如图 9-18 所示。

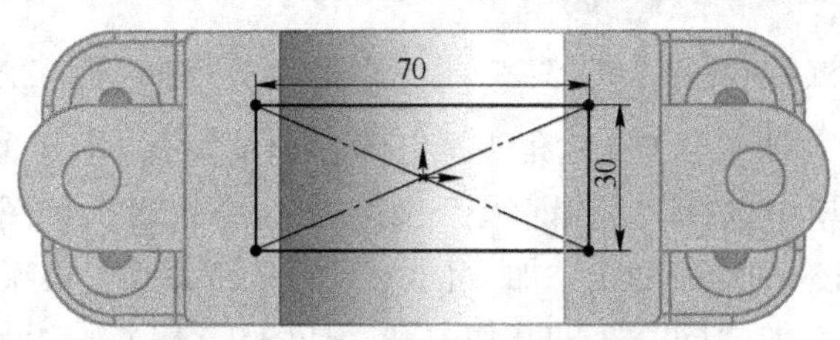

图 9-18 在上视基准面上绘制草图 5

（12）单击“特征”切换到特征创建面板，在特征栏中选择“拉伸切除”命令，系统弹出“切除-拉伸”属性管理器。在“方向 1（1）”栏的“终止条件”选择框中选择“给定深度”，深度设为 15，其他采用默认设置，结果如图 9-19 所示。单击“确定”按钮完成切除拉伸特征操作，如图 9-20 所示。

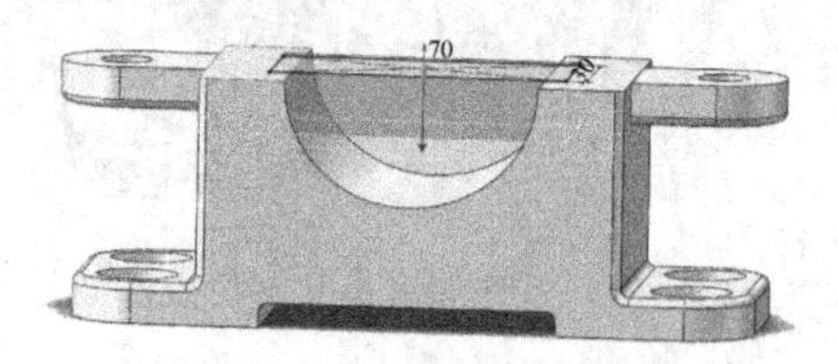

图 9-19 切除拉伸操作预览

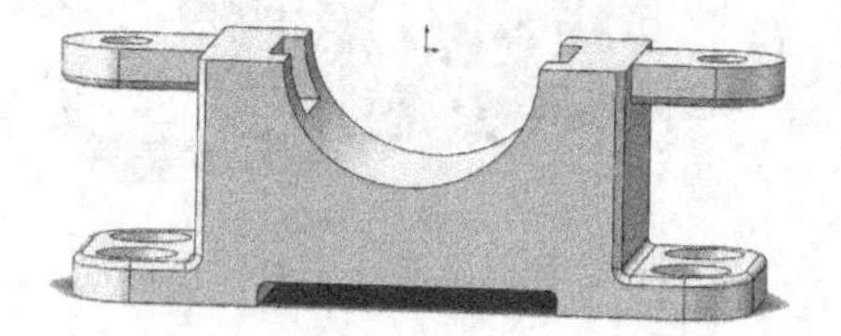

图 9-20 切除拉伸操作

（13）完整实例教程 9 滑动轴承座创建完成，如图 9-21 所示。选择菜单“文件”→“另存为”命令，在弹出的“另存为”对话框将文件命名为“实例教程 9 滑动轴承座 . SLDPRT”，单击“保存”按钮。

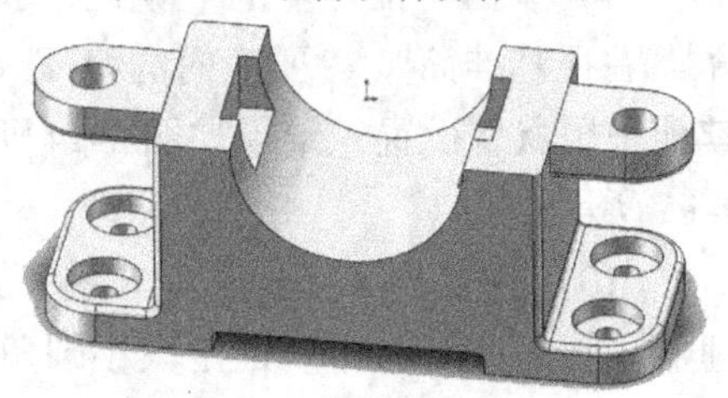

图 9-21 滑动轴承座

实例教程 10　基座
——使用拉伸、切除拉伸、异形孔和圆角特征创建的基座

扫一扫
观看视频讲解

创建如图 10-1 所示的基座。

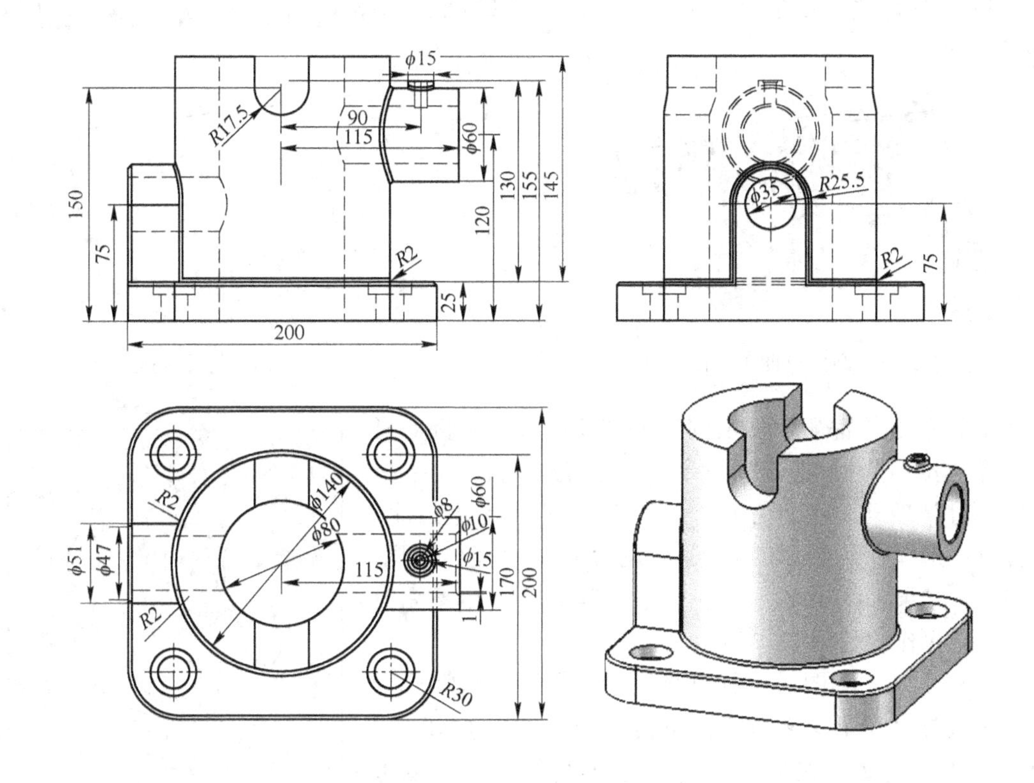

图 10-1　基座

实例分析：本例中的基座创建过程相对比较复杂，先后多次运用了凸台拉伸、切除拉伸特征，还借助了孔和圆角等特征操作。需要注意在选取草图基准面，圆角与孔的先后顺序等过程中所用到的技巧。

绘制步骤：

（1）启动 SolidWorks 软件，选择菜单“文件”→“新建”命令，在弹出的新建文件对话框中选择“零件”，单击“确定”按钮，进入零件设计界面。

（2）从特征管理器中选择“上视基准面”，单击“正视于”按钮，单击“草图绘制”按钮，进入草图绘制界面。单击“中心矩形”按钮，绘制中心位于原点 200×200 的矩形，完成图 10-2 所示的草图 1。

（3）单击“特征”切换到特征创建面板，在特征栏中选择“拉伸凸台/基体”命令

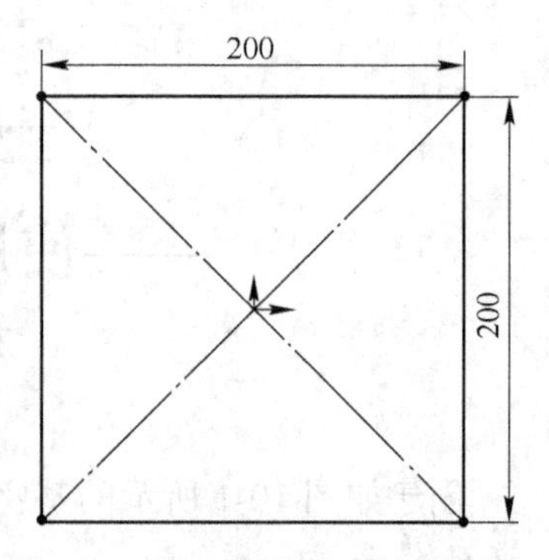

图 10-2　在上视基准面绘制草图 1

，系统弹出“凸台-拉伸”属性管理器。在“方向 1（1）”栏的“终止条件”选择框中选择“给定深度”，深度设为 25，单击“反向”图标按钮，其他采用默认设置，结果如图 10-3 所示。单击“确定”按钮完成拉伸特征操作，如图 10-4 所示。

（4）单击“草图”切换到草图绘制界面。从特征管理器中选择“上视基准面”，单击“正视于”按钮，单击“草图绘制”按钮，进入草图绘制界面。单击“圆”按钮，绘制圆心位于原点 ϕ140 的圆，如图 10-5 所示。

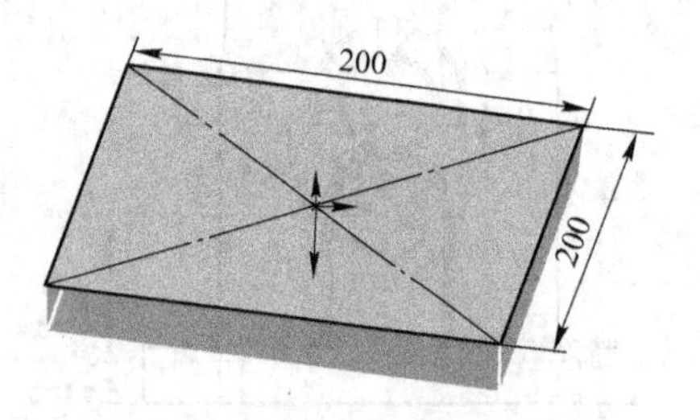

图 10-3　凸台拉伸 1 操作预览

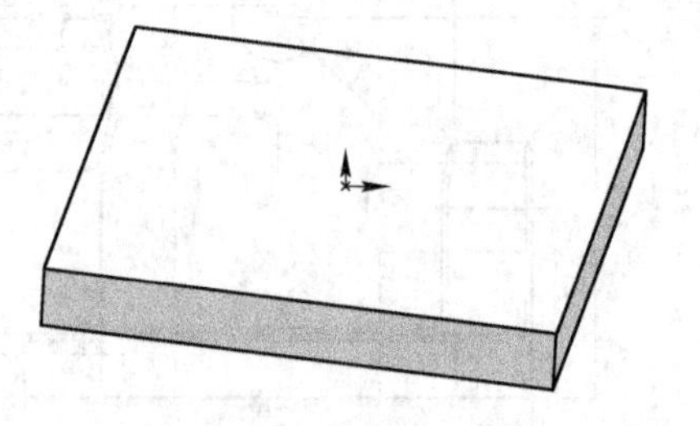
图 10-4　凸台拉伸 1 操作

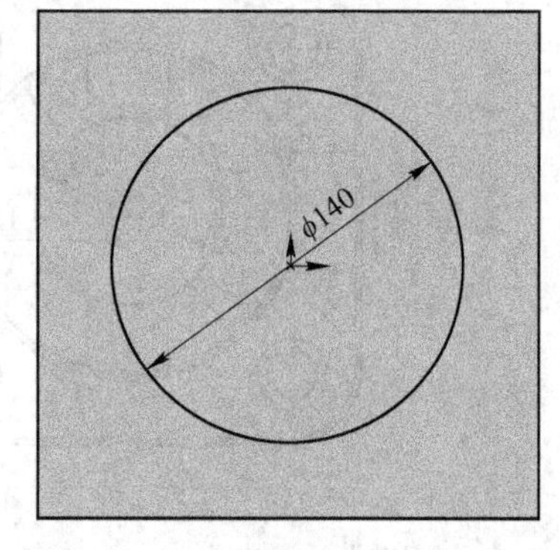

图 10-5　在上视基准面绘制草图 2

（5）单击“特征”切换到特征创建面板，在特征栏中选择“拉伸凸台/基体”命令，系统弹出“凸台-拉伸”属性管理器。在“方向 1（1）”栏的“终止条件”选择框中选择“给定深度”，深度设为 145，其他采用默认设置，结果如图 10-6 所示。单击“确定”按钮完成拉伸特征操作，如图 10-7 所示。

（6）单击“草图”切换到草图绘制界面。从特征管理器中选择“上视基准面”，单击“正视于”按钮，单击“草图绘制”按钮，进入草图绘制界面。单击“圆”按钮，绘制圆心位于原点 ϕ80 的圆，如图 10-8 所示。

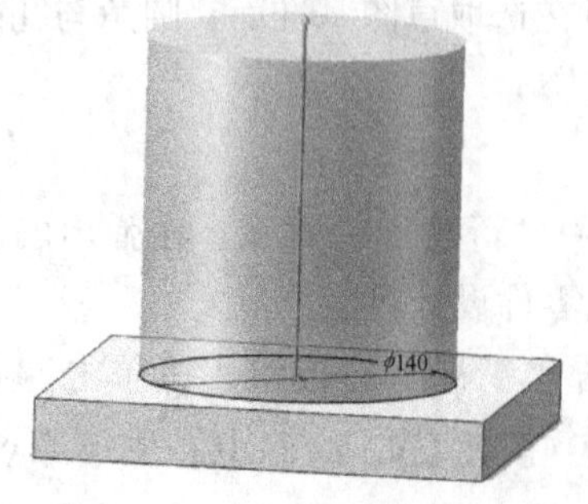

图 10-6　凸台拉伸 2 操作预览

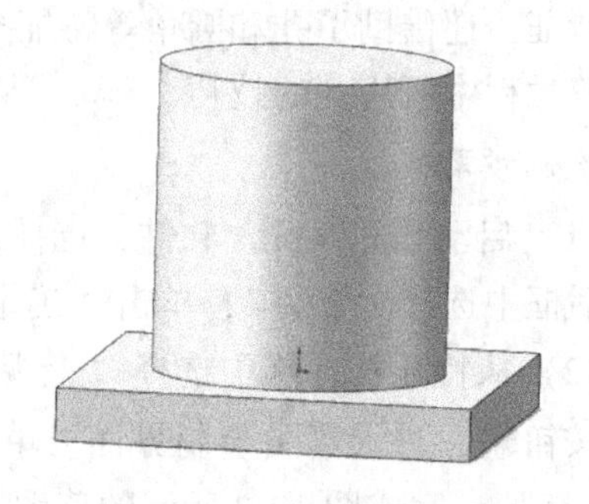
图 10-7　凸台拉伸 2 操作

(7) 单击“特征”切换到特征创建面板，在特征栏中选择“拉伸切除”命令，系统弹出“切除-拉伸”属性管理器。在“方向 1 (1)”栏的“终止条件”选择框中选择“完全贯穿”，在“方向 2 (2)”栏的“终止条件”选择框中选择“完全贯穿”，其他采用默认设置，结果如图 10-9 所示。单击“确定”按钮完成切除拉伸特征操作，如图 10-10 所示。

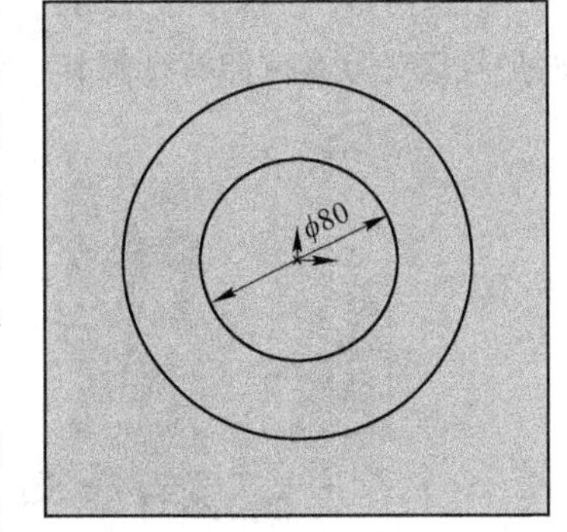

图 10-8　在上视基准面绘制草图 3

(8) 单击“草图”切换到草图绘制界面。选取步骤 (3) 中生成的拉伸实体一侧面，单击“正视于”按钮，单击“草图绘制”按钮，进入草图绘制界面。单击“中心线”按钮，绘制一条过原点的竖直中心线。单击“圆心/起/终点画弧”按钮，绘制 $R25.5$ 的半圆，半圆的圆心位于竖直中心线上，与实体最下端距离为 75。单击“直线”按钮，过 $R25.5$ 半圆两端点分别绘制两条竖直直线，竖直直线与半圆相切。以两条竖直直线下端点为起点和终点，绘制一条水平直线，如图 10-11 所示。

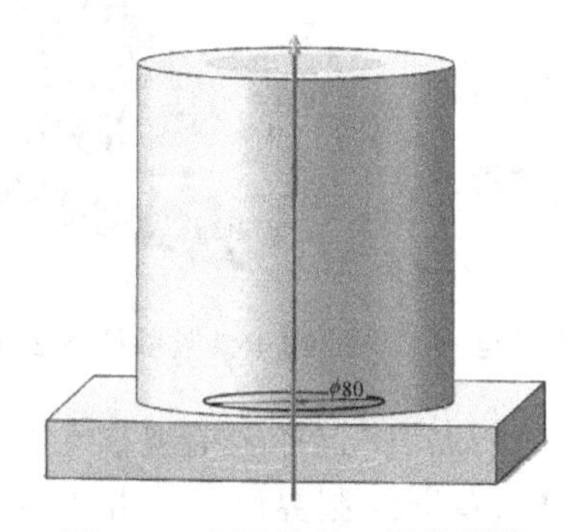

图 10-9　切除拉伸 1 操作预览

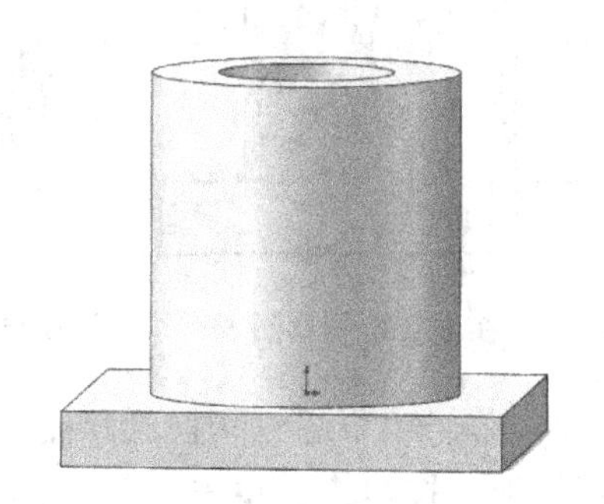
图 10-10　切除拉伸 1 操作

(9) 单击“特征”切换到特征创建面板，在特征栏中选择“拉伸凸台/基体”命令，系统弹出“凸台-拉伸”属性管理器。在“方向 1 (1)”栏的“终止条件”选择框中选择“成形到下一面”，其他采用默认设置，结果如图 10-12 所示。单击“确定”按钮完成拉伸特征操作，如图 10-13 所示。

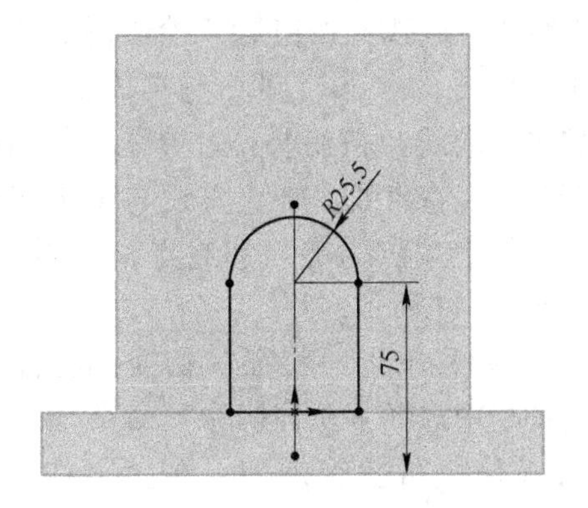

图 10-11　在面 1 绘制草图 4

(10) 单击“草图”切换到草图绘制界面。选取步骤 (9) 中生成的拉伸实体的端面，单击“正视于”按钮，单击“草图绘制”按钮，进入草图绘制界面。单击“圆”按钮，绘制 $\phi35$ 的圆，同时选中 $\phi35$ 的圆弧和 $R25.5$ 的半圆弧边线添加“同心”的几何关系，完成图10-14 所示的草图 5。

(11) 单击“特征”切换到特征创建面板，在特征栏中选择“拉伸切除”命令，系统弹出“切除-拉伸”属性管理器。在“方向 1 (1)”栏的“终止条件”选择框中选择“给定深度”，深度设为 80，其他采用默认设置，结果如图 10-15 所示。单击“确定”按钮✔完成切除拉伸特征操作，如图 10-16 所示。

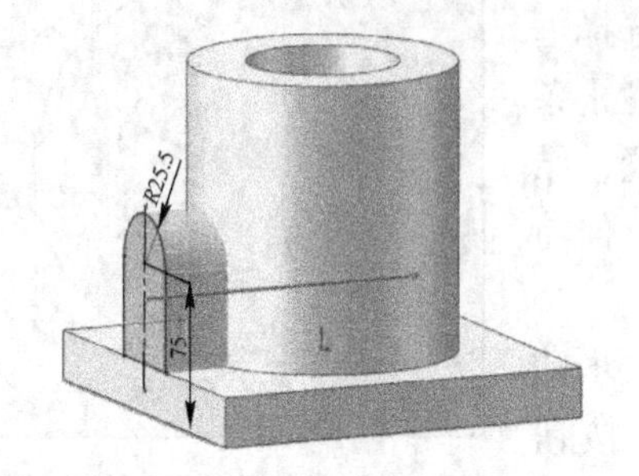

图 10-12　凸台拉伸 3 操作预览

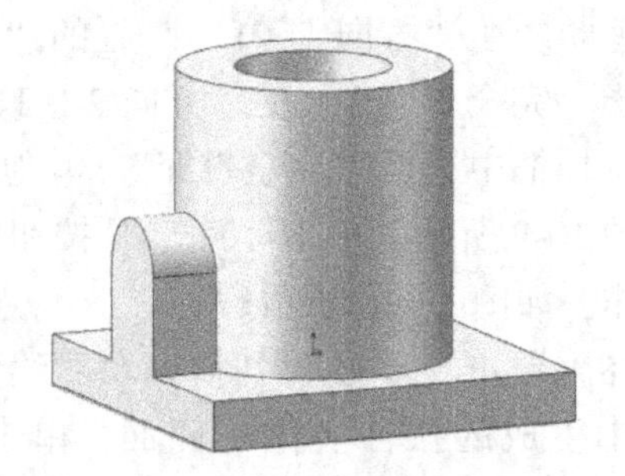

图 10-13　凸台拉伸 3 操作

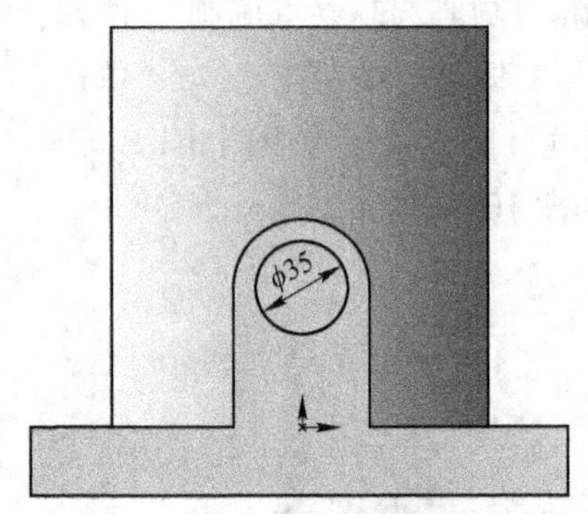

图 10-14　在面 2 绘制草图 5

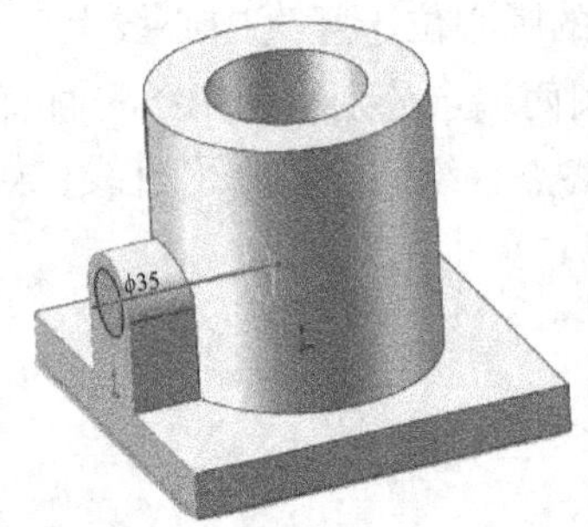

图 10-15　切除拉伸 2 操作预览

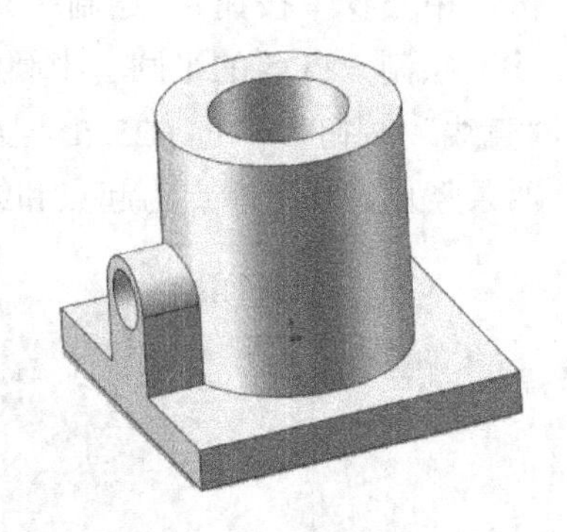

图 10-16　切除拉伸 2 操作

（12）单击“草图”切换到草图绘制界面。从特征管理器中选择“前视基准面”，单击“正视于”按钮，单击“草图绘制”按钮，进入草图绘制界面。单击“中心线”按钮，绘制一条过原点的竖直中心线。单击“圆心/起/终点画弧”按钮，绘制圆心位于竖直中心线上 *R*17. 5 的半圆，圆心与实体最下端距离为 150。单击“直线”按钮，过 *R*17. 5 半圆两端点分别绘制两条竖直直线，竖直直线与半圆相切。以两条竖直直线上端点为起点和终点，绘制一条水平直线，如图 10-17 所示。

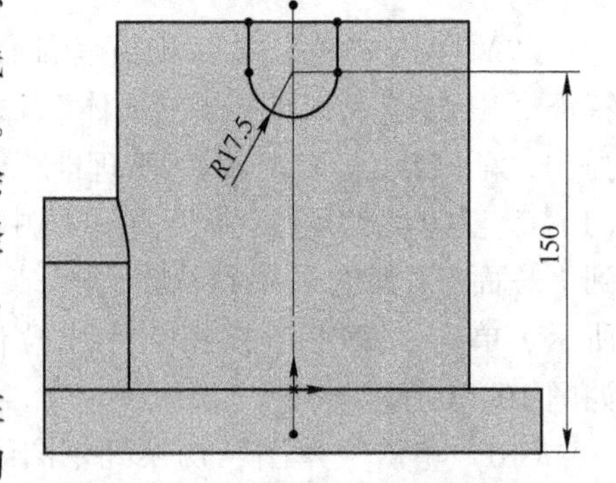

图 10-17　在前视基准面绘制草图 6

（13）单击“特征”切换到特征创建面板，在特征栏中选择“拉伸切除”命令，系统弹出“切除-拉伸”属性管理器。在“方向 1（1）”栏的“终止条件”选择框中选择“完全贯穿”，在“方向 2（2）”栏的“终止条件”选择框中选择“完全贯穿”，其他采用默认设置，结果如图 10-18 所示。单击“确定”按钮✔完成切除拉伸特征操作，如图 10-19 所示。

（14）选择菜单“插入”→“参考几何体”→“基准面”命令，系统弹出“基准面”属性管理器。创建距右视基准面为 115，方向向右的基准面 1，结果如图 10-20 所示。单击“确定”按钮✔完成基准面 1 的创建，如图 10-21 所示。

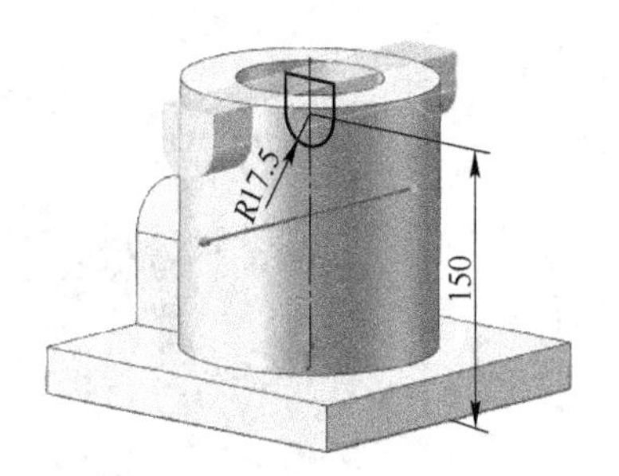

图 10-18　切除拉伸 3 操作预览

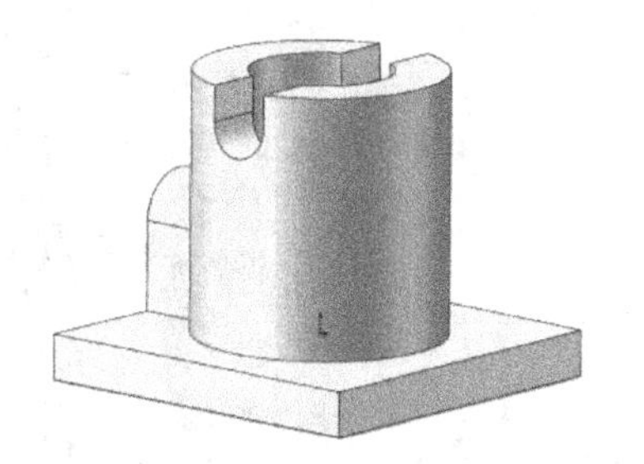

图 10-19　切除拉伸 3 操作

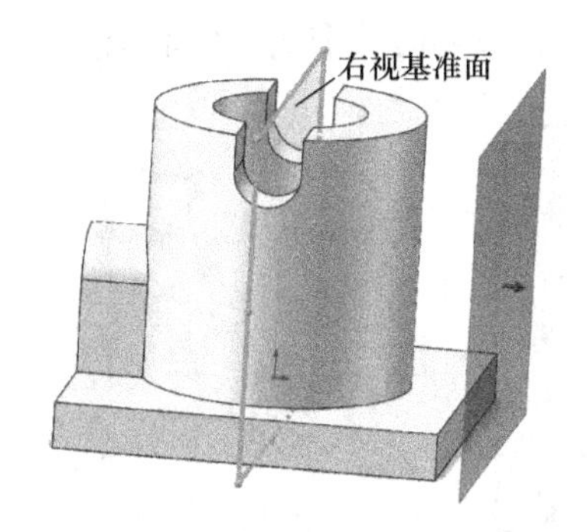

图 10-20　基准面 1 创建预览

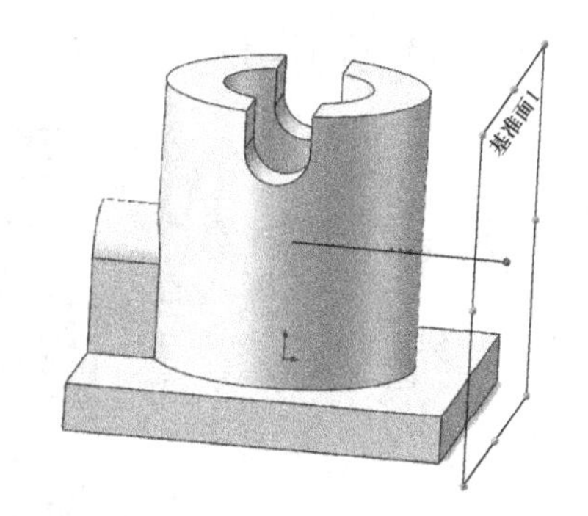

图 10-21　基准面 1 创建

(15) 从特征管理器中选择“基准面 1”，单击“正视于”按钮，单击“草图绘制”按钮，进入草图绘制界面。单击“中心线”按钮，绘制一条过原点的竖直中心线。单击“圆”按钮，绘制圆心位于竖直中心线上，距离基座最下端 120 的 $\phi 60$ 的圆，完成图 10-22 所示的草图 7。

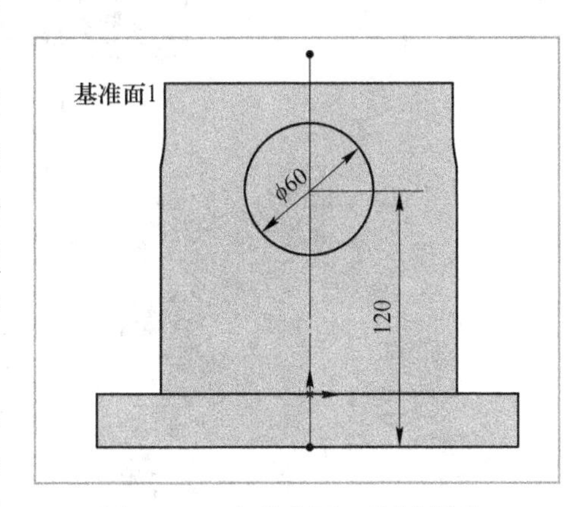

图 10-22　在基准面 1 绘制草图 7

(16) 单击“特征”切换到特征创建面板，在特征栏中选择“拉伸凸台/基体”命令，系统弹出“凸台-拉伸”属性管理器。在“方向 1（1）”栏的“终止条件”选择框中选择“成形到下一面”，其他采用默认设置，结果如图 10-23 所示。单击“确定”按钮完成拉伸特征操作，如图 10-24 所示。

(17) 单击“草图”切换到草图绘制界面。选取步骤（16）中生成的拉伸实体的端面，单击“正视于”按钮，单击“草图绘制”按钮，进入草图绘制界面。单击“圆”按钮，绘制 $\phi 37$ 的圆，同时选中 $\phi 37$ 圆弧和 $\phi 60$ 圆弧边线添加“同心”的几何关系，完成图 10-25 所示的草图 8。

(18) 单击“特征”切换到特征创建面板，在特征栏中选择“拉伸切除”命令，系统弹出“切除-拉伸”属性管理器。在“方向 1（1）”栏的“终止条件”选择框中选择“成形到下一面”，其他采用默认设置，结果如图 10-26 所示。单击“确定”按钮完成切除拉伸特征操作，如图 10-27 所示。

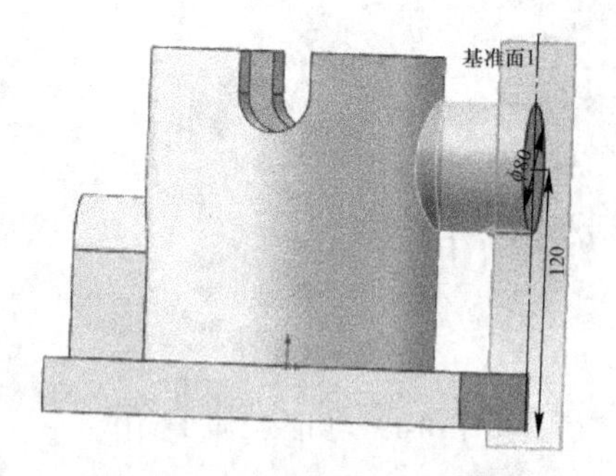

图 10-23 凸台拉伸 4 操作预览

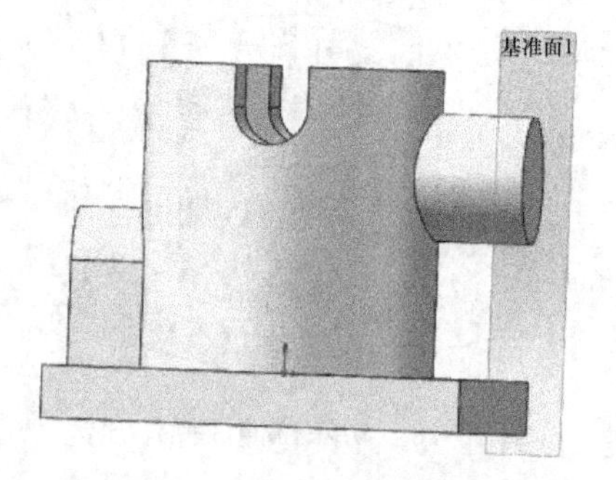

图 10-24 凸台拉伸 4 操作

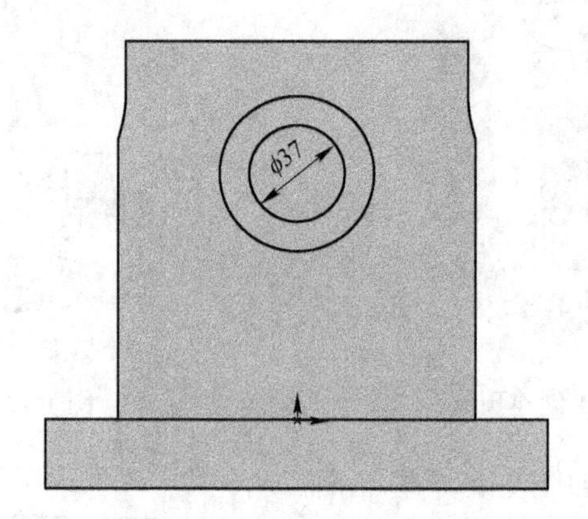

图 10-25 在面 3 绘制草图 8

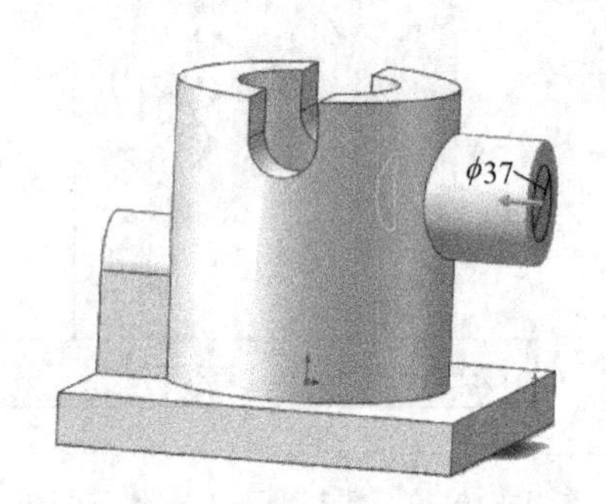

图 10-26 切除拉伸 4 操作预览

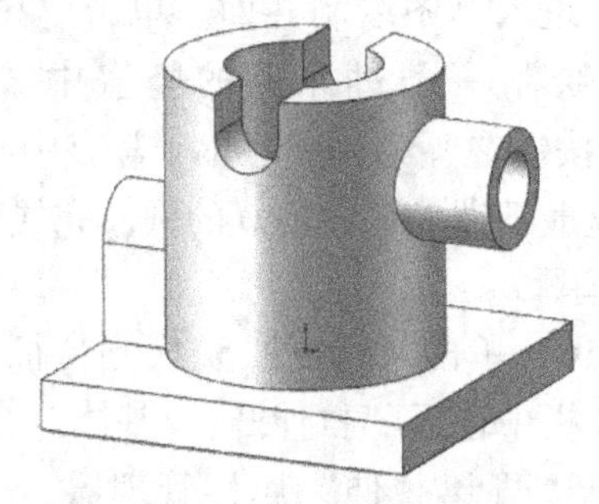

图 10-27 切除拉伸 4 操作

(19) 选择菜单“插入”→“参考几何体”→“基准面”命令，系统弹出“基准面”属性管理器。创建距基座模型最下面为 155，方向向上的基准面 2，勾选“反转等距”复选框，结果如图 10-28 所示。单击“确定”按钮完成基准面 2 的创建，如图 10-29 所示。

(20) 从特征管理器中选择“基准面 2”，单击“正视于”按钮，单击“草图绘制”按钮，进入草图绘制界面。单击“中心线”按钮，绘制一条以原点为左端点的水平中心线，线长 90。单击“圆”按钮，绘制圆心位于水平中心线右端点 ϕ15 的圆，完成图 10-30 所示的草图 9。

(21) 单击“特征”切换到特征创建面板，在特征栏中选择“拉伸凸台/基体”命令，系统弹出“凸台-拉伸”属性管理器。在“方向 1 (1)”栏的“终止条件”选择框中选择“成形到下一面”，其他采用默认设置，结果如图 10-31 所示。单击“确定”按钮✔完成拉伸特征操作，如图 10-32 所示。

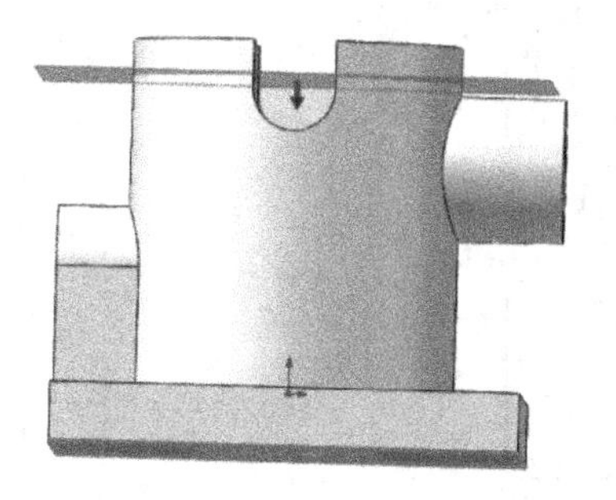

图 10-28　基准面 2 创建预览

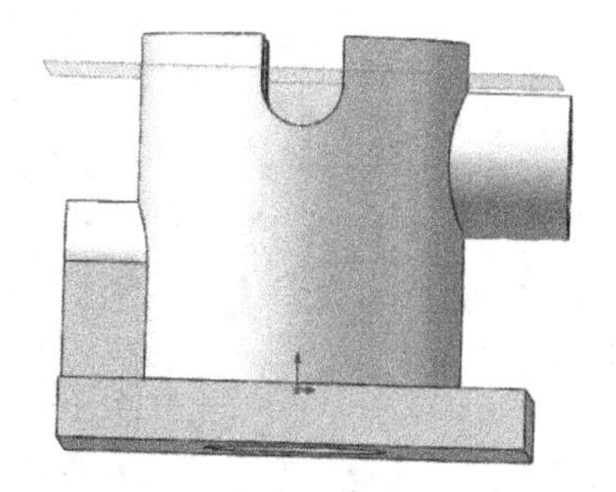

图 10-29　基准面 2 创建

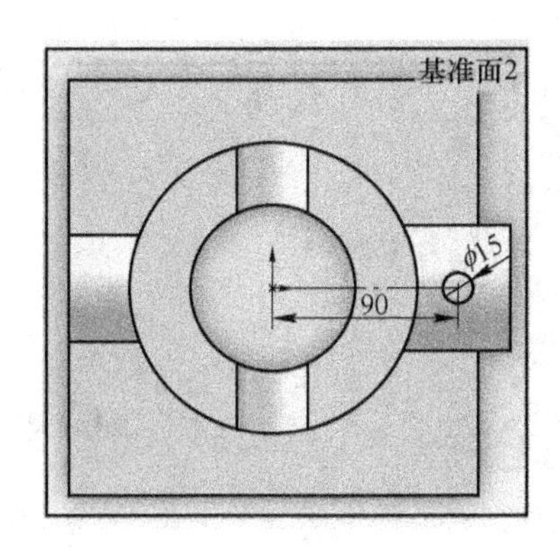

图 10-30　在基准面 2 绘制草图 9

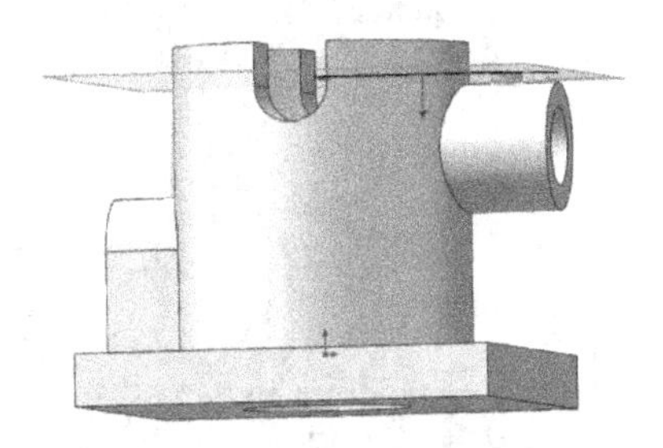

图 10-31　凸台拉伸 5 操作预览

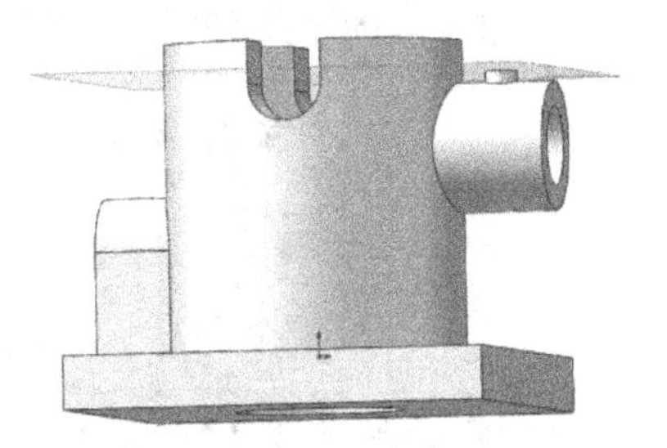

图 10-32　凸台拉伸 5 操作

（22）单击“草图”切换到草图绘制界面。选取步骤（21）中生成的拉伸实体的上端面，单击“正视于”按钮，单击“草图绘制”按钮，进入草图绘制界面。单击“圆”按钮，绘制 $\phi8$ 的圆，同时选中 $\phi8$ 圆弧和 $\phi15$ 圆弧边线添加“同心”的几何关系，完成图 10-33 所示的草图 10。

（23）单击“特征”切换到特征创建面板，在特征栏中选择“拉伸切除”命令，系统弹出“切除-拉伸”属性管理器。在“方向 1（1）”栏的“终止条件”选择框中选择“成形到下一面”，其他采用默认设置，结果如图 10-34 所示。单击“确定”按钮✔完成切除拉伸特征操作，如图 10-35 所示。

（24）单击特征栏上的“圆角”按钮，系统弹出“圆角”属性管理器。圆角类型选择“恒定大小圆角”，圆角项目选择模型上的四条竖直边线，圆角半径 R 为 30，结果如图

10-36 所示。单击“确定”按钮✔完成圆角操作，如图 10-37 所示。

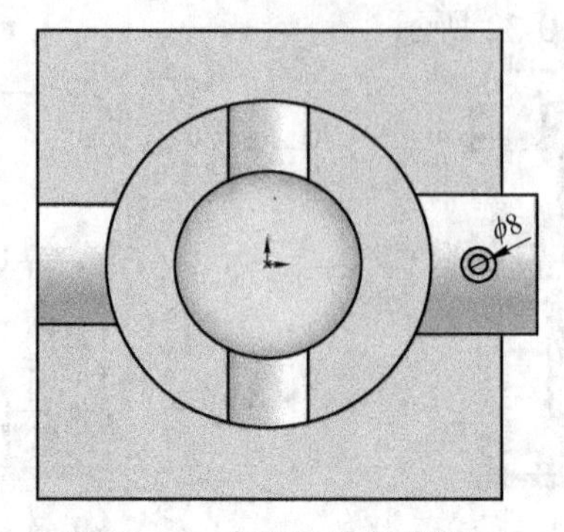

图 10-33　在面 4 绘制草图 10

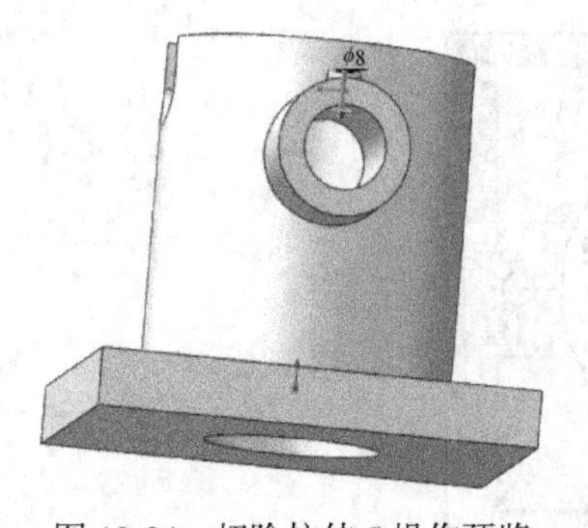

图 10-34　切除拉伸 5 操作预览

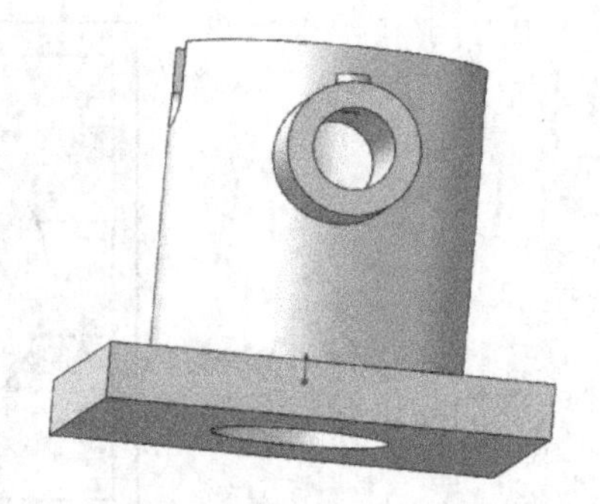

图 10-35　切除拉伸 5 操作

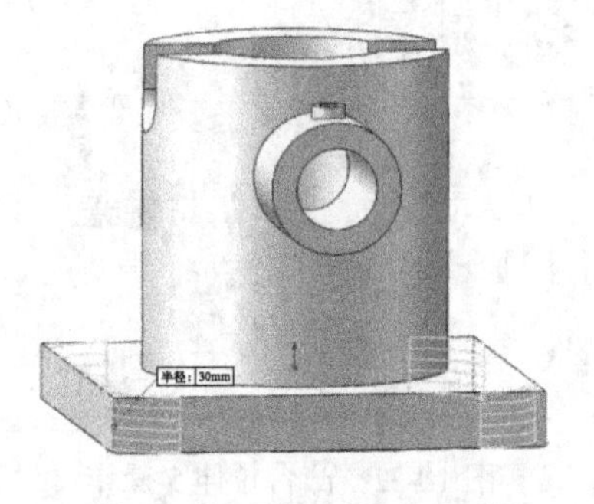

图 10-36　圆角 1 操作预览

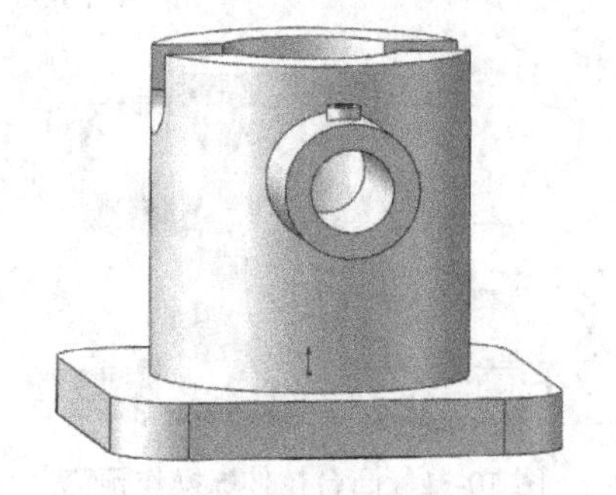

图 10-37　圆角 1 操作

（25）选择菜单“插入”→“特征”→“孔”→“向导”命令，系统弹出“孔规格”属性管理器。“孔位置”选取步骤（3）中生成的拉伸实体上端面的四个角面，分别选择各孔中心点与其所对应的 *R*30 圆弧边线添加“同心”的几何关系。“孔类型”选择“柱形沉头孔”，“通孔直径”设为 19，“柱形沉头孔直径”设为 28.5，“柱形沉头孔深度”设为 8，其他选项设置如图 10-38 所示。单击“确定”按钮✔完成异形向导孔的创建，如图 10-39 所示。

（26）单击特征栏上的“圆角”按钮，系统弹出“圆角”属性管理器。圆角类型选择“恒定大小圆角”，圆角项目选择模型上的五条边线，圆角半径 *R* 为 2，结果如图 10-40 所示。单击“确定”按钮✔完成圆角操作，如图 10-41 所示。

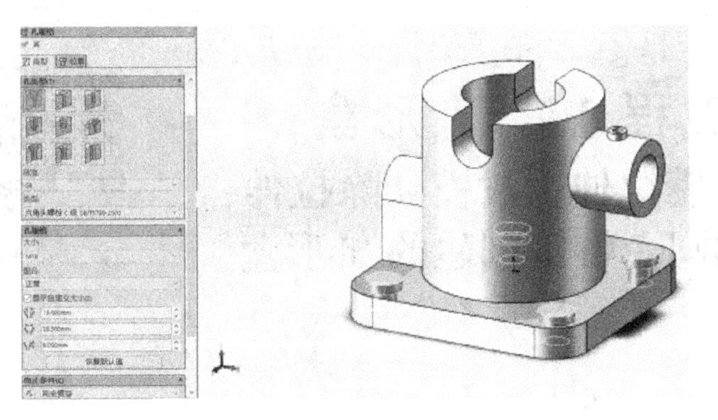

图 10-38　异形向导孔设置

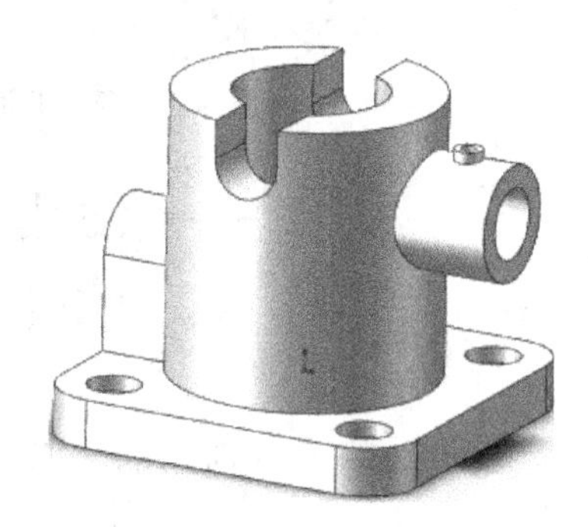

图 10-39　异形向导孔操作

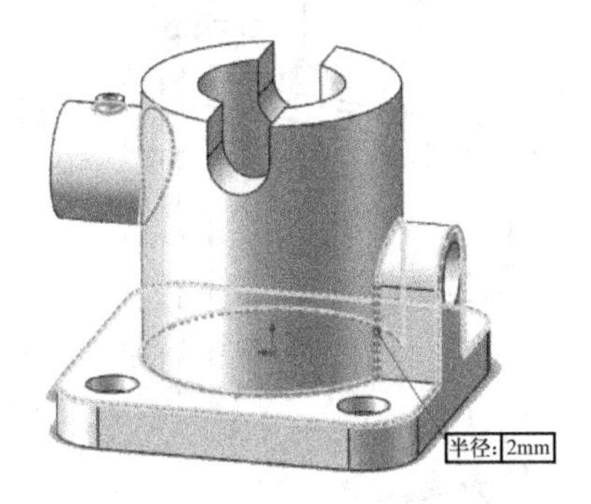

图 10-40　圆角 2 操作预览

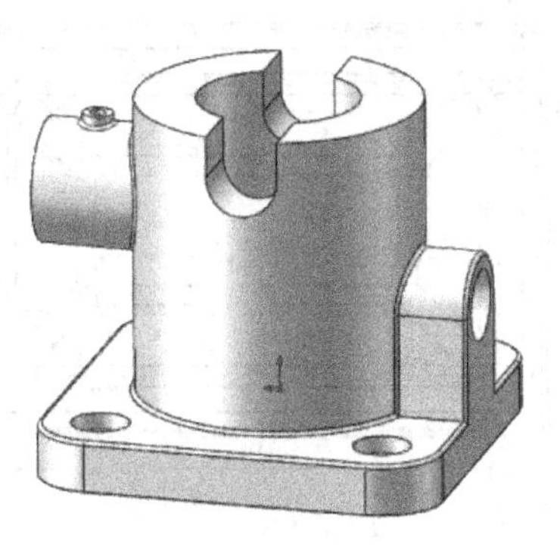

图 10-41　圆角 2 操作

（27）单击特征栏上的“倒角”按钮，系统弹出“倒角”属性管理器。倒角参数选择模型上的两条边线，距离设为 1，角度设为 45°，结果如图 10-42 所示。单击“确定”按钮完成倒角操作，如图 10-43 所示。

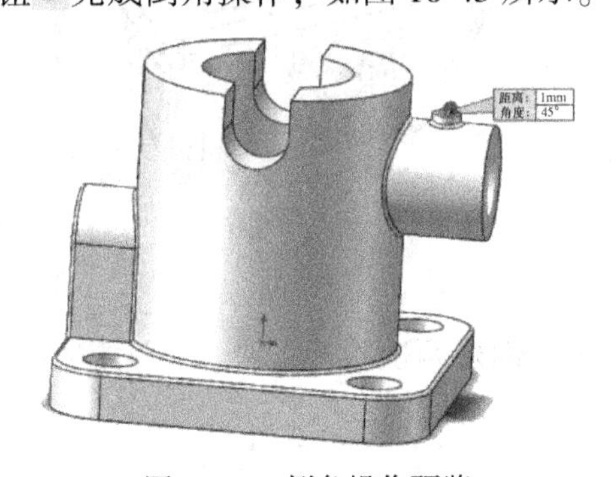

图 10-42　倒角操作预览

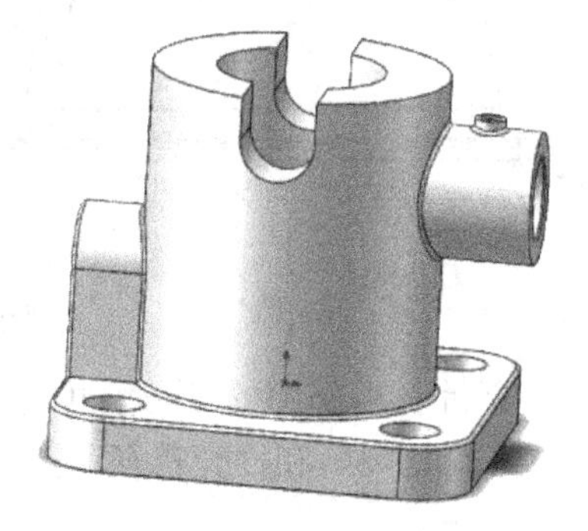

图 10-43　倒角操作

（28）完整实例教程 10 基座创建完成。选择菜单“文件”→“另存为”命令，在弹出的“另存为”对话框将文件命名为“实例教程 10 基座 . SLDPRT”，单击“保存”按钮。

实例教程 11　T 形盒

——使用拔模拉伸、拔模切除拉伸、抽壳和圆角特征创建的 T 形盒

扫一扫
观看视频讲解

创建如图 11-1 所示的 T 形盒。

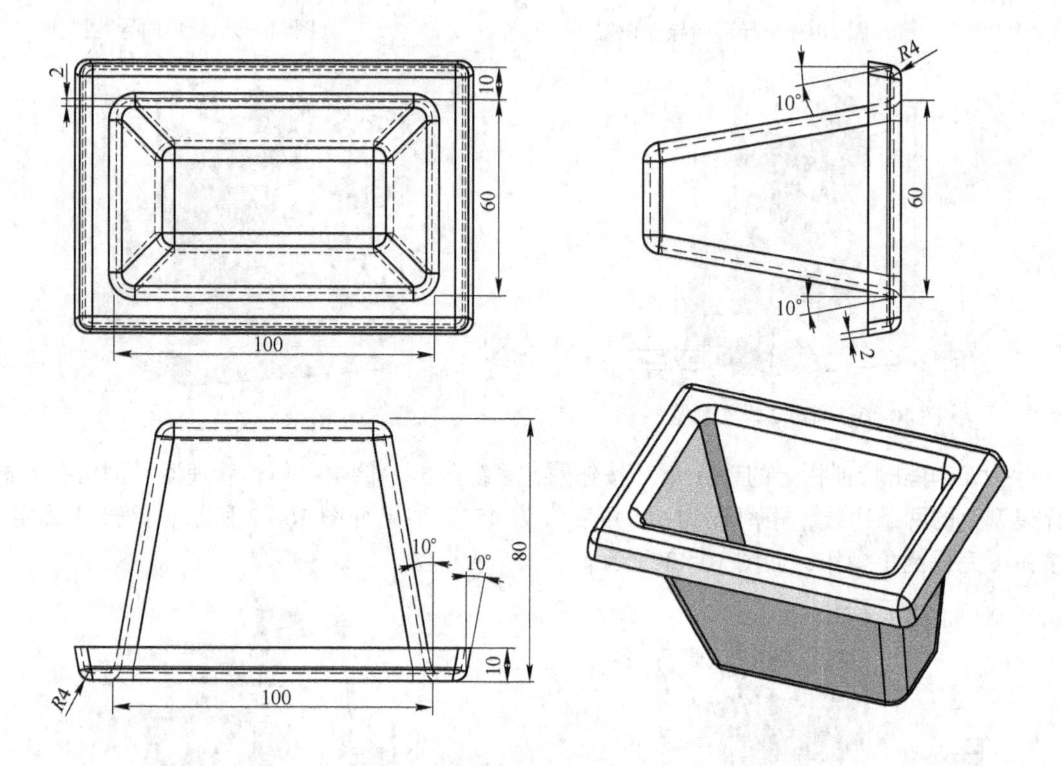

图 11-1　T 形盒模型

实例分析：本例中的 T 形盒可分 5 步完成，先后创建两次拔模拉伸，一次拔模切除拉伸，再依次是圆角和抽壳特征。

绘制步骤：

（1）启动 SolidWorks 软件，选择菜单“文件”→“新建”命令，在弹出的新建文件对话框中选择“零件”，单击“确定”按钮，进入零件设计界面。

（2）从特征管理器中选择“前视基准面”，单击“正视于”按钮，单击“草图绘制”按钮，进入草图绘制界面。单击“中心矩形”按钮，绘制中心位于原点 100×60 的矩形。单击“等距实体”按钮，系统弹出“等距实体”属性管理器，等距距离设为 10，选中 100×60 的矩形，单击“确定”按钮。再次单击“等距实体”按钮，等距距离设为 2，选中 100×60 的矩形，勾选“反向”图标按钮，单击“确定”按钮，结果如图11-2所示。

（3）单击“特征”切换到特征创建面板，在特征栏中选择“拉伸凸台/基体”命令，系统弹出“凸台-拉伸”属性管理器。在“方向1（1）”栏的“终止条件”选择框中选择“给定深度”，深度设为 80，单击“反向”图标按钮。按下“拔模开/关”按钮，拔模角度设为 10°。单击“所选轮廓（S）”栏，在绘图区中选择中间矩形轮廓，其他采用默认设置，结果如图 11-3 所示。单击“确定”按钮完成拉伸特征操作，如图 11-4 所示。

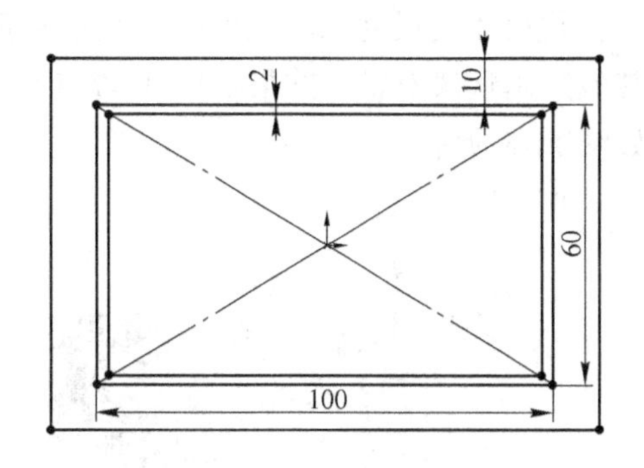

图 11-2　在前视基准面上绘制草图 1

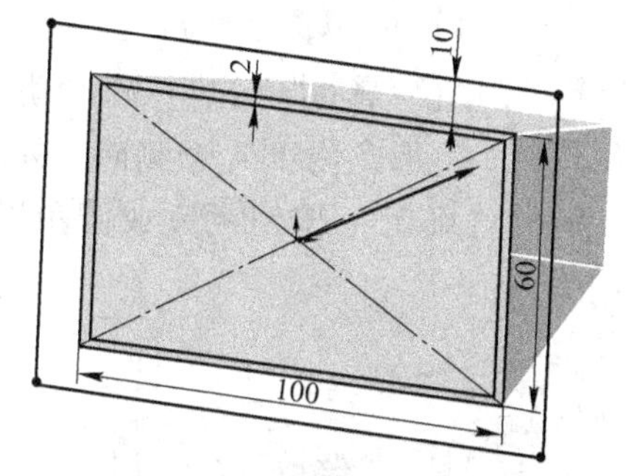

图 11-3　凸台拉伸 1 操作预览

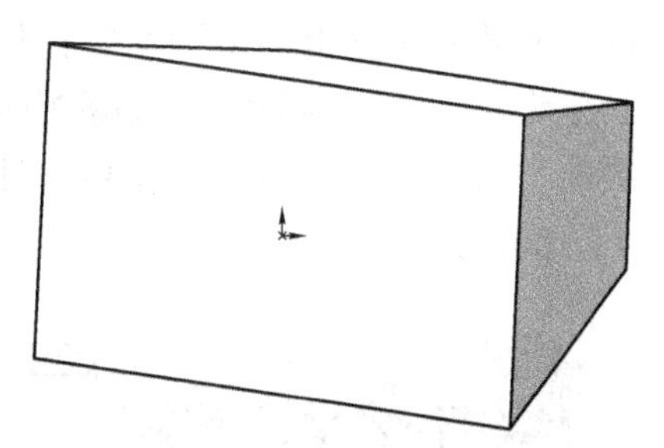
图 11-4　凸台拉伸 1 操作

（4）在特征栏中选择“拉伸凸台/基体”命令，系统出现“拉伸”提示属性管理器。单击零件前面的⊞，展开零件的特征。单击凸台-拉伸 1 特征前面的⊞，展开凸台-拉伸 1 特征下的草图 1。选中草图 1，系统弹出“凸台-拉伸”属性管理器。在“方向 1（1）”栏的“终止条件”选择框中选择“给定深度”，深度设为 10，单击“反向”图标按钮，勾选“合并结果”选项。按下“拔模开/关”按钮，拔模角度设为 10°，勾选“向外拔模”复选框。单击“所选轮廓（S）”栏，在绘图区中选择最大的矩形轮廓，其他采用默认设置，结果如图 11-5 所示。单击“确定”按钮完成拉伸特征操作，如图 11-6 所示。

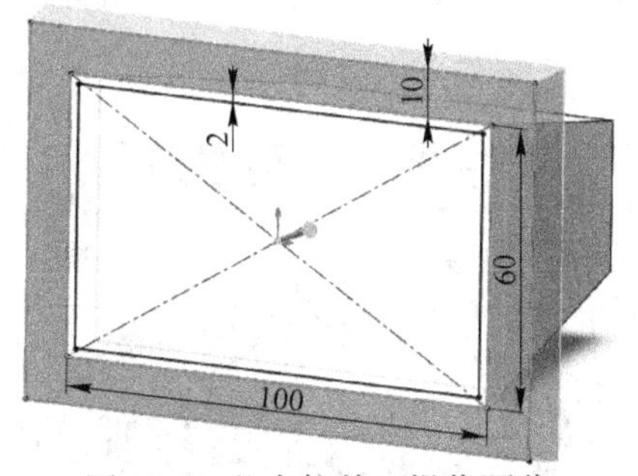

图 11-5　凸台拉伸 2 操作预览

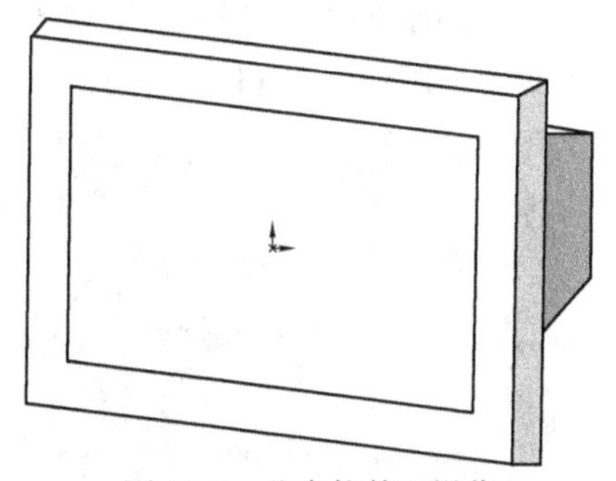
图 11-6　凸台拉伸 2 操作

（5）在特征栏中选择“拉伸切除”命令，系统出现“拉伸”提示属性管理器。单击零件前面的⊞，展开零件的特征。单击凸台-拉伸 1 特征前面的⊞，展开凸台-拉伸 1 特征下的草图 1。选中草图 1，系统弹出“切除-拉伸”属性管理器。在“方向 1（1）”栏的“终止条件”选择框中选择“给定深度”，深度设为 77。按下“拔模开/关”按钮，拔模角度设为 10°。单击“所选轮廓（S）”栏，在绘图区中选择最小的矩形轮廓，其他采用默认设置，结果如图 11-7 所示。单击“确定”按钮完成切除拉伸特征操作，如图 11-8 所示。

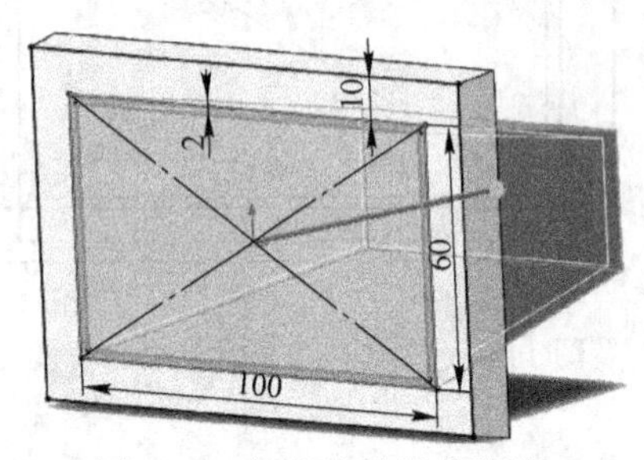

图 11-7　切除拉伸操作预览

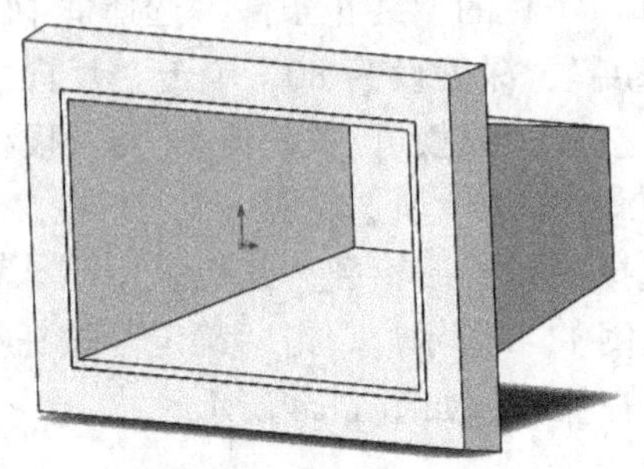
图 11-8　切除拉伸操作

（6）单击特征栏上的“圆角”按钮，系统弹出“圆角”属性管理器。圆角类型选择“恒定大小圆角”，圆角项目选择模型上的 8 条斜边线、T 形盒内部 4 个侧面、外底面和顶表面，圆角半径 R 为 4，结果如图 11-9 所示。单击“确定”按钮完成圆角操作，如图 11-10 所示。

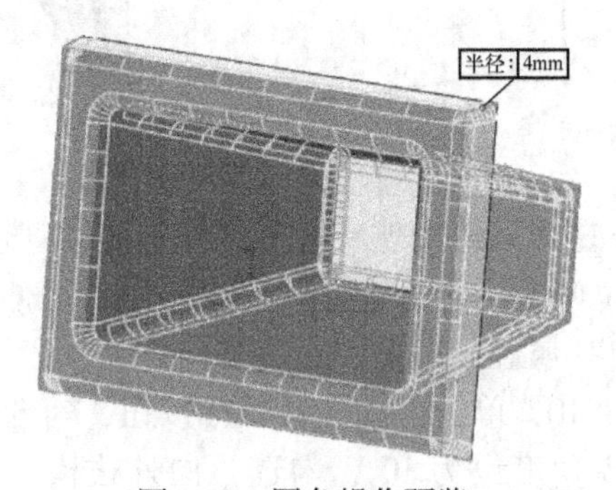

图 11-9　圆角操作预览

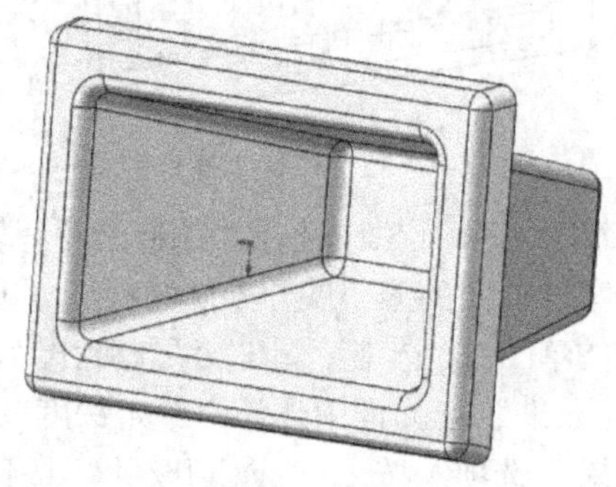
图 11-10　圆角操作

（7）单击特征栏上的“抽壳”按钮，系统弹出“抽壳”属性管理器。抽壳厚度设为 2，要移除的面选择 T 形盒外部 18 个面，结果如图 11-11 所示。单击“确定”按钮完成抽壳操作，如图 11-12 所示。

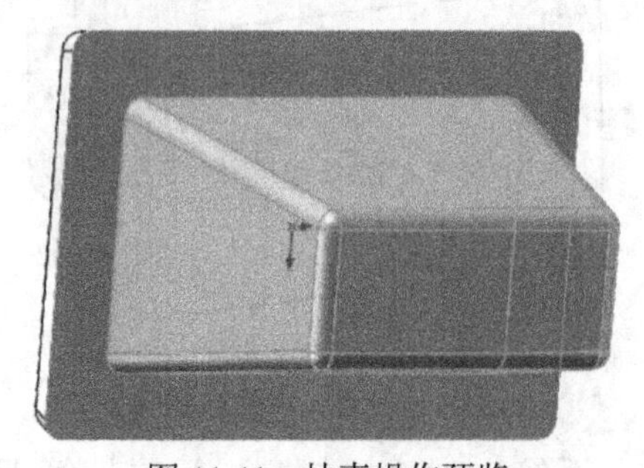
图 11-11　抽壳操作预览

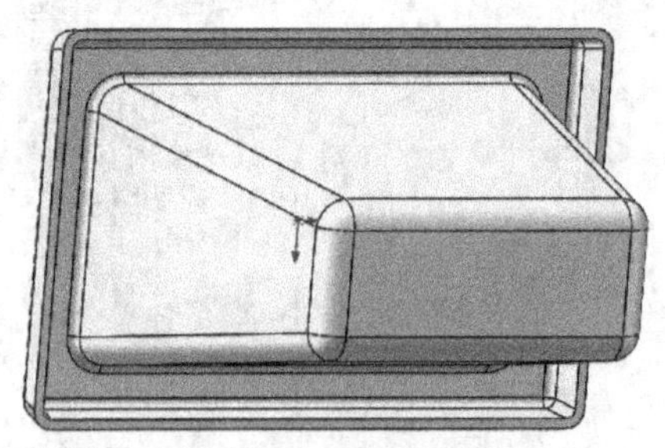
图 11-12　抽壳操作

（8）完整实例教程 11 T 形盒创建完成。选择菜单“文件”→“另存为”命令，在弹出的“另存为”对话框将文件命名为“实例教程 11 T 形盒 . SLDPRT”，单击“保存”按钮。

实例教程 12　烟灰缸

——使用拔模拉伸、拉伸、圆周阵列、圆角和抽壳特征创建的烟灰缸

扫一扫
观看视频讲解

创建如图 12-1 所示的烟灰缸。

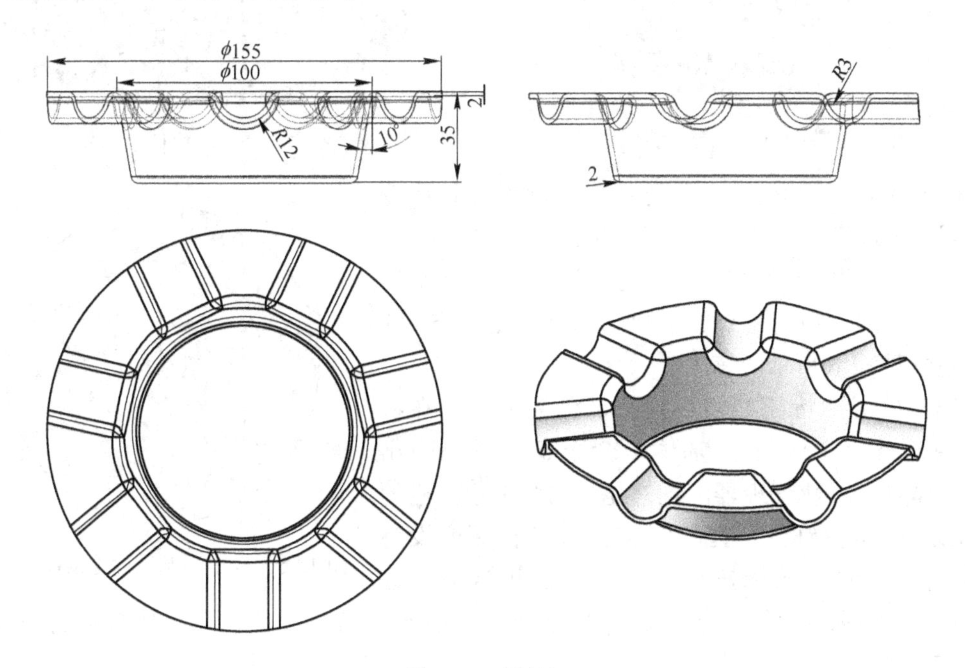

图 12-1　烟灰缸

实例分析：本例中的烟灰缸创建过程与 T 形盒相似，可分 5 步完成，先后创建 3 次凸台拉伸（其中 1 次拔模拉伸），再依次是圆角和抽壳特征。

绘制步骤：

（1）启动 SolidWorks 软件，选择菜单“文件”→“新建”命令，在弹出的新建文件对话框中选择“零件”，单击“确定”按钮，进入零件设计界面。

（2）从特征管理器中选择“上视基准面”，单击“正视于”按钮，单击“草图绘制”按钮，进入草图绘制界面。单击“圆”按钮，绘制圆心位于原点 ϕ100 的圆，完成图 12-2 所示的草图 1。

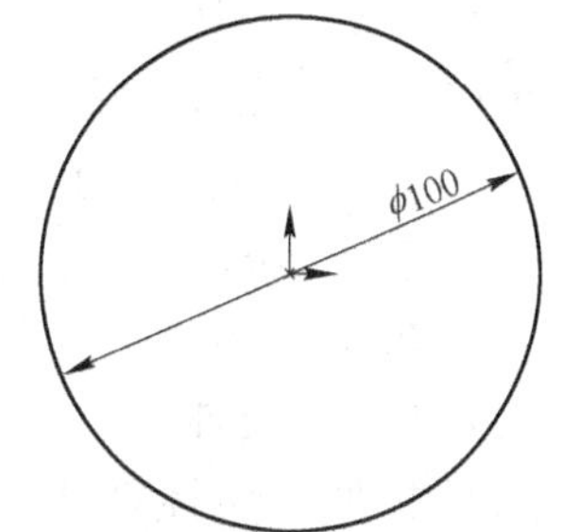

图 12-2　在上视基准面上绘制草图 1

（3）单击“特征”切换到特征创建面板，在特征栏中选择“拉伸凸台/基体”命令，系统弹出“凸台-拉伸”属性管理器。在“方向 1（1）”栏的“终止条件”

选择框中选择“给定深度”，深度设为 35，单击“反向”图标按钮。按下“拔模开/关”按钮，拔模角度设为 10°。其他采用默认设置，结果如图 12-3 所示。单击“确定”按钮完成拉伸特征操作，如图 12-4 所示。

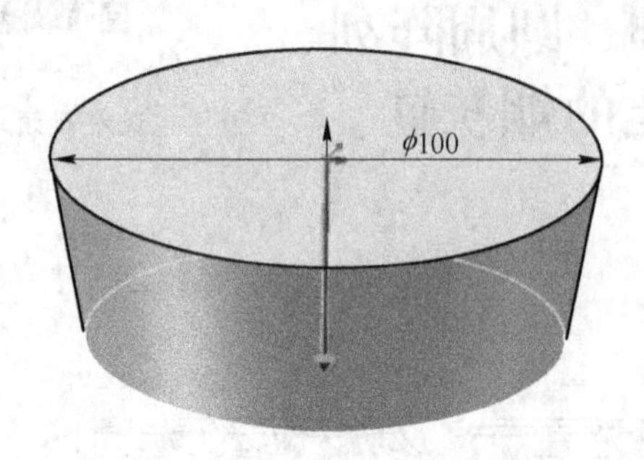

图 12-3　凸台拉伸 1 操作预览

图 12-4　凸台拉伸 1 操作

（4）单击“草图”切换到草图绘制界面。从特征管理器中选择“上视基准面”，单击“正视于”按钮，单击“草图绘制”按钮，进入草图绘制界面。单击“圆”按钮，绘制圆心位于原点 ϕ155 的圆，完成图 12-5 所示的草图 2。

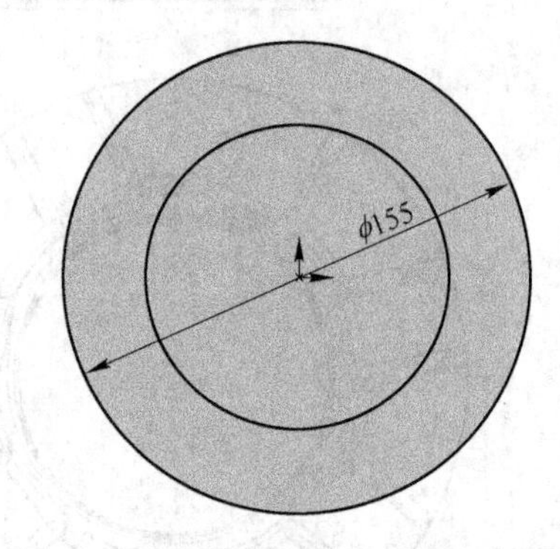

图 12-5　在上视基准面上绘制草图 2

（5）单击“特征”切换到特征创建面板，在特征栏中选择“拉伸凸台/基体”命令，系统弹出“凸台-拉伸”属性管理器。在“方向 1（1）”栏的“终止条件”选择框中选择“给定深度”，深度设为 2，单击“反向”图标按钮，勾选“合并结果”选项。其他采用默认设置，结果如图 12-6 所示。单击“确定”按钮完成拉伸特征操作，如图 12-7 所示。

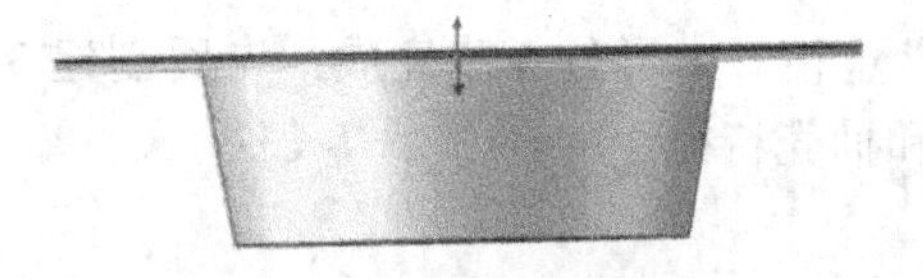

图 12-6　凸台拉伸 2 操作预览

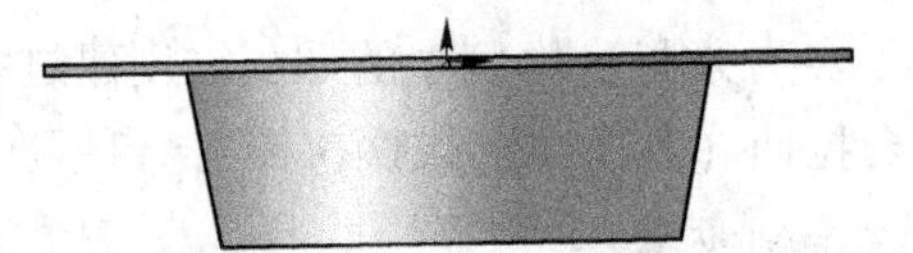

图 12-7　凸台拉伸 2 操作

（6）单击“草图”切换到草图绘制界面。从特征管理器中选择“前视基准面”，单击“正视于”按钮，单击“草图绘制”按钮，进入草图绘制界面。单击“圆心/起/终点画弧”按钮，绘制圆心位于原点 $R12$ 的半圆。单击“直线”按钮，绘制一条过原点的直线，左右端点分别与半圆相连，结果如图 12-8 所示。

（7）单击“特征”切换到特征创建面板，在特征栏中选择“拉伸凸台/基体”命令，系统弹出“凸台-拉伸”属性管理器。在“方向 1（1）”栏的“终止条件”选择框中选择“成形到一面”，在“面/平面”一栏选择凸台-拉伸 2 生成的圆周

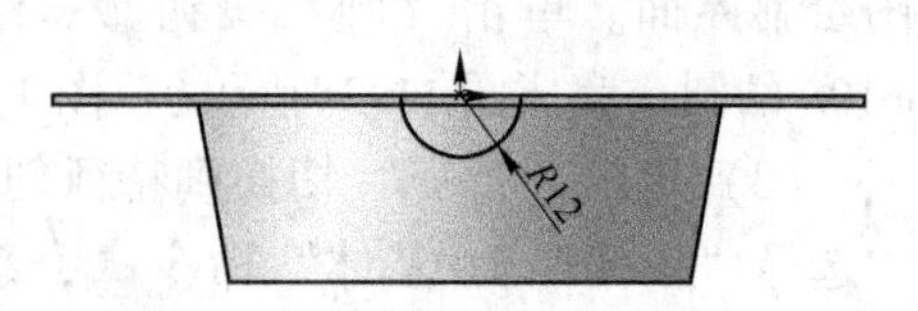

图 12-8　在前视基准面上绘制草图 3

曲面，勾选“合并结果”选项。其他采用默认设置，结果如图 12-9 所示。单击“确定”按钮✔完成拉伸特征操作，如图 12-10 所示。

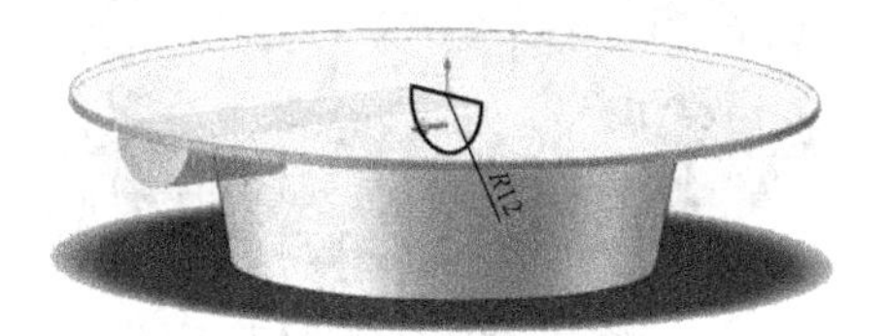

图 12-9　凸台拉伸 3 操作预览

图 12-10　凸台拉伸 3 操作

（8）选择菜单“插入”→“参考几何体”→“基准轴”命令，系统弹出“基准轴”属性管理器。在绘图区选择圆锥面，结果如图 12-11 所示。单击“确定”按钮✔完成基准轴 1 的创建，如图 12-12 所示。

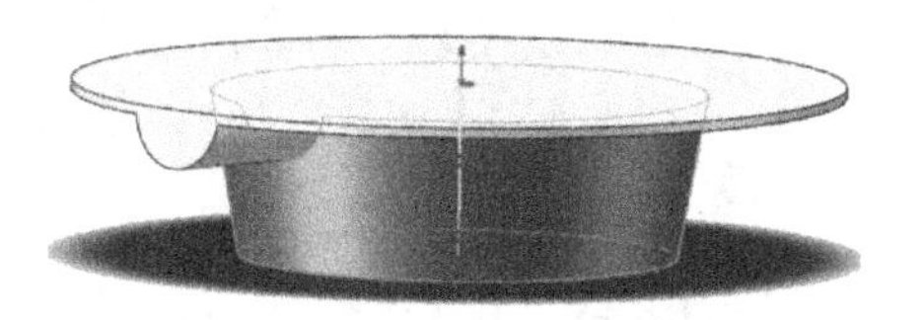

图 12-11　基准轴 1 创建预览

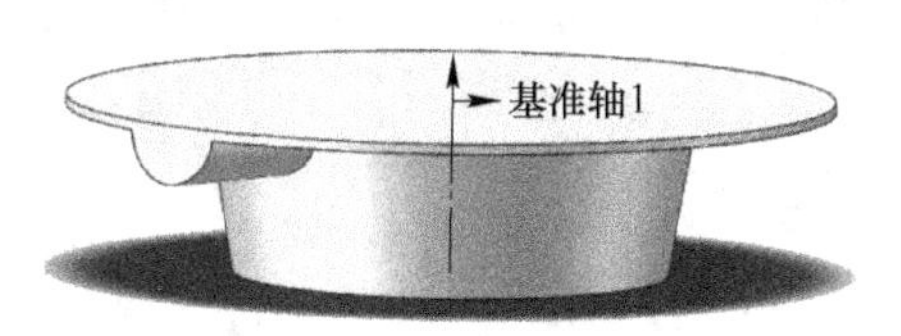

图 12-12　基准轴 1 创建

（9）单击特征栏上的“圆周阵列”按钮，系统弹出“圆周阵列”属性管理器。“阵列轴”选择基准轴 1，角度设为 360°，实例数设为 7，勾选“等间距”选项，“要阵列的特征”选“凸台拉伸 3”，结果如图 12-13 所示。单击“确定”按钮✔完成圆周阵列特征操作，如图 12-14 所示。

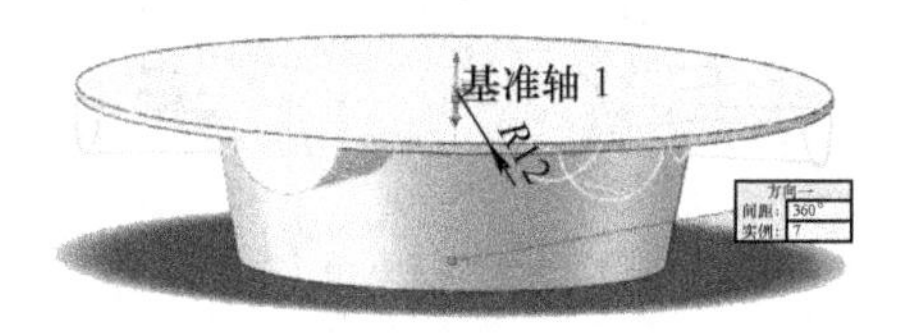

图 12-13　圆周阵列操作预览

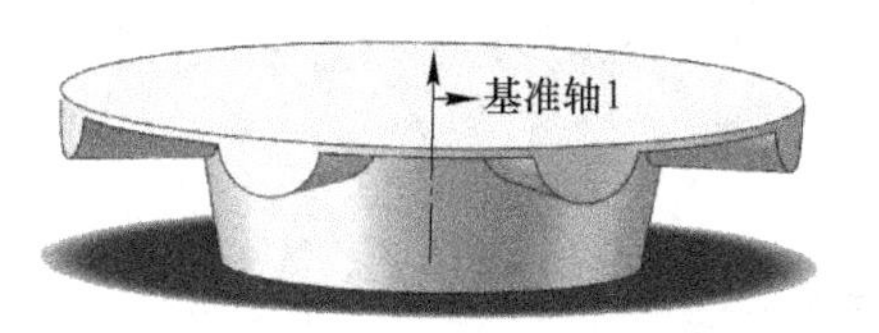

图 12-14　圆周阵列操作

（10）单击特征栏上的“圆角”按钮，系统弹出“圆角”属性管理器。圆角类型选择“恒定大小圆角”，圆角项目选择模型上的 28 条边线和烟灰缸外底面边线，圆角半径 R 为 3，结果如图 12-15 所示。单击“确定”按钮✔完成圆角操作，并隐藏基准轴 1，如图 12-16 所示。

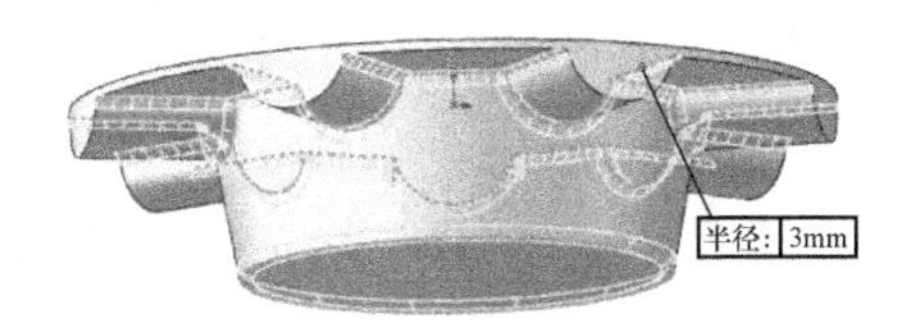

图 12-15　圆角操作预览

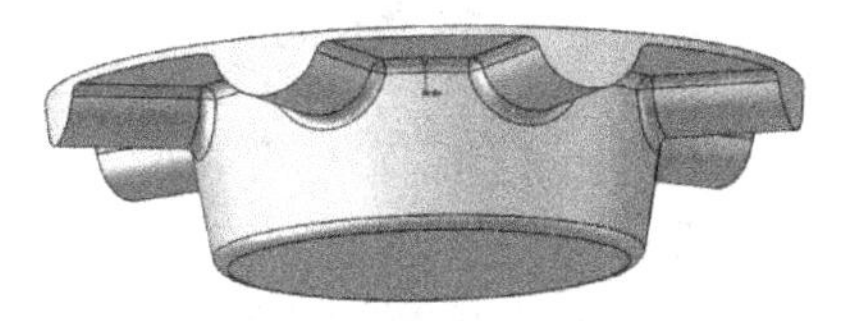

图 12-16　圆角操作

（11）单击特征栏上的“抽壳”按钮，系统弹出“抽壳”属性管理器。抽壳厚度设为 2，要移除的面选择烟灰缸的上顶面和上方外侧圆周面，结果如图 12-17 所示。单击“确定”按钮✔完成抽壳操作，如图 12-18 所示。

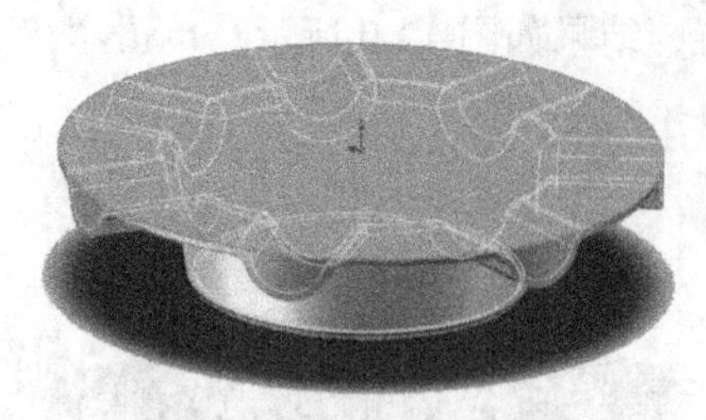

图 12-17 抽壳操作预览

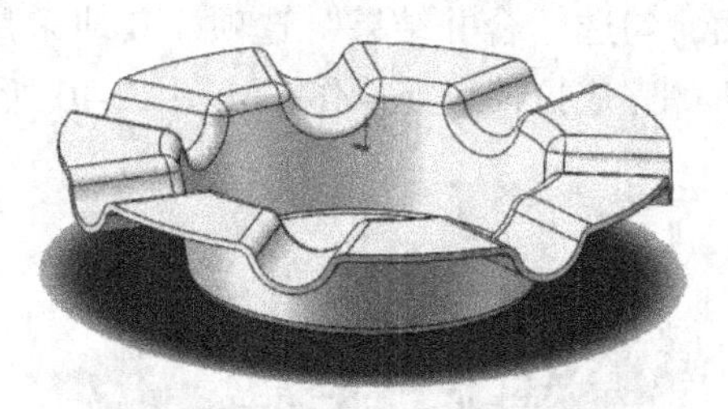

图 12-18 抽壳操作

（12）完整实例教程 12 烟灰缸创建完成。选择菜单“文件”→“另存为”命令，在弹出的“另存为”对话框将文件命名为“实例教程 12 烟灰缸 .SLDPRT”，单击“保存”按钮。

实例教程 13　冰盒
——使用拔模拉伸、圆角、抽壳和筋特征创建的冰盒

扫一扫
观看视频讲解

创建如图 13-1 所示的冰盒。

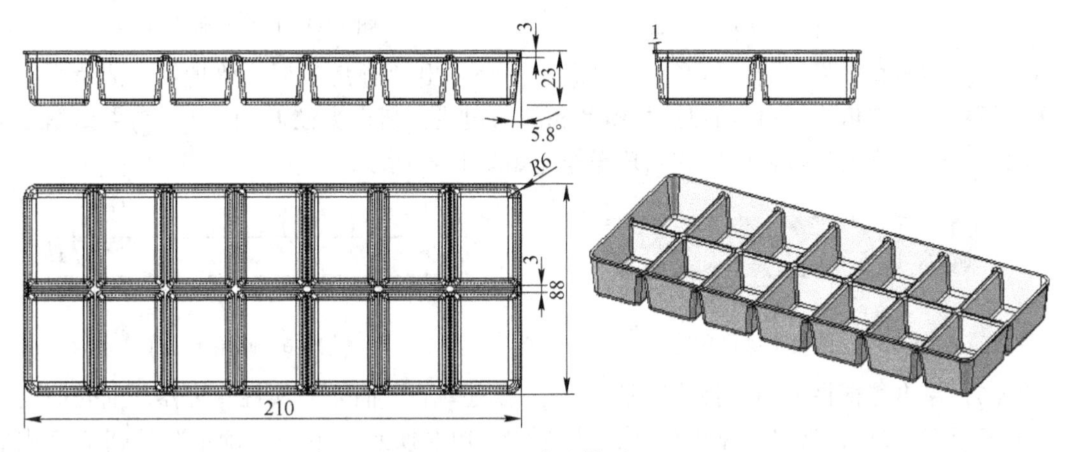

图 13-1　冰盒模型

实例分析：本例中的冰盒模型建模需借助拔模拉伸、圆角、抽壳和筋特征完成，其中要注意“筋”特征下草图的绘制。

绘制步骤：

（1）启动 SolidWorks 软件，选择菜单“文件”→“新建”命令，在弹出的新建文件对话框中选择“零件”，单击“确定”按钮，进入零件设计界面。

（2）从特征管理器中选择“上视基准面”，单击“正视于”按钮，单击“草图绘制”按钮，进入草图绘制界面。单击“中心矩形”按钮，绘制中心位于原点 210×88 的矩形。选择“圆角”命令，系统弹出“圆角”属性管理器。选择矩形四个顶点为“要圆角化的实体”，圆角半径 R 为 6，单击“确定”按钮完成四处圆角操作，完成图 13-2 所示的草图 1。

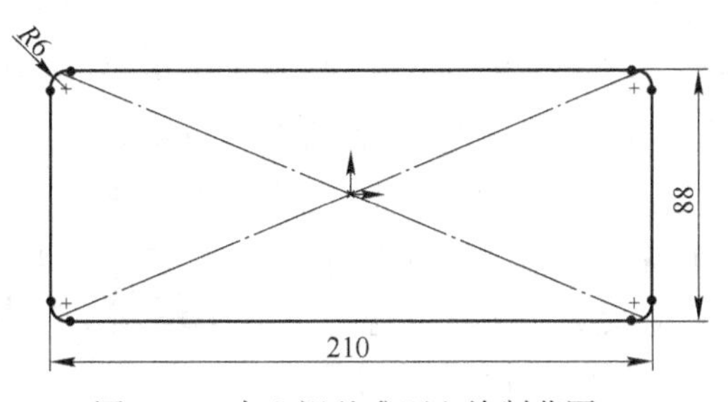

图 13-2　在上视基准面上绘制草图 1

（3）单击“特征”切换到特征创建面板，在特征栏中选择“拉伸凸台/基体”命令，系统弹出“凸台-拉伸”属性管理器。在“方向 1（1）”栏的“终止条件”选择框中选择“给定深度”，深度设为 23，单击“反向”图标按钮。按下“拔模开/关”按钮，拔模角度设为 5.8°。其他采用默认设置，结果如图 13-3 所示。单击“确定”按钮完成拉伸特征操作，如图 13-4 所示。

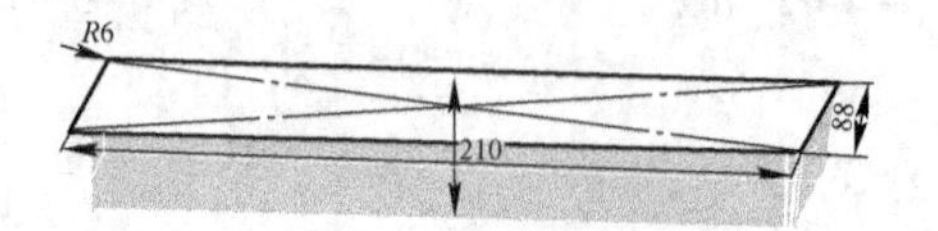

图 13-3　凸台拉伸 1 操作预览

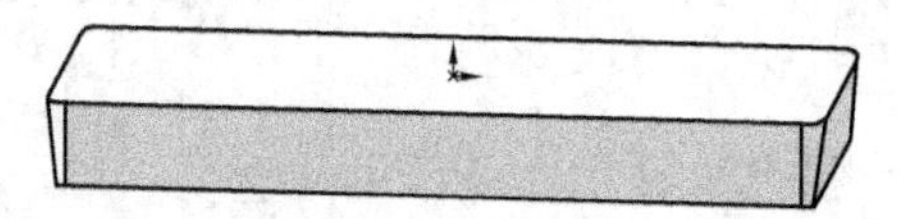
图 13-4　凸台拉伸 1 操作

（4）单击特征栏上的“圆角”按钮，系统弹出“圆角”属性管理器。圆角类型选择“恒定大小圆角”，圆角项目选择模型底部一边线，圆角半径 R 为 3.5，结果如图 13-5 所示。单击“确定”按钮完成圆角操作，如图 13-6 所示。

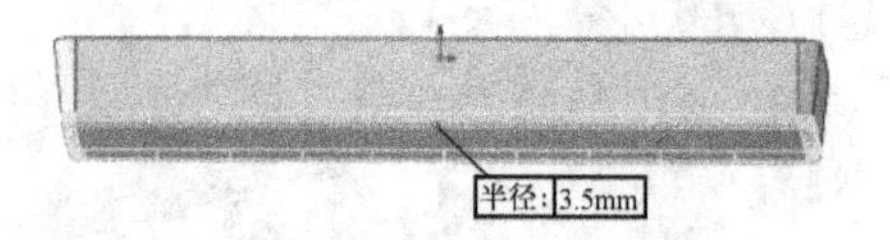

图 13-5　圆角 1 操作预览

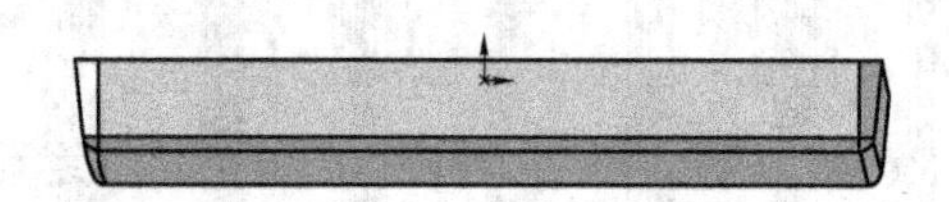
图 13-6　圆角 1 操作

（5）单击特征栏上的“抽壳”按钮，系统弹出“抽壳”属性管理器。抽壳厚度设为 1.5，要移除的面选择模型上端面，结果如图 13-7 所示。单击“确定”按钮完成抽壳操作，如图 13-8 所示。

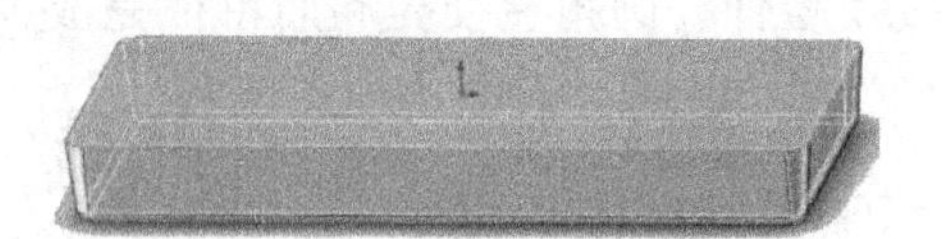
图 13-7　抽壳 1 操作预览

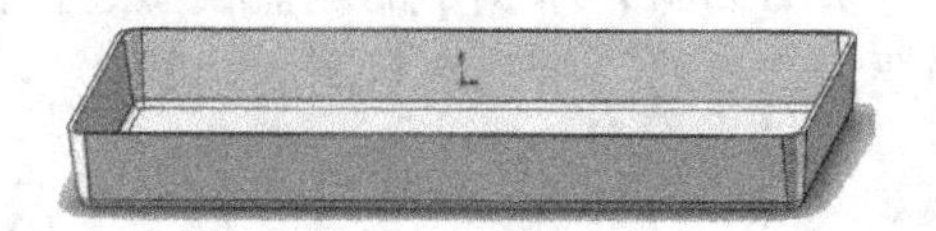
图 13-8　抽壳 1 操作

（6）选择菜单“插入”→“参考几何体”→“基准面”命令，系统弹出“基准面”属性管理器。创建距上视基准面为 3，方向向下的基准面 1，结果如图 13-9 所示。单击“确定”按钮完成基准面 1 的创建，如图 13-10 所示。

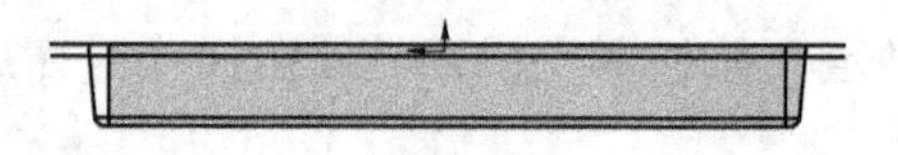
图 13-9　基准面 1 创建预览

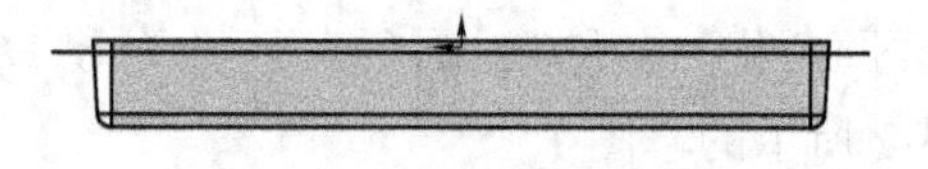
图 13-10　基准面 1 创建

（7）从特征管理器中选择“基准面 1”，单击“正视于”按钮，单击“草图绘制”按钮，进入草图绘制界面。分别单击“直线”按钮和“中心线”按钮，绘制如图 13-11 所示的草图 2，其中上面四条水平中心线之间添加“共线”和“相等”的几何关系，下面三条水平中心线之间也添加“共线”和“相等”的几何关系。

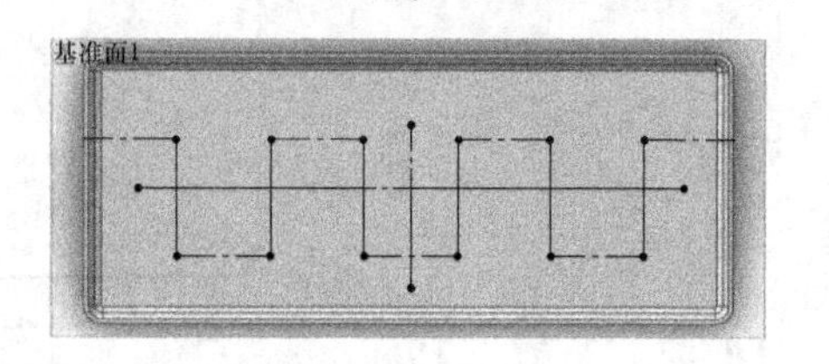

图 13-11　在基准面 1 上绘制草图 2

（8）单击特征栏上的“筋”按钮，系统弹出“筋”属性管理器。在“筋”参数区域中，单击“两侧”厚度按钮，筋厚度设为 3，按下“拔模开/关”按钮，拔模角度设为 6°，勾选“向外拔模”复选框，结果如图 13-12 所示。单击“确定”按钮完成筋操作，并隐藏基准面 1，如图 13-13 所示。

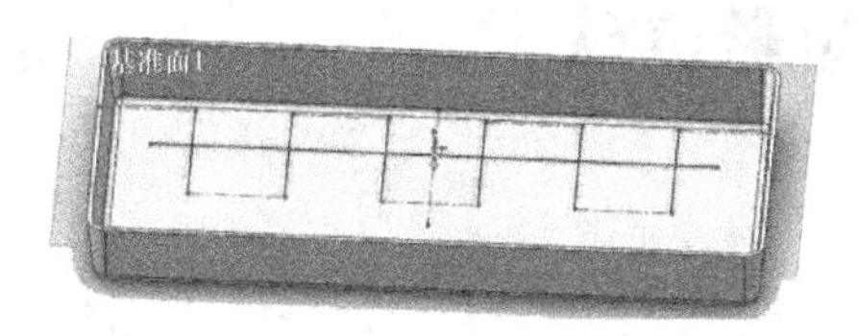

图 13-12　筋操作预览

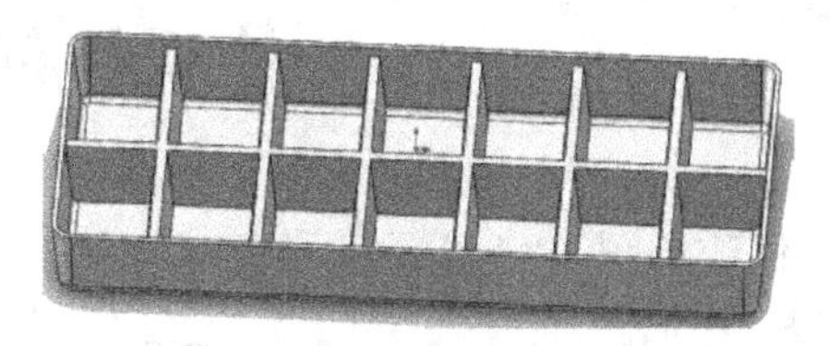

图 13-13　筋操作

（9）单击特征栏上的“圆角”按钮，系统弹出“圆角”属性管理器。圆角类型选择“恒定大小圆角”，圆角项目选择“筋 1”，圆角半径 R 为 1.2，结果如图 13-14 所示。单击“确定”按钮完成圆角操作，如图 13-15 所示。

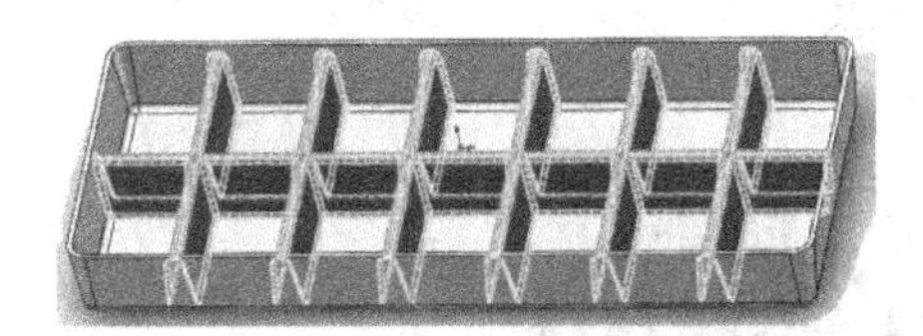

图 13-14　圆角 2 操作预览

图 13-15　圆角 2 操作

（10）单击特征栏上的“抽壳”按钮，系统弹出“抽壳”属性管理器。抽壳厚度设为 1，要移除的面选择冰盒模型外部周围 17 个面，结果如图 13-16 所示。单击“确定”按钮完成抽壳操作，如图 13-17 所示。

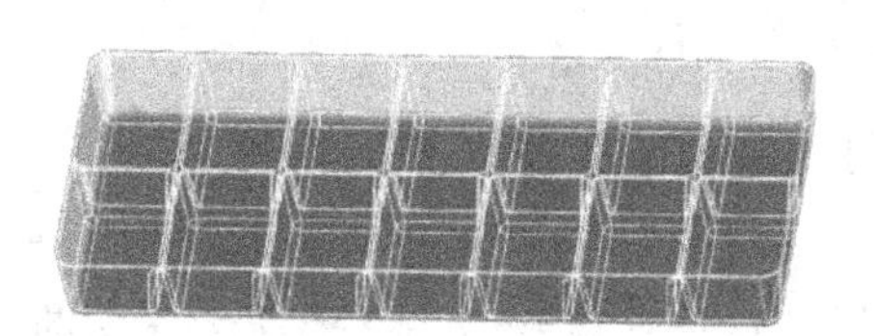

图 13-16　抽壳 2 操作预览

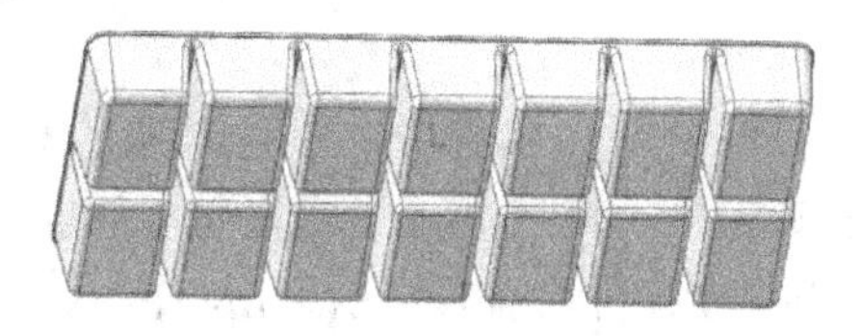

图 13-17　抽壳 2 操作

（11）完整实例教程 13 冰盒创建完成。选择菜单“文件”→“另存为”命令，在弹出的“另存为”对话框将文件命名为“实例教程 13 冰盒 . SLDPRT”，单击“保存”按钮。

实例教程 14　彩色球

——使用旋转、圆周阵列和编辑外观特征创建的彩色球

扫一扫
观看视频讲解

创建如图 14-1 所示的彩色球。

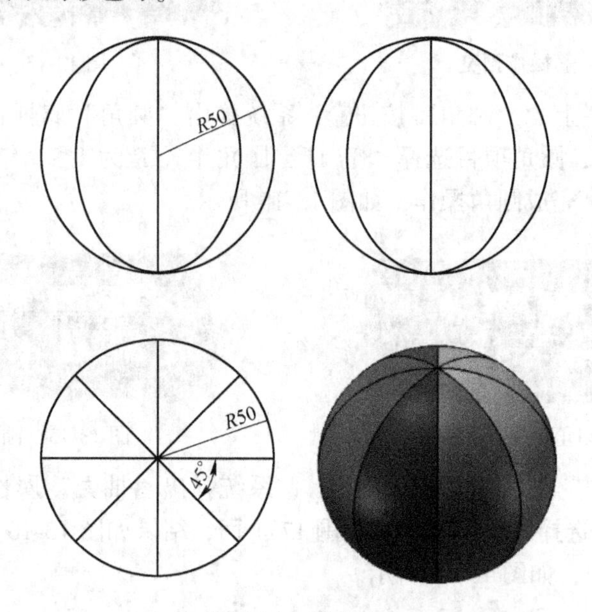

图 14-1　彩色球

实例分析：本例中的彩色球模型建模需借助旋转、圆周阵列和编辑外观特征完成。其中要注意的是在进行圆周阵列特征操作时，选择“要阵列的特征”和“要阵列的实体”的区别。在进行编辑外观特征操作时，要先选取经旋转特征得到的 1/8 球体实体曲面，对其进行外观颜色的编辑，再去编辑其他 7 个经圆周阵列特征得到的 1/8 球体的外观颜色。

绘制步骤：

（1）启动 SolidWorks 软件，选择菜单“文件”→“新建”命令，在弹出的新建文件对话框中选择“零件”，单击“确定”按钮，进入零件设计界面。

（2）从特征管理器中选择“前视基准面”，单击“正视于”按钮，单击“草图绘制”按钮，进入草图绘制界面。单击“圆心/起/终点画弧”按钮，绘制圆心位于原点 *R*50 的半圆。单击“直线”按钮，绘制一条过原点的竖直直线，上下端点分别与半圆相连，完成图 14-2 所示的草图 1。

R50

图 14-2　在前视基准面上绘制草图 1

（3）单击“特征”切换到特征创建面板，在特征栏中选择“旋转凸台/基体”命令，系统弹出“旋转”属性管理器。“旋

转轴”选择草图 1 中的竖直直线，在“方向 1（1）”栏的“旋转类型”选择框中选择“给定深度”，角度设为 45°，其他采用默认设置，结果如图 14-3 所示。单击“确定”按钮✓完成旋转特征操作，如图 14-4 所示。

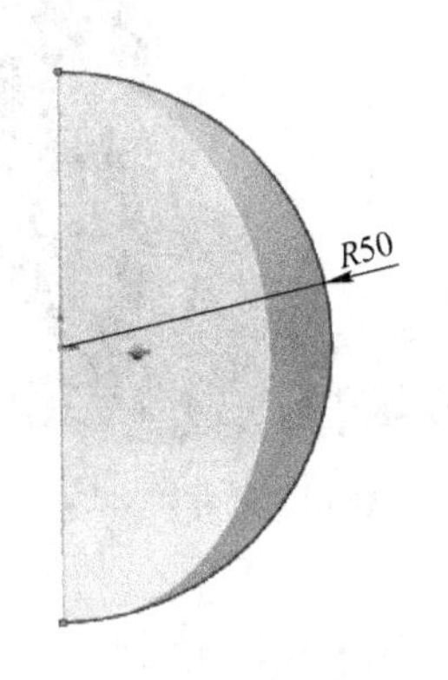

图 14-3　凸台旋转操作预览

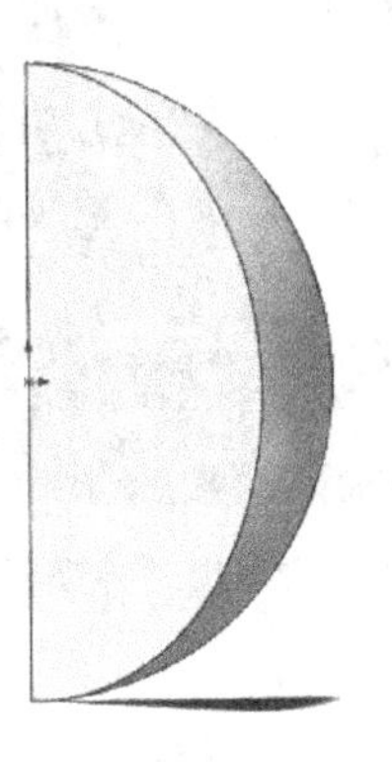

图 14-4　凸台旋转操作

（4）单击特征栏上的“圆周阵列”按钮，系统弹出“圆周阵列”属性管理器。“阵列轴”选择草图 1 中的竖直直线，角度设为 360°，实例数设为 8，勾选“等间距”选项，“要阵列的实体”选择步骤（3）旋转生成的实体，结果如图 14-5 所示。单击“确定”按钮✓完成圆周阵列操作，如图 14-6 所示。

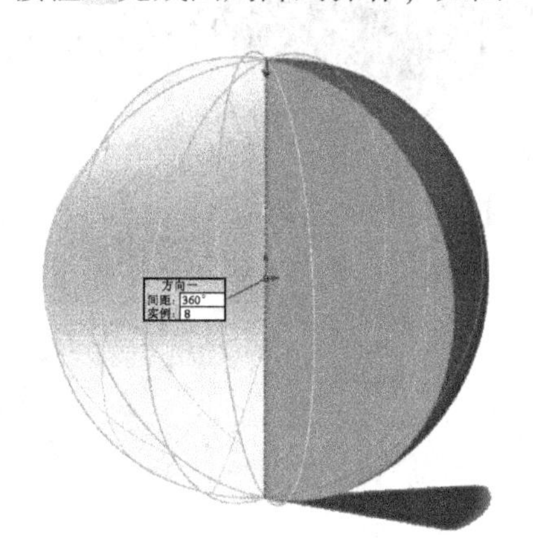

图 14-5　圆周阵列操作预览

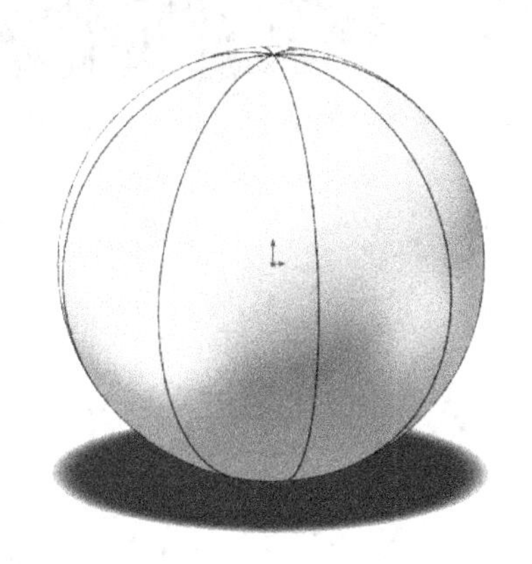

图 14-6　圆周阵列操作

（5）用鼠标选择如图 14-7 所示步骤（3）中经旋转特征所得的 1/8 球体，单击绘图区上方“编辑外观”按钮，系统弹出“颜色”属性管理器。在管理器中选择“橘红”色块，单击“确定”按钮✓，结果如图 14-8 所示。

（6）重复步骤（5），用同样的方法对球体其他 7 个曲面进行外观颜色编辑，最后得到如图 14-9 所示的彩色球。

（7）完整实例教程 14 彩色球创建完成。选择菜单“文件”→“另存为”命令，在弹出的“另存为”对话框将文件命名为“实例教程 14 彩色球 . SLDPRT”，单击“保存”按钮。

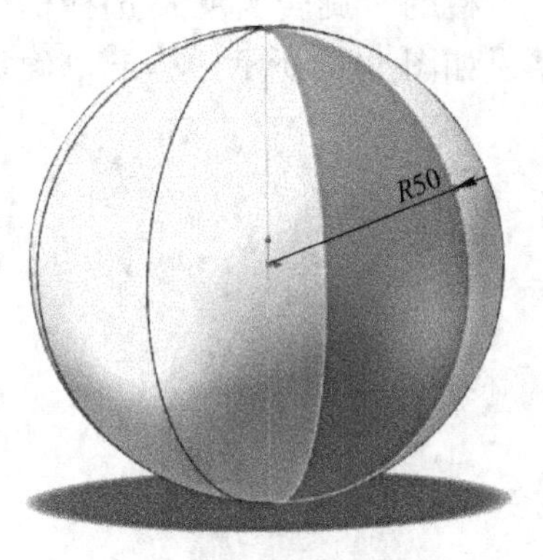

图 14-7 编辑外观预览

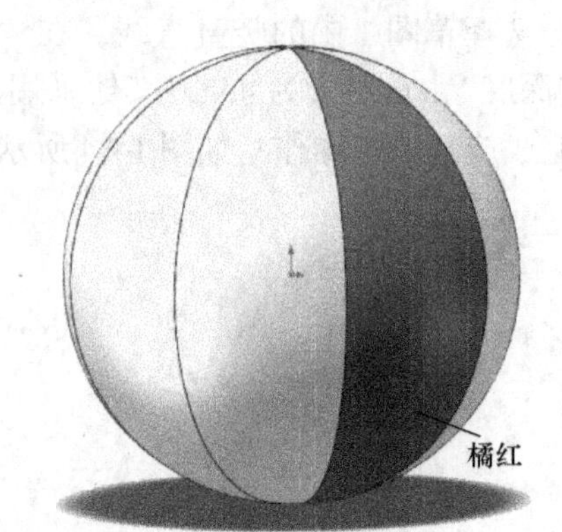

图 14-8 编辑外观

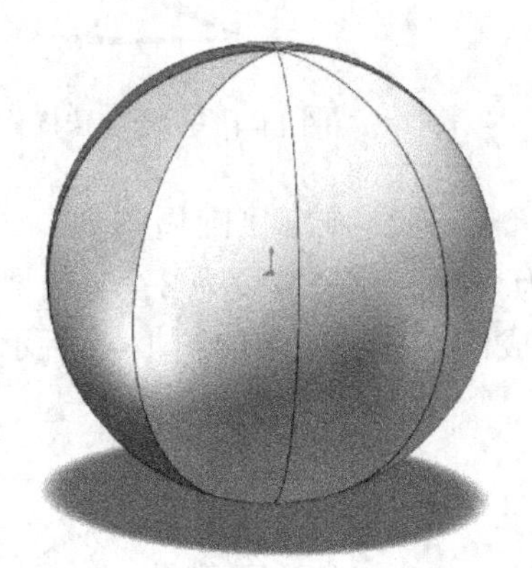

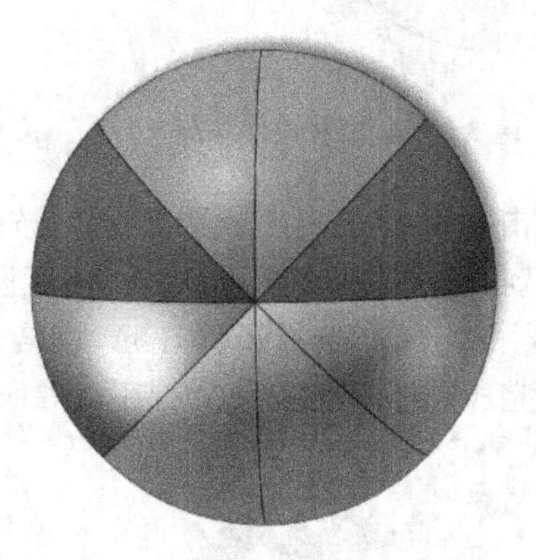

图 14-9 彩色球

实例教程 15　下水软管
——使用薄壁旋转特征创建的下水软管

扫一扫
观看视频讲解

创建如图 15-1 所示的下水软管。

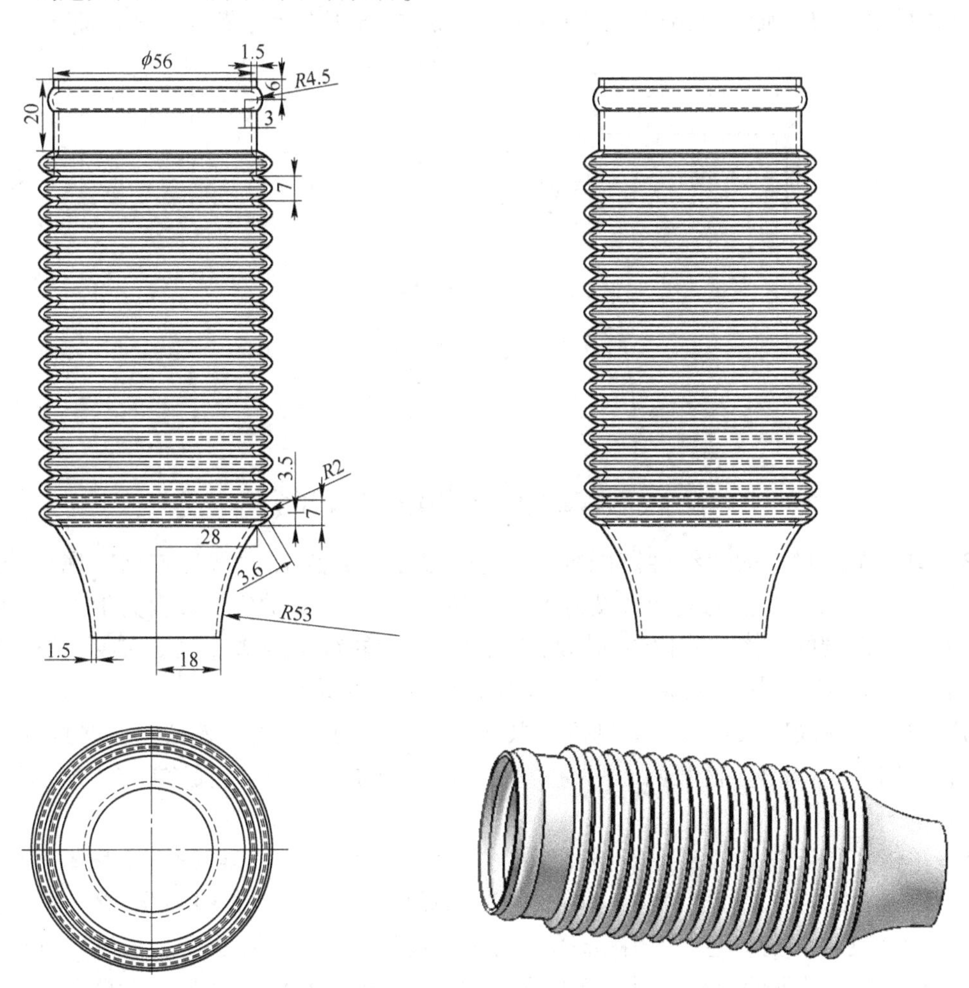

图 15-1　下水软管

实例分析：本例中的下水软管模型需借助旋转特征进行建模。在建模过程中可以采用凸台旋转、圆周阵列和抽壳特征完成；也可以采用薄壁旋转特征完成。本例讲解过程是通过绘制一个草图，借助两次薄壁旋转特征完成的。感兴趣的读者可以自行尝试其他建模方法，如利用凸台旋转和抽壳特征完成。

绘制步骤：

（1）启动 SolidWorks 软件，选择菜单“文件”→“新建”命令，在弹出的新建文件对话框中选择“零件”，单击“确定”按钮，进入零件设计界面。

（2）从特征管理器中选择“前视基准面”，单击“正视于”按钮，单击“草图绘制”按钮，进入草图绘制界面。单击“中心线”按钮，绘制一条以原点为下端点的竖直中心线、一条以原点为左端点，长为 18 的水平中心线，再依次绘制三条左端点在过原点的竖直中心线的水平中心线，如图 15-2 所示。单击“圆心/起/终点画弧”按钮，绘制圆心在长 18 的水平中心线的延长线上，起点和终点分别在两条水平中心线端点的 *R*53 圆弧。绘制圆心在水平中心线上的 *R*2 圆弧。单击“直线”按钮，绘制两条长 3.6 的斜线，并添加斜线与 *R*2 圆弧“相切”几何关系，完成图 15-2 所示的草图 1 下半部分。

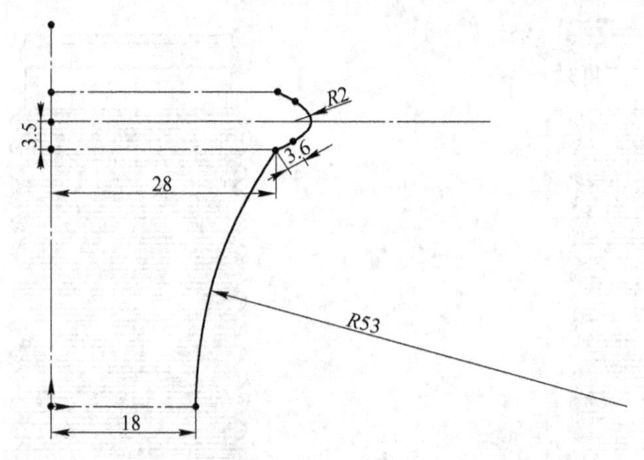

图 15-2 在前视基准面上绘制草图 1 下半部分

（3）单击草图栏上的“线性草图阵列”按钮，系统弹出“线性阵列”属性管理器。将“方向 1（1）”上的实例数设为 1，“方向 2（2）”上的实例数设为 15，阵列间距设为 7，“要阵列的实体”一栏中选择两条长度为 3.6 的斜线和 *R*2 圆弧，结果如图 15-3 所示。单击“确定”按钮完成线性阵列操作，如图 15-4 所示。

（4）单击“直线”按钮，绘制两条共线的竖直直线。单击“圆心/起/终点画弧”按钮，绘制 *R*4.5 圆弧，圆弧圆心距离上端为 6，距离右端为 3，完成图 15-5 所示的草图 1 上半部分。

（5）单击“特征”切换到特征创建面板，在特征栏中选择“旋转凸台/基体”命令，系统弹出“旋转”属性管理器。“旋转轴”选择草图 1 中的竖直中心线，在“方向 1（1）”栏的“旋转类型”选择框中选择“给定深度”，角度设为 360°。系统自动勾选“薄壁特征”，薄壁特征的类型选择“单向”，薄壁的厚度设为 1.5。“所选轮廓”选择草图 1 下半部分，其他采用默认设置，结果如图 15-6 所示。单击“确定”按钮完成薄壁旋转特征操作，如图 15-7 所示。

（6）重复步骤（5），在特征栏中选择“旋转凸台/基体”命令，系统弹出“旋转”属性管理器。“旋转轴”选择草图 1 中的竖直中心线，在“方向 1（1）”栏的“旋转类型”选择框中选择“给定深度”，角度设为 360°。系统自动勾选“薄壁特征”，薄壁特征的类型选择“单向”，单击薄壁特征“反向”图标按钮，厚度设为 1.5。“所选轮廓”选择草图 1 剩余部分，其他采用默认设置，结果如图 15-8 所示。单击“确定”按钮完成薄壁旋转特征操作，如图 15-9 所示。

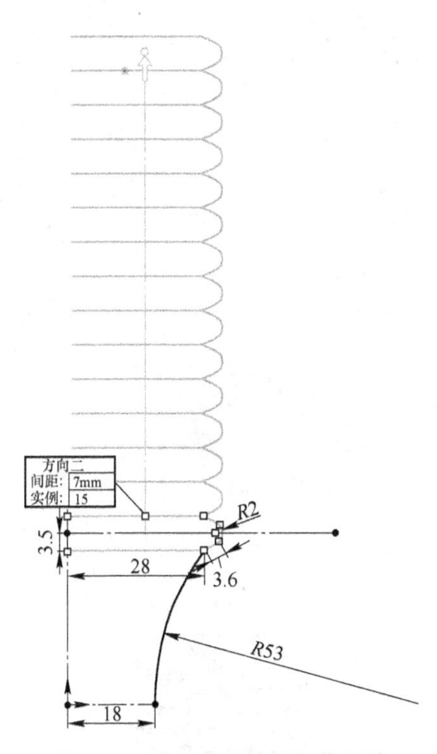

图 15-3　线性草图阵列操作预览

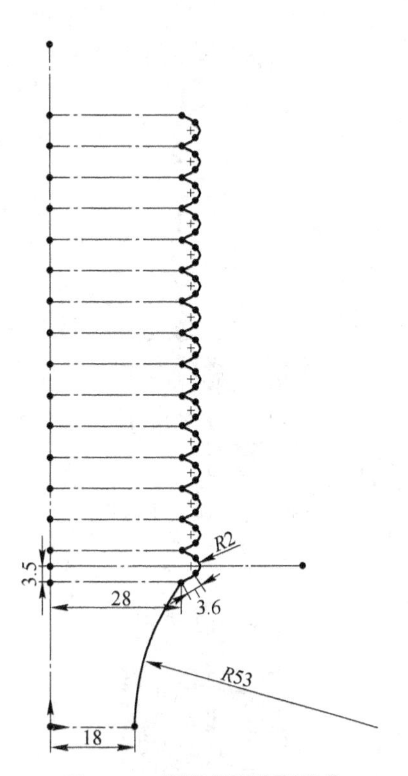

图 15-4　线性草图阵列操作

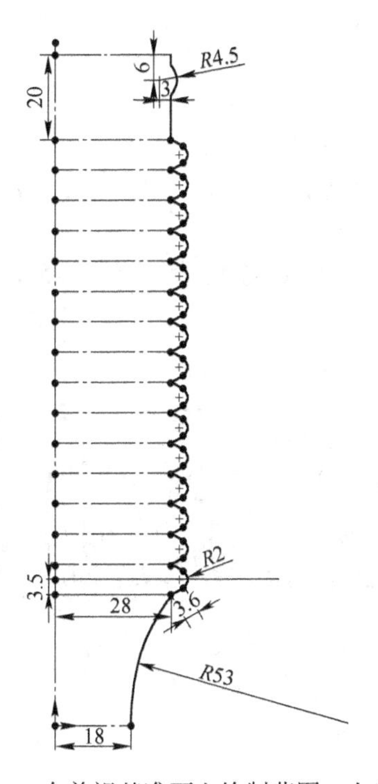

图 15-5　在前视基准面上绘制草图 1 上半部分

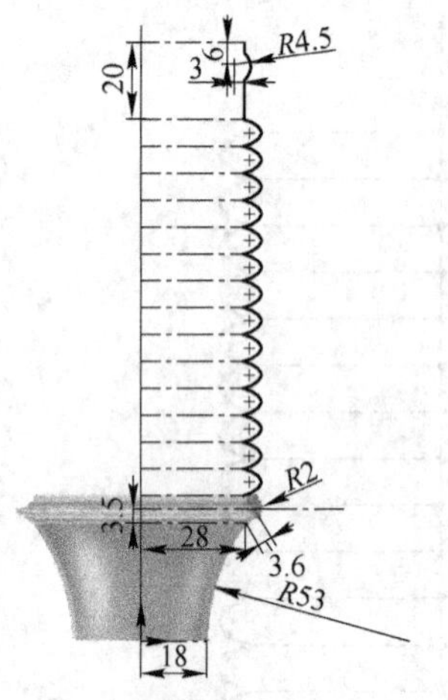

图 15-6 薄壁旋转 1 操作预览

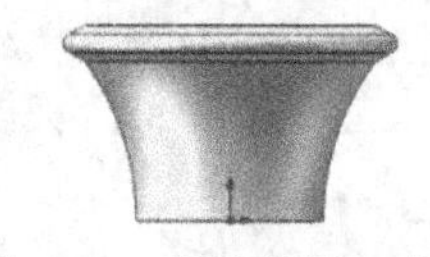

图 15-7 薄壁旋转 1 操作

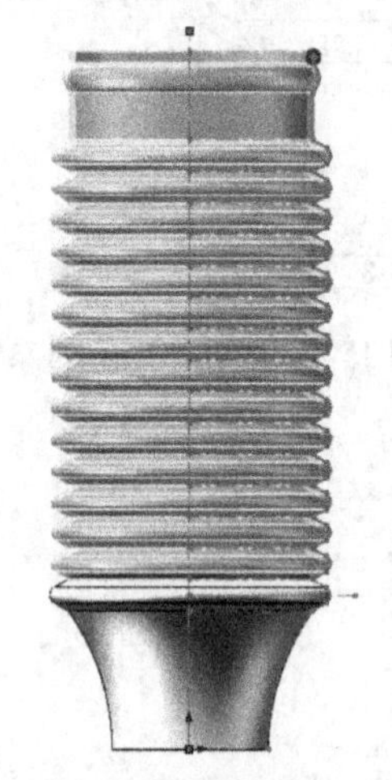

图 15-8 薄壁旋转 2 操作预览

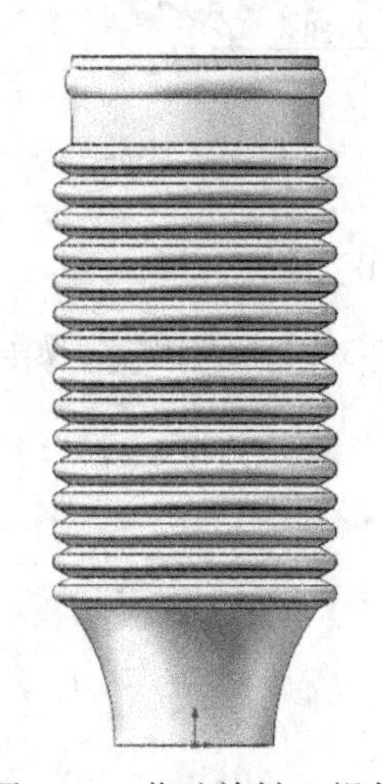

图 15-9 薄壁旋转 2 操作

（7）完整实例教程 15 下水软管创建完成，如图 15-10 所示。选择菜单“文件”→“另存为”命令，在弹出的“另存为”对话框将文件命名为“实例教程 15 下水软管.SLDPRT”，单击“保存”按钮。

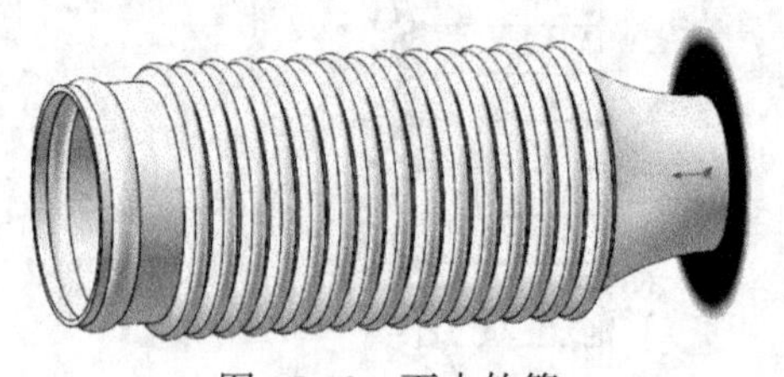

图 15-10 下水软管

实例教程 16　旋转模型
——使用多次旋转特征创建的旋转模型

扫一扫
观看视频讲解

创建如图 16-1 所示的旋转模型。

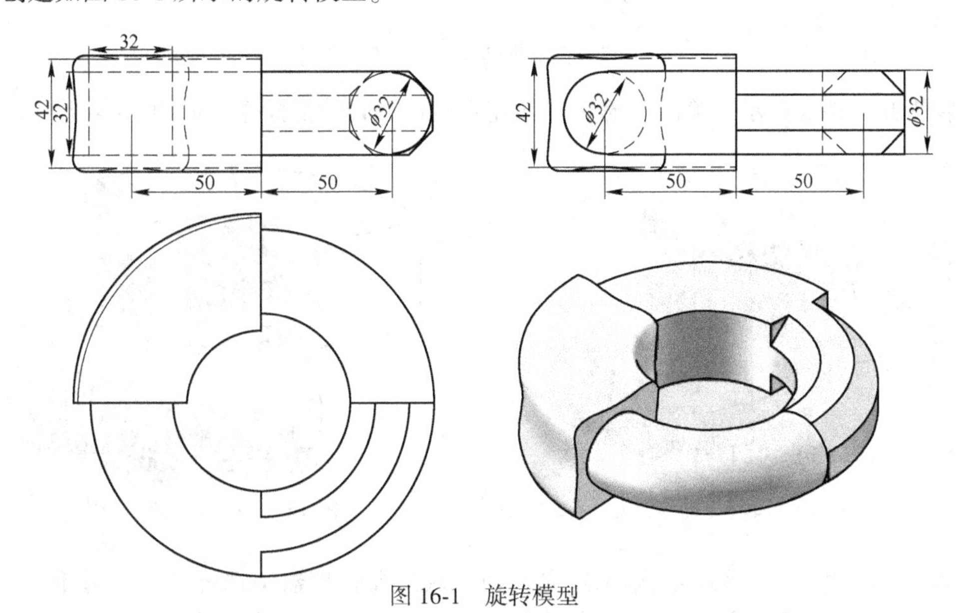

图 16-1　旋转模型

实例分析：本例中的旋转模型在旋转过程中发生了 4 次轮廓变化，相对比较复杂，所以在建模过程中需借助多次旋转特征完成。对于初学者可以绘制 4 个草图，借助 4 次旋转完成；也可以绘制两个草图，借助两次旋转特征完成；还可以借助 1 个 3D 草图使用 1 次旋转特征完成。本例讲解过程是通过绘制两个草图，借助两次旋转特征完成的。感兴趣的读者可以自行尝试其他两种建模方法。

绘制步骤：

（1）启动 SolidWorks 软件，选择菜单“文件”→“新建”命令，在弹出的新建文件对话框中选择“零件”，单击“确定”按钮，进入零件设计界面。

（2）从特征管理器中选择“前视基准面”，单击“正视于”按钮，单击“草图绘制”按钮，进入草图绘制界面。单击“中心线”按钮，绘制 1 条以原点为中心、长 100 的水平中心线，1 条过原点的竖直中心线。单击“多边形”按钮，绘制中心在水平中心线左端点 32×32 的正方形。单击“圆”按钮，绘制圆心位于水平中心线右端点 ϕ32 的圆，完成图 16-2 所示的草图 1。

（3）单击“特征”切换到特征创建面板，在特征栏中选择“旋转凸台/基体”命令，系统弹出“旋转”属性管理器。“旋转轴”选择草图 1 中的竖直中心线，在“方向 1（1）”栏的“旋转类型”选择框中选择“给定深度”，角度设为 90°，其他采用默认设

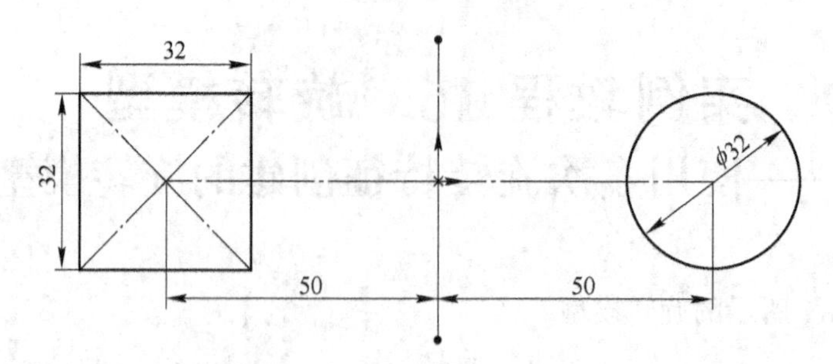

图 16-2　在前视基准面上绘制草图 1

置，结果如图 16-3 所示。单击“确定”按钮✓完成旋转特征操作，如图 16-4 所示。

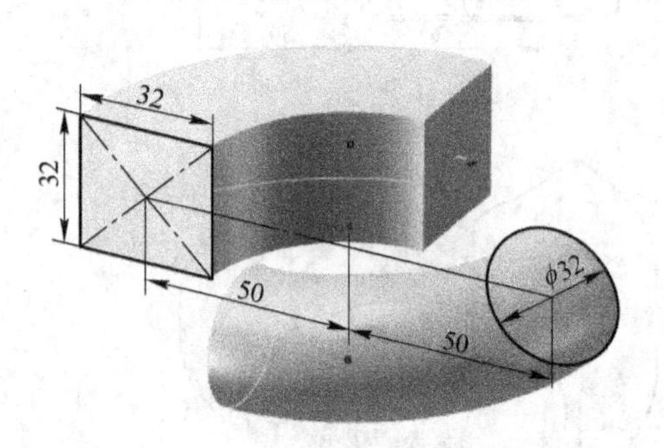

图 16-3　凸台旋转 1 操作预览

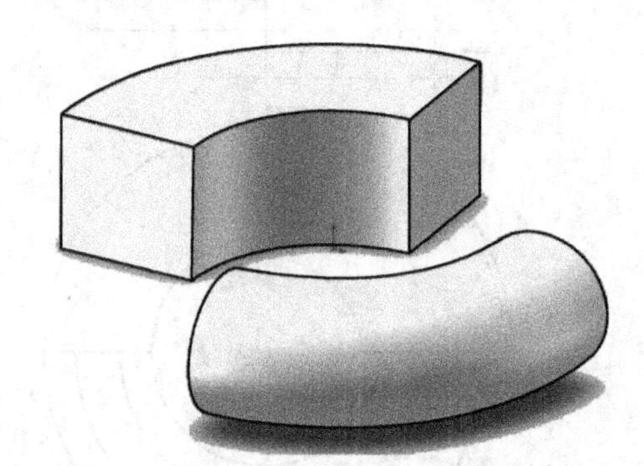

图 16-4　凸台旋转 1 操作

（4）单击“草图”切换到草图绘制界面。从特征管理器中选择“右视基准面”，单击“正视于”按钮，单击“草图绘制”按钮，进入草图绘制界面。单击“中心线”按钮，绘制一条以原点为中心、长 100 的水平中心线，一条过原点的竖直中心线。单击“多边形”按钮，绘制中心在水平中心线左端点 42×42 的正方形，并将该正方形四条边线设置为构造线。再绘制一个中心在水平中心线右端点，内切圆直径为 32 的正八边形。单击“样条曲线”按钮，将左边 42×42 的正方形四个端点和每边中点依次连接起来，绘制一条闭合的菱形，完成图 16-5 所示的草图 2。

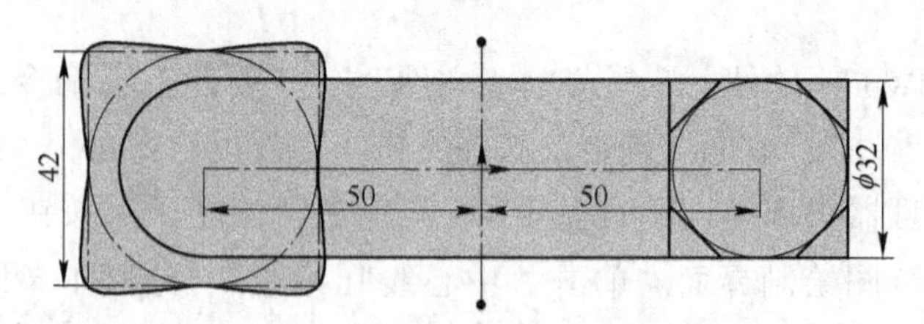

图 16-5　在右视基准面上绘制草图 2

（5）单击“特征”切换到特征创建面板，在特征栏中选择“旋转凸台/基体”命令，系统弹出“旋转”属性管理器。“旋转轴”选择草图 2 中的竖直中心线，在“方向 1（1）”栏的“旋转类型”选择框中选择“给定深度”，角度设为 90°，勾选“合并结果”选项。其他采用默认设置，结果如图 16-6 所示。单击“确定”按钮✓完成旋转特征操作，如图 16-7 所示。

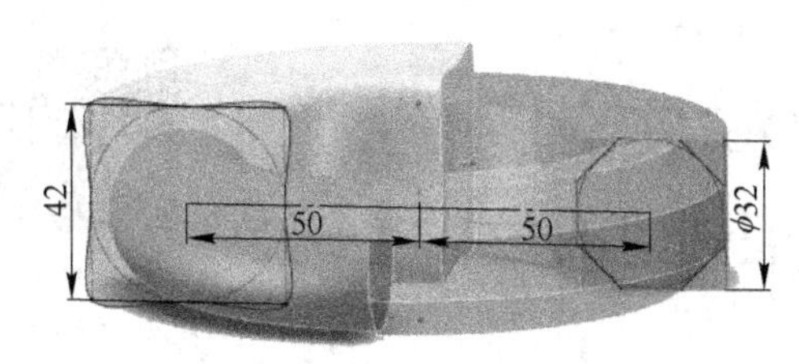

图 16-6　凸台旋转 2 操作预览

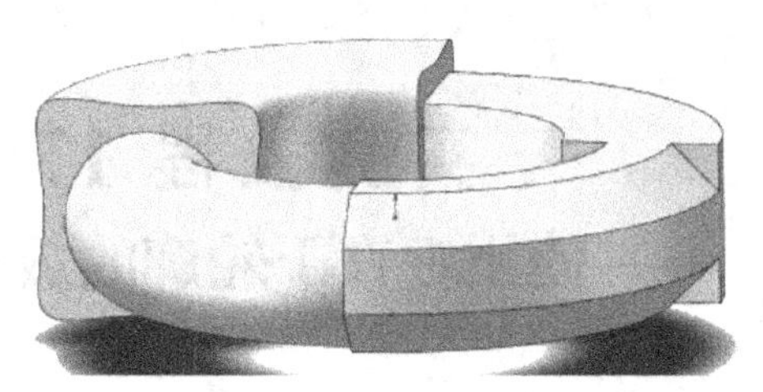

图 16-7　凸台旋转 2 操作

（6）完整实例教程 16 旋转模型创建完成。选择菜单“文件”→“另存为”命令，在弹出的“另存为”对话框将文件命名为“实例教程 16 旋转模型 . SLDPRT”，单击“保存”按钮。

实例教程 17　放样实例 1
——使用垂直于轮廓的放样特征创建的放样实例 1

创建如图 17-1 所示的放样实例 1。

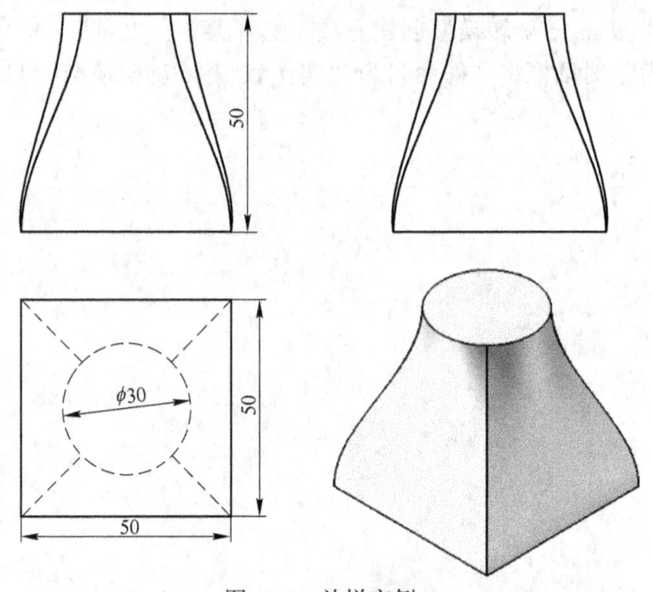

图 17-1　放样实例 1

实例分析：本例中的放样实例 1 模型可分为无约束的简单放样模型和垂直于轮廓的放样模型。

绘制步骤：

（1）启动 SolidWorks 软件，选择菜单“文件”→“新建”命令，在弹出的新建文件对话框中选择“零件”，单击“确定”按钮，进入零件设计界面。

（2）从特征管理器中选择“上视基准面”，单击“正视于”按钮，单击“草图绘制”按钮，进入草图绘制界面。单击“中心矩形”按钮，绘制中心位于原点 50×50 的矩形，完成图 17-2 所示的草图 1，并退出草图绘制。

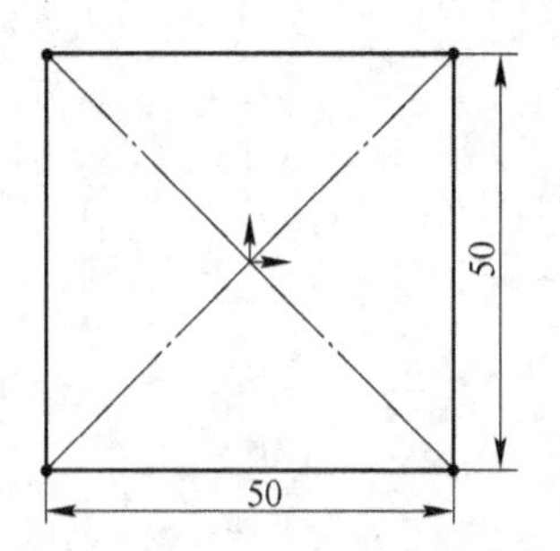

图 17-2　在上视基准面上绘制草图 1

（3）选择菜单“插入”→“参考几何体”→“基准面”命令，系统弹出“基准面”属性管理器。创建与上视基准面平行、距离为 50 的基准面 1，结果如图 17-3 所示。单击“确定”按钮完成基准面 1 的创建，如图 17-4 所示。

图 17-3　基准面 1 创建预览

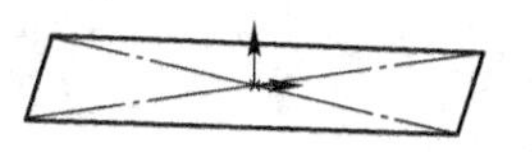

图 17-4　基准面 1 创建

（4）从特征管理器中选择“基准面 1”，单击“正视于”按钮，单击“草图绘制”按钮，进入草图绘制界面。单击“圆”按钮，绘制圆心位于原点 $\phi30$ 的圆，完成图 17-5 所示的草图 2，退出草图绘制，并将基准面 1 隐藏。

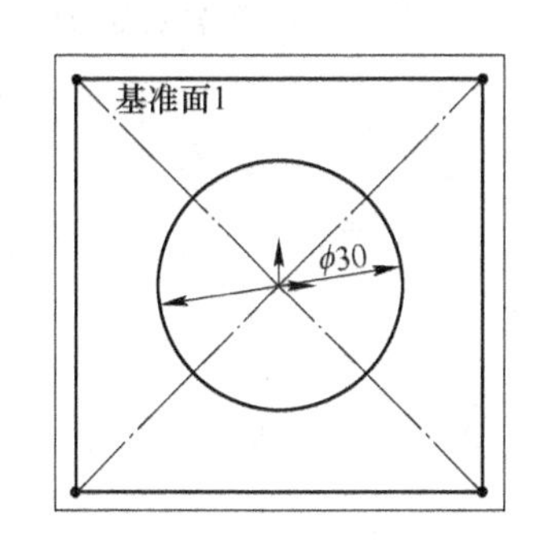

图 17-5　在基准面 1 上绘制草图 2

（5）单击“特征”切换到特征创建面板，在特征栏中选择“放样凸台/基体”命令，系统弹出“放样”属性管理器。“放样轮廓”依次选择草图 1 和草图 2，其他采用默认设置，结果如图 17-6 所示。单击“确定”按钮完成放样特征操作，如图 17-7 所示。

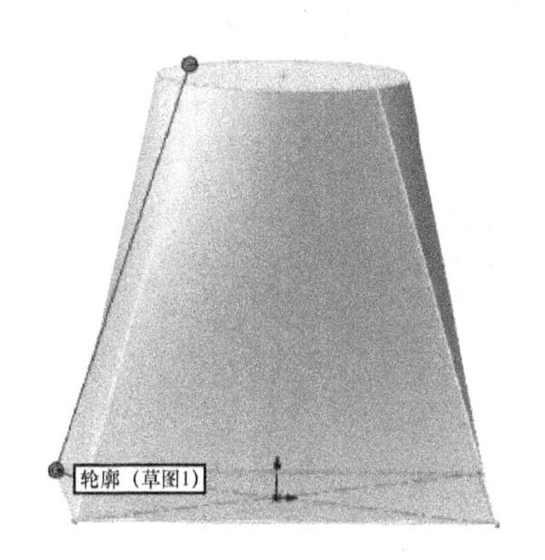

图 17-6　无约束放样操作预览

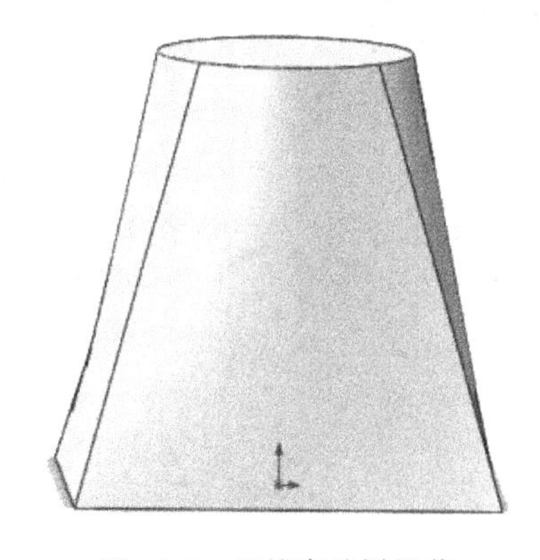

图 17-7　无约束放样操作

（6）单击“特征”切换到特征创建面板，在特征栏中选择“放样凸台/基体”命令，系统弹出“放样”属性管理器。“放样轮廓”依次选择草图 1 和草图 2，“开始约束”选择“垂直于轮廓”，“结束约束”选择“垂直于轮廓”，其他采用默认设置，结果如图 17-8 所示。单击“确定”按钮完成放样特征操作，如图 17-9 所示。

（7）完整实例教程 17 放样实例 1 模型创建完成。选择菜单“文件”→“另存为”命令，在弹出的“另存为”对话框将文件命名为“实例教程 17 放样实例 1. SLDPRT”，单击“保存”按钮。

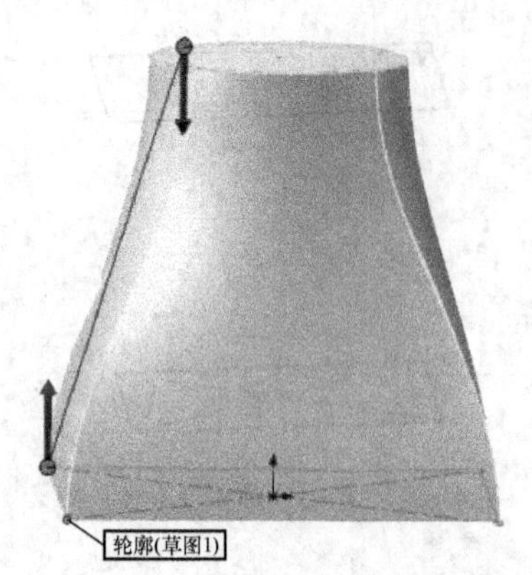

图 17-8 垂直于轮廓的放样操作预览

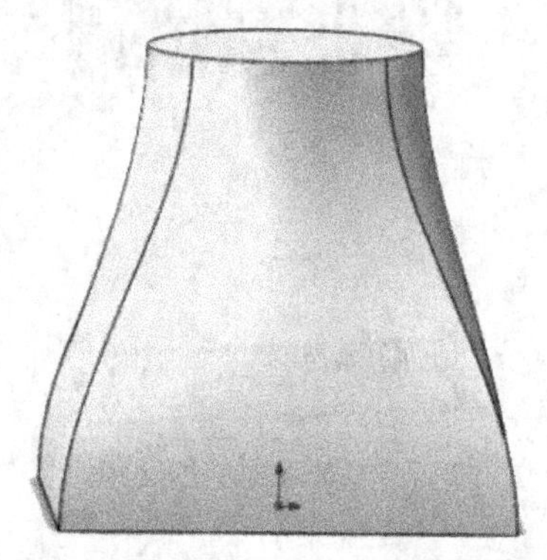

图 17-9 垂直于轮廓的放样操作

实例教程 18　放样实例 2
——使用方向向量约束的放样特征创建的放样实例 2

扫一扫
观看视频讲解

创建如图 18-1 所示的放样实例 2。

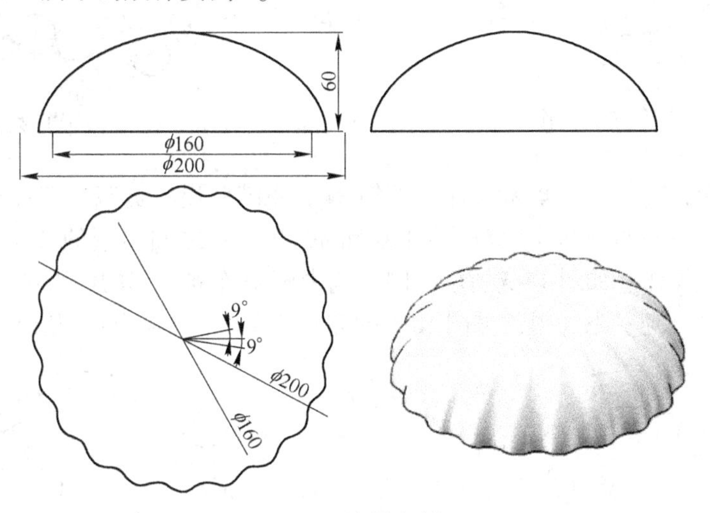

图 18-1　放样实例 2

实例分析：本例中放样实例 2 是使用方向向量约束的放样特征创建的模型。

绘制步骤：

（1）启动 SolidWorks 软件，选择菜单“文件”→“新建”命令，在弹出的新建文件对话框中选择“零件”，单击“确定”按钮，进入零件设计界面。

（2）从特征管理器中选择“上视基准面”，单击“正视于”按钮，单击“草图绘制”按钮，进入草图绘制界面。单击“圆”按钮，分别绘制圆心位于原点 $\phi160$ 和 $\phi200$ 圆，并将两个圆弧设置为构造线。单击“中心线”按钮，绘制一条以原点为中心、长 200 的水平中心线，绘制两条过原点的斜中心线，与水平中心线夹角均为 9°。以两处交点为圆心绘制两个小圆，并添加“相切”和“相等”的几何关系，完成图 18-2 所示的部分草图 1。

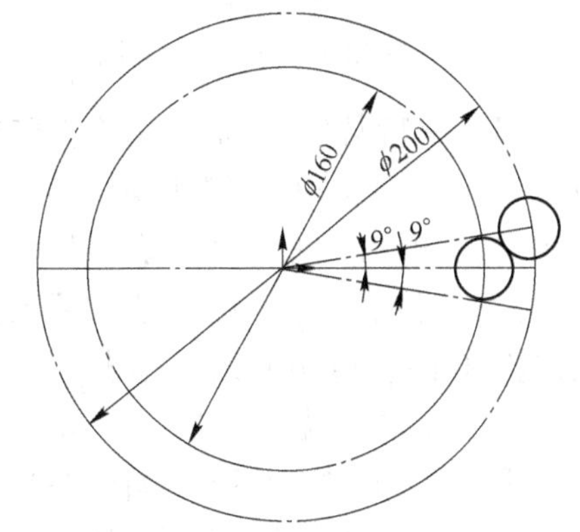

图 18-2　在上视基准面上绘制部分草图 1

（3）单击草图栏上的“圆周草图阵列”按钮，系统弹出“圆周阵列”属性管理器。同时选中两个全等小圆为“要阵列的实体”，实例数为 20，其他采用默认设置，结果如图 18-3 所示。单击“确定”按钮完成圆周阵列操作，如图 18-4 所示。

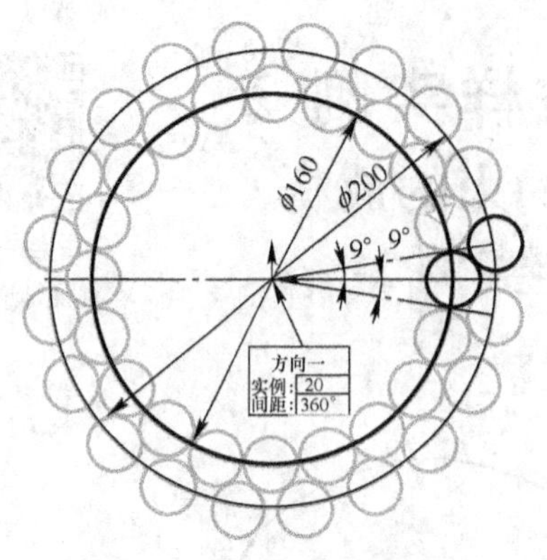

图 18-3　圆周阵列操作预览

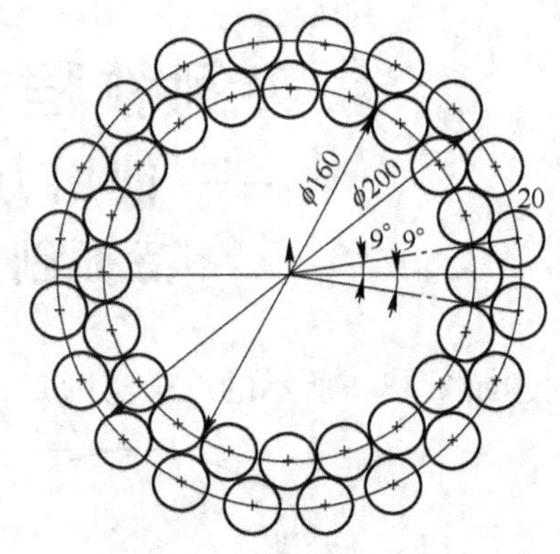

图 18-4　圆周阵列操作

（4）单击草图栏上的“剪裁实体”按钮，系统弹出“剪裁”属性管理器。先剪裁 ϕ160 和 ϕ200 两圆外的圆弧，后剪裁 ϕ160 和 ϕ200 两圆之间多余的圆弧，单击“确定”按钮完成剪裁操作，如图 18-5 所示。同时选中圆周阵列得到的圆弧圆心和 ϕ200 圆弧，添加“重合”的几何关系，得到如图 18-6 的完整草图 1，并退出草图绘制。

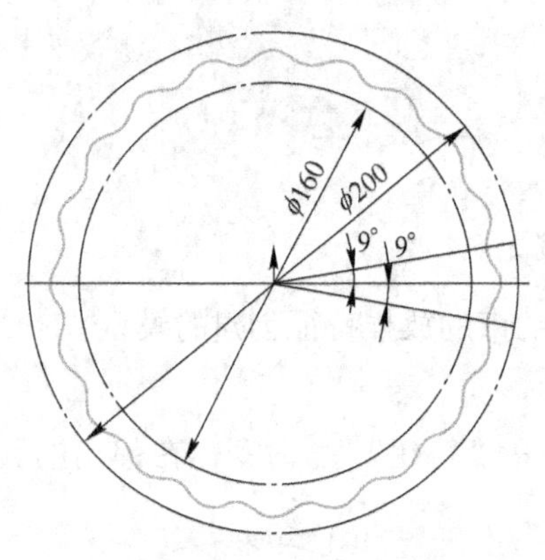

图 18-5　剪裁后的草图

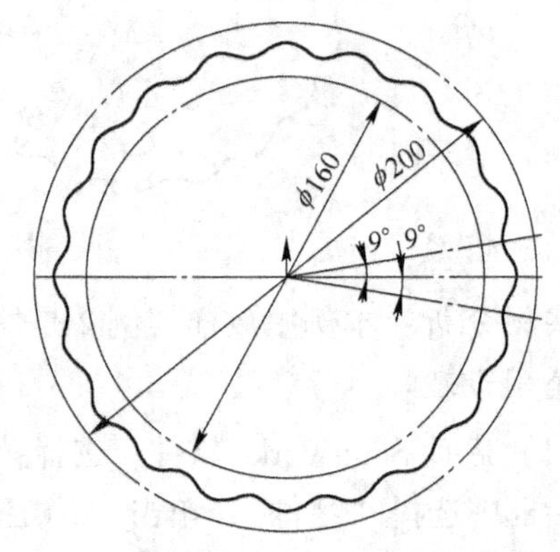

图 18-6　完整的草图 1

（5）从特征管理器中选择“前视基准面”，单击“正视于”按钮，单击“草图绘制”按钮，进入草图绘制界面。单击“中心线”按钮，绘制一条以原点为下端点，长 60 的竖直中心线。单击“点”按钮，在中心线上端点绘制一个点。完成图 18-7 所示的草图 2，并退出草图绘制。

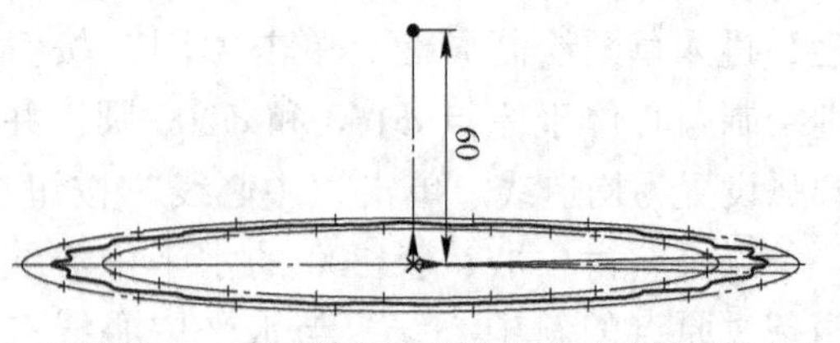

图 18-7　在前视基准面上绘制草图 2

（6）单击“特征”切换到特征创建面板，在特征栏中选择“放样凸台/基体”命令，系统弹出“放样”属性管理器。“放样轮廓”依次选择草图 1 和草图 2，“开始约束”选择“方向向量”，并在“方向向量”栏选择草图 2 中的竖直中心线，“结束约束”选择“方向向量”，并在“方向向量”栏选择草图 2 中的竖直中心线，其他采用默认设置，结果如图 18-8 所示。单击“确定”按钮完成放样特征操作，如图 18-9 所示。

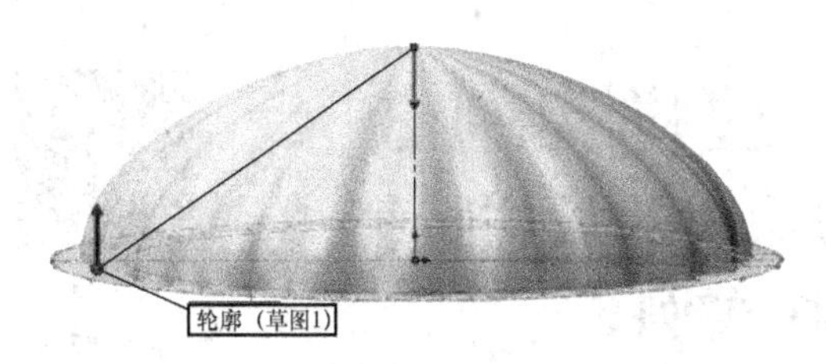

图 18-8 使用方向向量约束的放样操作预览

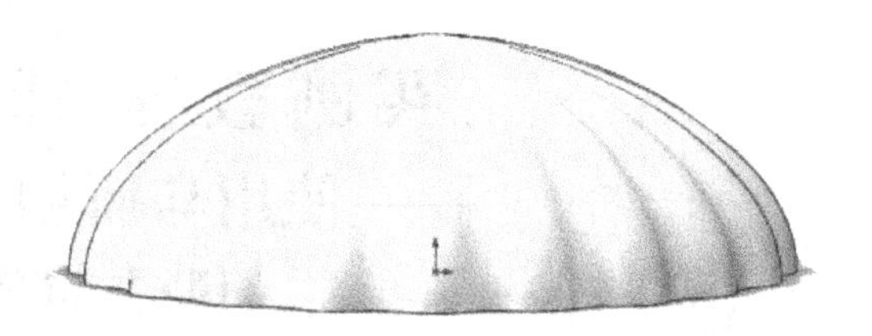

图 18-9 使用方向向量约束的放样操作

（7）完整实例教程 18 放样实例 2 模型创建完成，如图 18-10 所示。选择菜单“文件”→“另存为”命令，在弹出的“另存为”对话框将文件命名为“实例教程 18 放样实例 2. SLDPRT”，单击“保存”按钮。

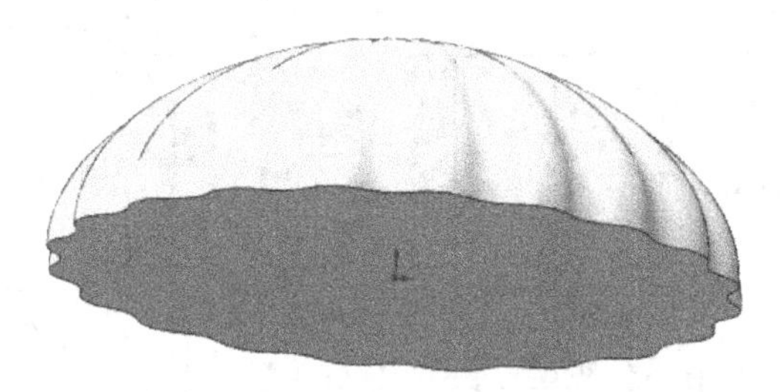

图 18-10 使用方向向量约束的放样实例 2

实例教程 19　放样实例 3
——使用与面相切约束的放样特征创建的放样实例 3

扫一扫
观看视频讲解

创建如图 19-1 所示的放样实例 3。

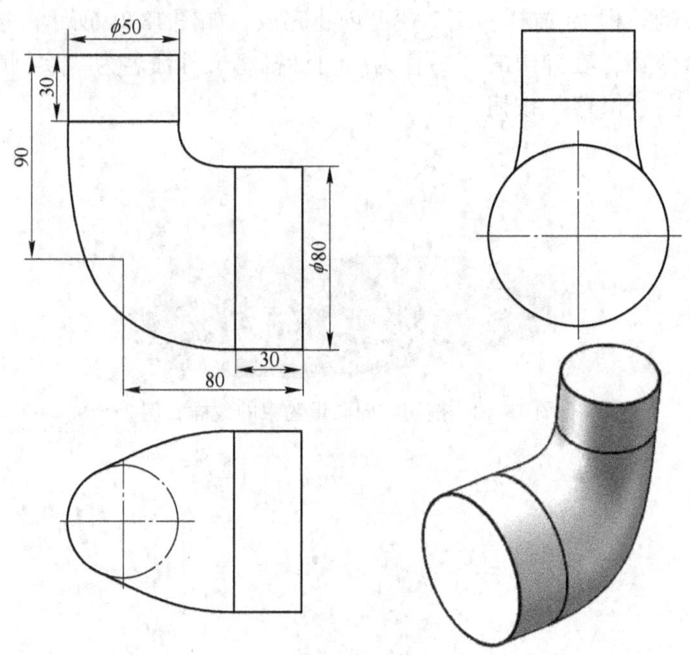

图 19-1　放样实例 3

实例分析：本例中放样实例 3 先借助两次凸台拉伸特征生成两个圆柱体，再在两个圆柱体之间使用与面相切约束的放样特征创建完成。

绘制步骤：

（1）启动 SolidWorks 软件，选择菜单“文件”→“新建”命令，在弹出的新建文件对话框中选择“零件”，单击“确定”按钮，进入零件设计界面。

（2）从特征管理器中选择“上视基准面”，单击“正视于”按钮，单击“草图绘制”按钮，进入草图绘制界面。单击“圆”按钮，绘制圆心位于原点 ϕ50 的圆，完成图 19-2 所示的草图 1。

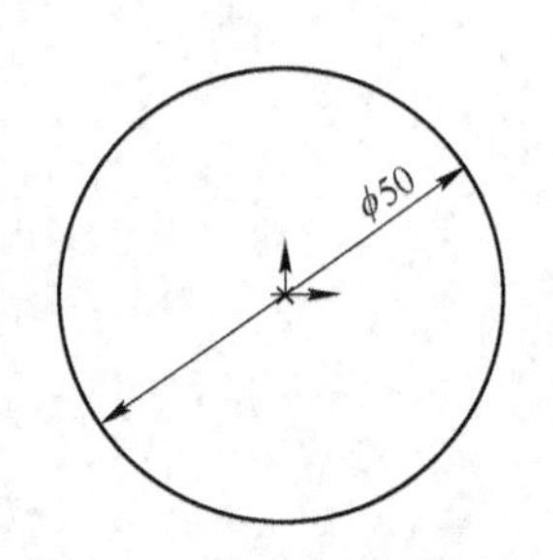

图 19-2　在上视基准面上绘制草图 1

（3）单击“特征”切换到特征创建面板，在特征栏中选择“拉伸凸台/基体”命令，系统弹出“凸台-拉伸”属性管理器。在“从（F）”栏选择“等距”，等距值设为 60，在“方向 1（1）”栏的“终止条件”选择框中选择“给定深度”，深度设为 30，其他采用默认设置，结果如图 19-3 所示。单击“确定”按钮完成拉伸特征操作，如图 19-4 所示。

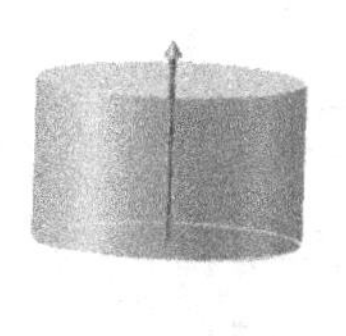

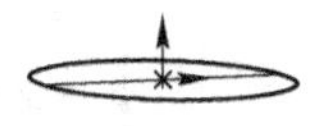

图 19-3　凸台拉伸 1 操作预览

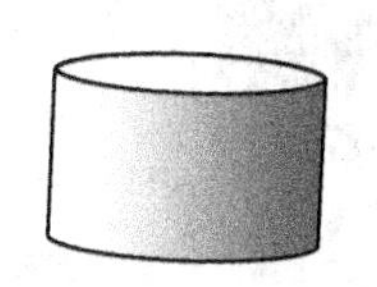

图 19-4　凸台拉伸 1 操作

（4）单击“草图”切换到草图绘制界面。从特征管理器中选择“右视基准面”，单击“正视于”按钮，单击“草图绘制”按钮，进入草图绘制界面。单击“圆”按钮，绘制圆心位于原点 ϕ80 的圆，完成图 19-5 所示的草图 2。

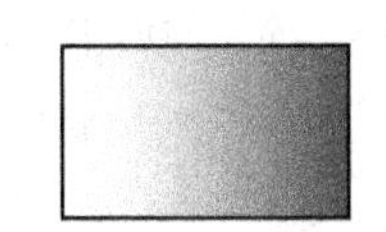

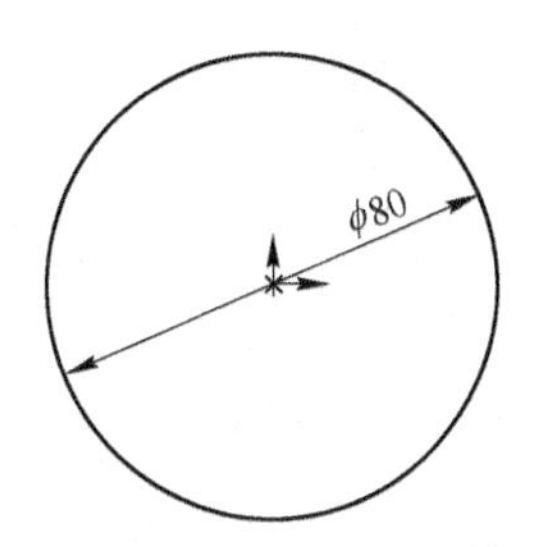

图 19-5　在右视基准面上绘制草图 2

（5）单击“特征”切换到特征创建面板，在特征栏中选择“拉伸凸台/基体”命令，系统弹出“凸台-拉伸”属性管理器。在“从（F）”栏选择“等距”，等距值设为 50，在“方向 1（1）”栏的“终止条件”选择框中选择“给定深度”，深度设为 30，其他采用默认设置，结果如图 19-6 所示。单击“确定”按钮完成拉伸特征操作，如图 19-7 所示。

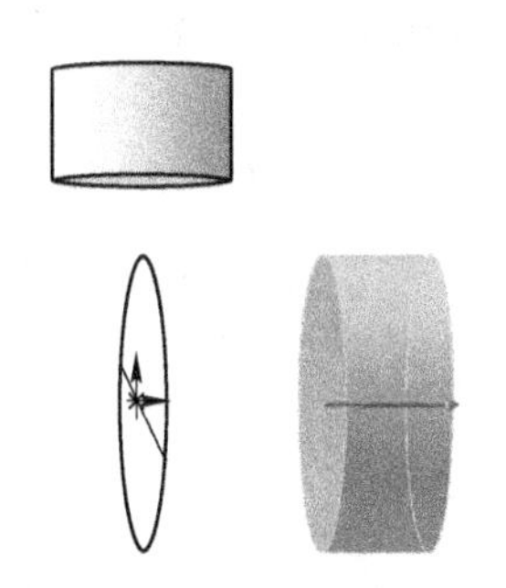

图 19-6　凸台拉伸 2 操作预览

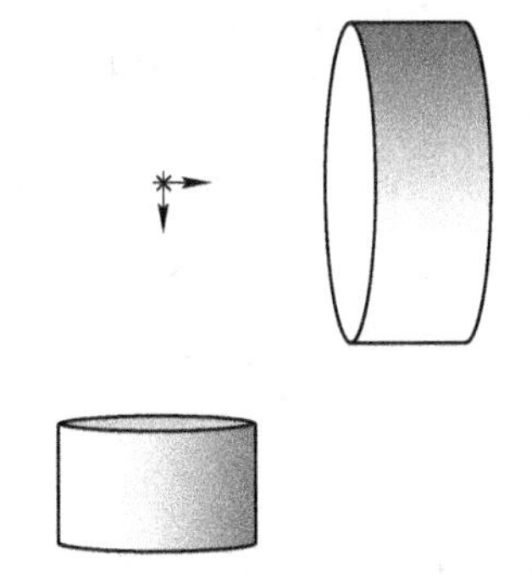

图 19-7　凸台拉伸 2 操作

（6）在特征栏中选择“放样凸台/基体”命令，系统弹出“放样”属性管理器。“放样轮廓”依次选择草图 1 和草图 2，“开始约束”选择“与面相切”，起始处相切长度设为 2，“结束约束”选择“与面相切”，结束处相切长度设为 1.5，其他采用默认设置，结果如图 19-8 所示。单击“确定”按钮完成放样特征操作，如图 19-9 所示。

（7）完整实例教程 19 放样实例 3 创建完成，如图 19-10 所示。选择菜单“文件”→“另存为”命令，在弹出的“另存为”对话框将文件命名为“实例教程 19 放样实例 3. SLDPRT”，单击“保存”按钮。

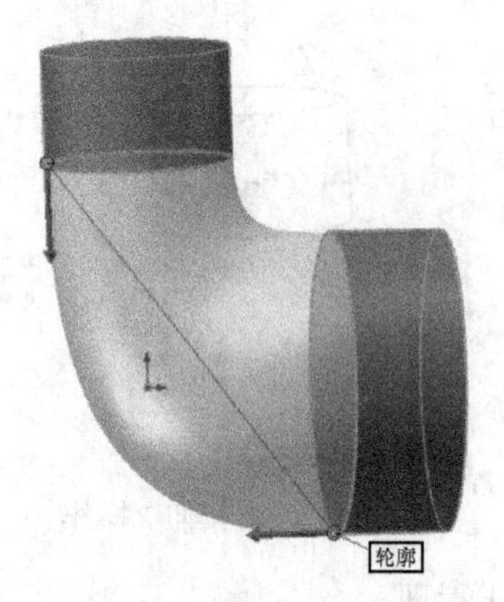

图 19-8　使用与面相切约束的放样操作预览

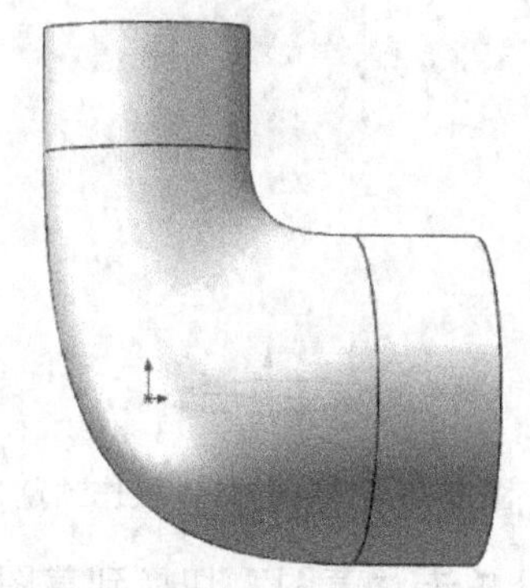

图 19-9　使用与面相切约束的放样操作

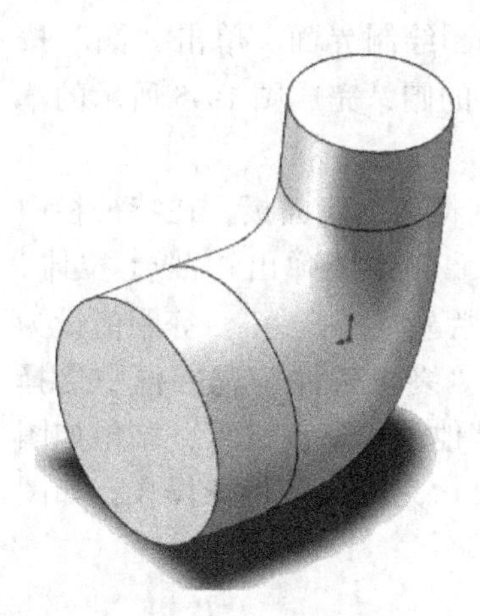

图 19-10　使用与面相切约束的放样实例 3

实例教程 20　放样实例 4
——使用中心线控制的放样特征创建的放样实例 4

扫一扫
观看视频讲解

创建如图 20-1 所示的放样实例 4。

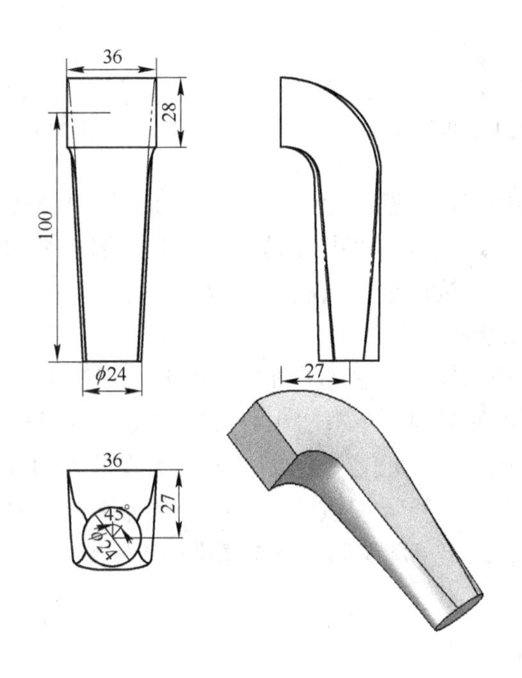

图 20-1　放样实例 4

实例分析：本例中放样实例 4 是使用中心线控制的放样特征创建的模型。

绘制步骤：

（1）启动 SolidWorks 软件，选择菜单“文件”→“新建”命令，在弹出的新建文件对话框中选择“零件”，单击“确定”按钮，进入零件设计界面。

（2）从特征管理器中选择“前视基准面”，单击“正视于”按钮，单击“草图绘制”按钮，进入草图绘制界面。单击“中心矩形”按钮，绘制中心位于原点 36×28 的矩形，完成图 20-2 所示的草图 1，并退出草图绘制。

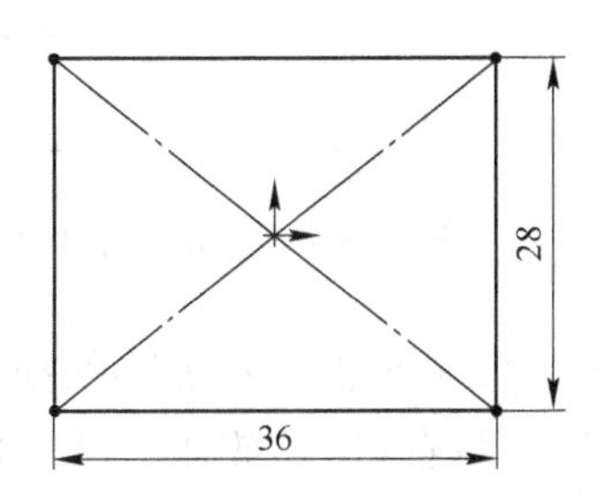

图 20-2　在前视基准面上绘制草图 1

（3）选择菜单“插入”→“参考几何体”→“基准面”命令，系统弹出“基准面”属性管理器。创建与上视基准面平行，距离为 100 的基准面 1，勾选“反转等距”选项，结果如图 20-3 所示。单击“确定”按钮完成基准面 1 的创建，如图 20-4 所示。

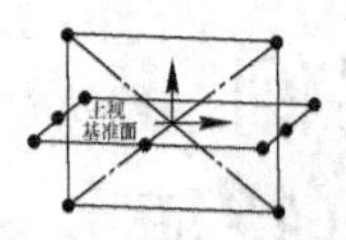

图 20-3　基准面 1 创建预览

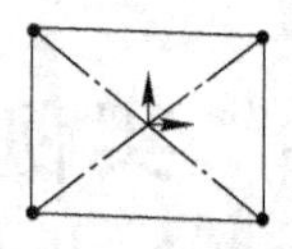

图 20-4　基准面 1 创建

（4）从特征管理器中选择“基准面 1”，单击“正视于”按钮，单击“草图绘制”按钮，进入草图绘制界面。单击“中心线”按钮，绘制一条以原点为下端点，长 27 的竖直中心线，单击“圆”按钮，绘制圆心位于中心线上端点 $\phi24$ 的圆，完成图 20-5 所示的草图 2，退出草图绘制。

（5）从特征管理器中选择“右视基准面”，单击“正视于”按钮，单击“草图绘制”按钮，进入草图绘制界面。单击“中心线”按钮，绘制一条以原点为左端点的水平中心线，单击“3 点圆弧”按钮，绘制一段起点在原点的圆弧，并添加圆弧与中心线相切的几何关系。单击“直线”按钮，绘制一条与圆弧相连并相切的竖直直线，完成图 20-6 所示的草图 3，退出草图绘制，并将基准面 1 隐藏。

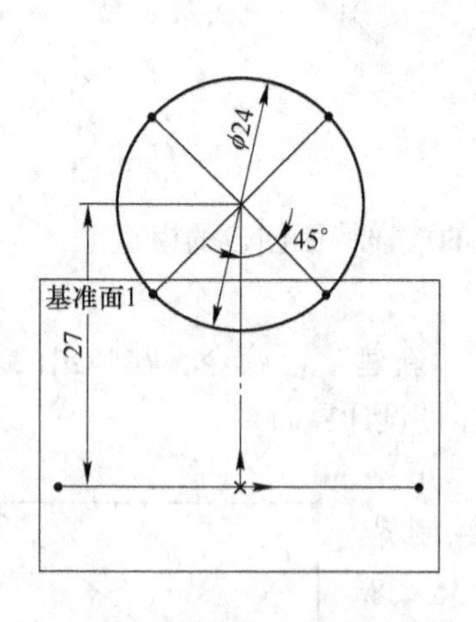

图 20-5　在基准面 1 上绘制草图 2

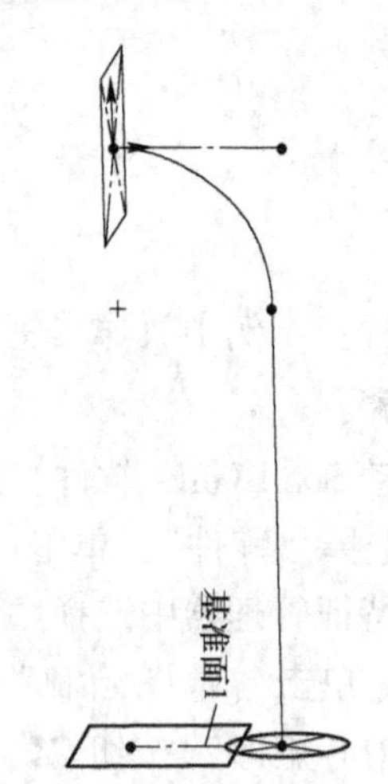

图 20-6　在右视基准面上绘制草图 3

（6）单击“特征”切换到特征创建面板，在特征栏中选择“放样凸台/基体”命令，系统弹出“放样”属性管理器。“放样轮廓”依次选择草图 1 和草图 2，“中心线”选择草图 3，其他采用默认设置，结果如图 20-7 所示。单击“确定”按钮完成放样特征操作，如图 20-8 所示。

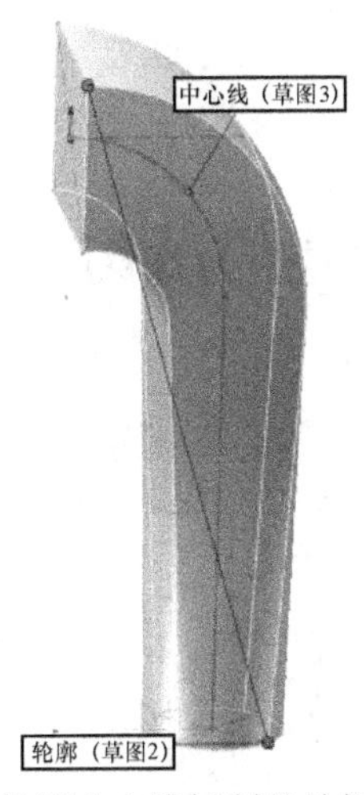

图 20-7　使用中心线控制的放样操作预览

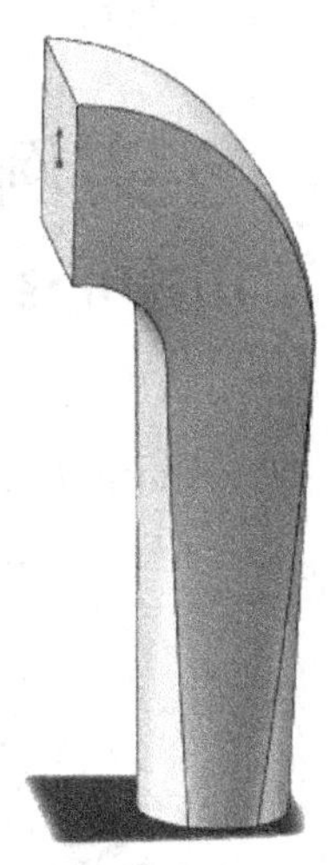

图 20-8　使用中心线控制的放样操作

（7）完整实例教程 20 放样实例 4 模型创建完成，如图 20-9 所示。选择菜单“文件”→“另存为”命令，在弹出的“另存为”对话框将文件命名为“实例教程 20 放样实例 4 . SLDPRT”，单击“保存”按钮。

图 20-9　使用中心线控制的放样实例 4

实例教程 21　吊钩
——使用中心线控制的放样特征创建的吊钩

扫一扫
观看视频讲解

创建如图 21-1 所示的吊钩。

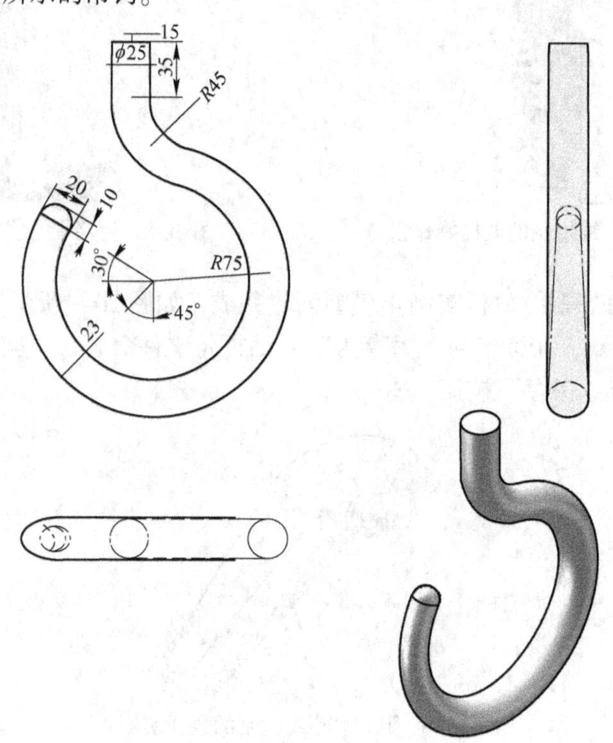

图 21-1　吊钩模型

实例分析：本例中的吊钩模型是使用中心线控制的放样模型。该吊钩模型中三个轮廓截面都与中心线垂直，中心线与轮廓相交于轮廓内部。

绘制步骤：

（1）启动 SolidWorks 软件，选择菜单“文件”→“新建”命令，在弹出的新建文件对话框中选择“零件”，单击“确定”按钮，进入零件设计界面。

（2）从特征管理器中选择“前视基准面”，单击“正视于”按钮，单击“草图绘制”按钮，进入草图绘制界面。单击“中心线”按钮，分别绘制过原点的水平中心线和竖直中心线，再以原点为右下端点绘制 1 条与水平中心线成 30°夹角的中心线。以原点为右上端点绘制 1 条与水平中心线成 45°夹角的中心线。单击“圆心/起/终点画弧”按钮，绘制圆心位于原点 *R*75 的圆弧。单击“3 点圆弧”按钮，绘制 *R*45 圆弧。单击“直线”按钮，绘制一条与 *R*45 圆弧相连、长为 35 的竖直直线。直线与圆弧、圆弧与圆弧之间添加“相切”几何关系，两条斜中心线的左端点与 *R*75 圆弧之间分别添加“重合”几何关系，完成图 21-2 所示的草图 1，并退出草图绘制。

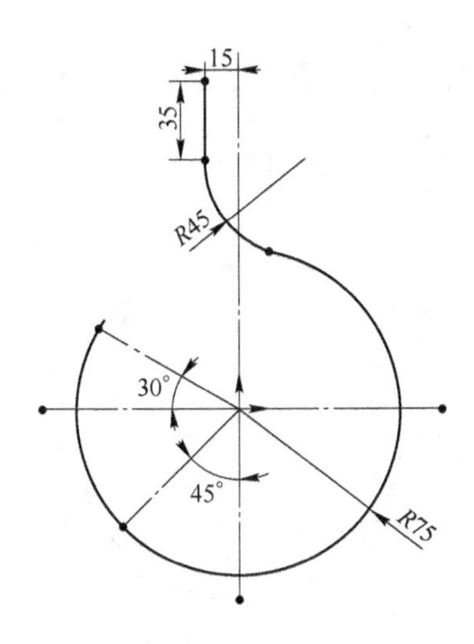

图 21-2 在前视基准面上绘制草图 1

（3）选择菜单“插入”→“参考几何体”→“基准面”命令，系统弹出“基准面”属性管理器。创建与上视基准面平行，过草图 1 中直线上端点的基准面 1，结果如图 21-3 所示。单击“确定”按钮完成基准面 1 的创建，如图 21-4 所示。

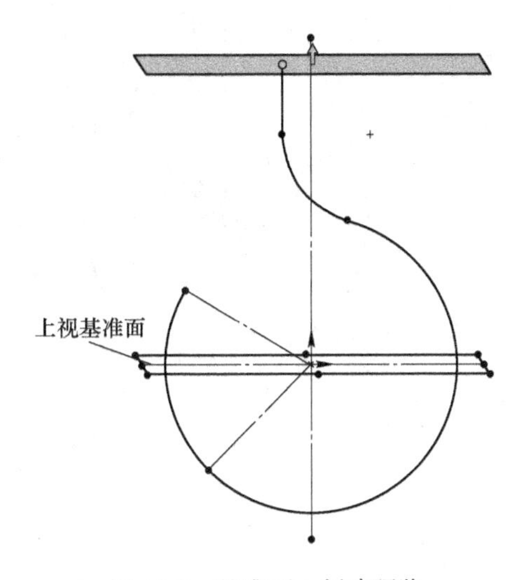

图 21-3 基准面 1 创建预览

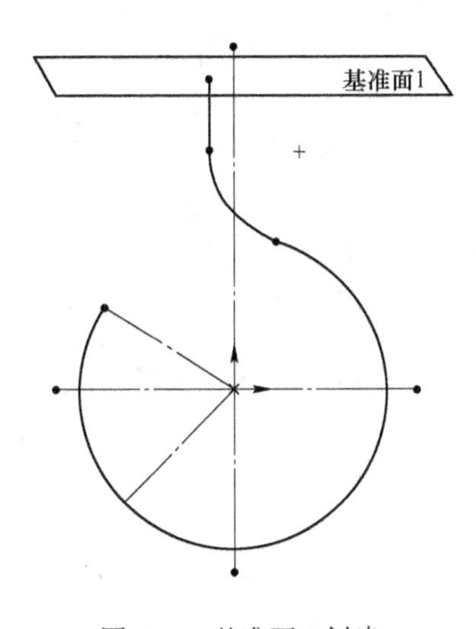

图 21-4 基准面 1 创建

（4）从特征管理器中选择“基准面 1”，单击“正视于”按钮，单击“草图绘制”按钮，进入草图绘制界面。单击“圆”按钮，绘制圆心位于直线上端点 $\phi25$ 的圆，完成图 21-5 所示的草图 2，并退出草图绘制。

（5）选择菜单“插入”→“参考几何体”→“基准面”命令，系统弹出“基准面”属性管理器。创建与 $R75$ 圆弧垂直，并过草图 1 中与水平中心线成 45°夹角的中心线段左下端点的基准面 2，结果如图 21-6 所示。单击“确定”按钮完成基准面 2 的创建，如图 21-7 所示。

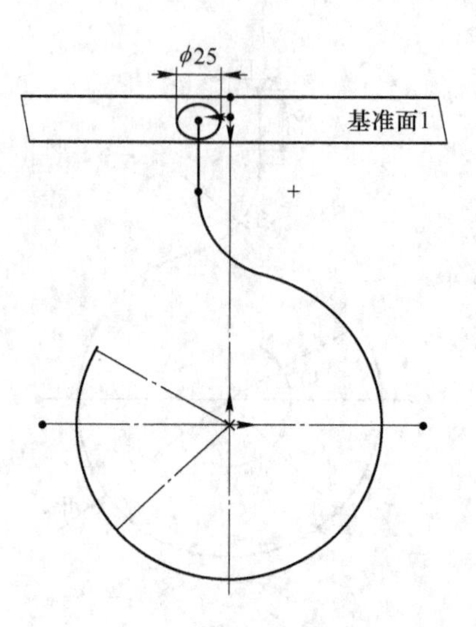

图 21-5 在基准面 1 上绘制草图 2

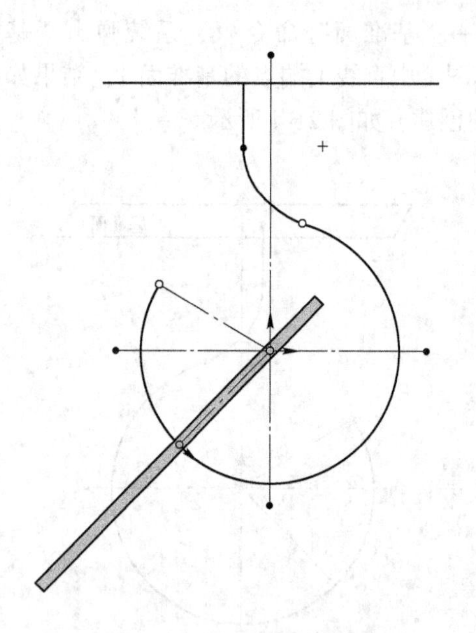

图 21-6 基准面 2 创建预览

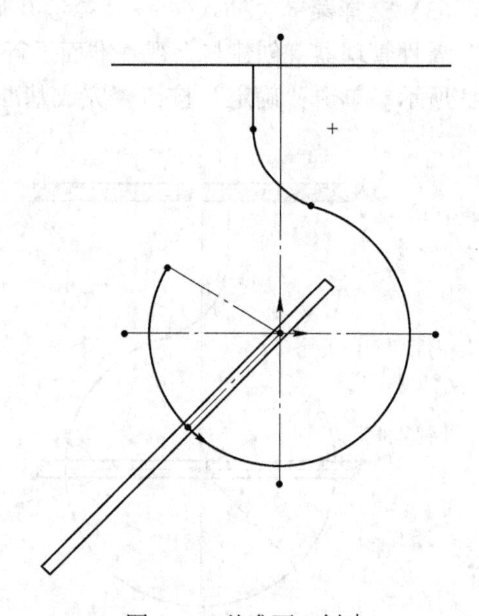

图 21-7 基准面 2 创建

（6）从特征管理器中选择“基准面 2”，单击“正视于”按钮，单击“草图绘制”按钮，进入草图绘制界面。单击“椭圆”按钮，绘制中心位于与水平中心线成 45°夹角的中心线段左下端点的椭圆，椭圆长轴长 27，短轴长为 23，短轴与水平中心线成 45°夹角的中心线重合，完成图 21-8 所示的草图 3，并退出草图绘制。

（7）选择菜单“插入”→“参考几何体”→“基准面”命令，系统弹出“基准面”属性管理器。创建与 *R*75 圆弧垂直，并过草图 1 中与水平中心线成 30°夹角的中心线段左上端点的基准面 3，结果如图 21-9 所示。单击“确定”按钮完成基准面 3 的创建，如图 21-10 所示。

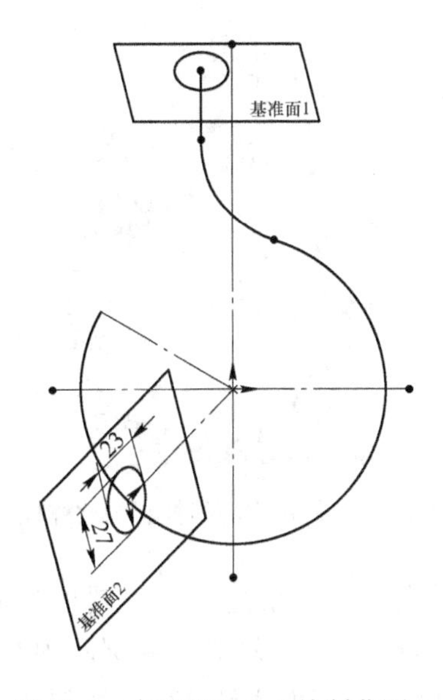

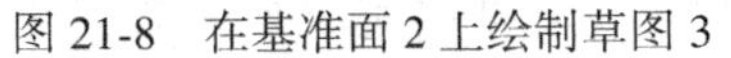

图 21-8　在基准面 2 上绘制草图 3

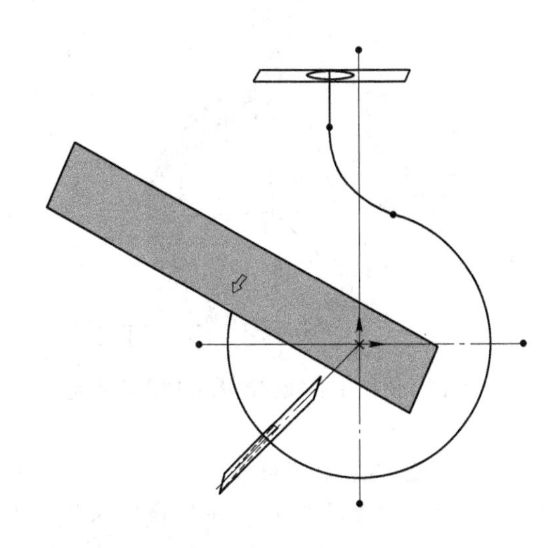

图 21-9　基准面 3 创建预览

（8）从特征管理器中选择“基准面 3”，单击“正视于”按钮，单击“草图绘制”按钮，进入草图绘制界面。单击“椭圆”按钮，绘制中心位于与水平中心线成 30°夹角的中心线段左上端点的椭圆，椭圆长轴长 20，长轴与水平中心线成 30°夹角的中心线重合，短轴长为 12，完成图 21-11 所示的草图 4，并退出草图绘制。

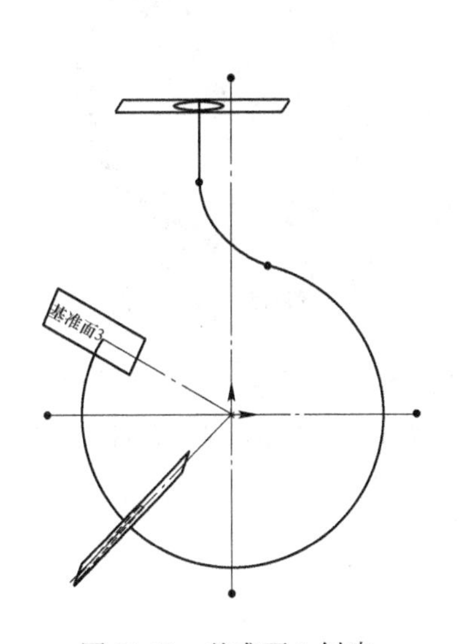

图 21-10　基准面 3 创建

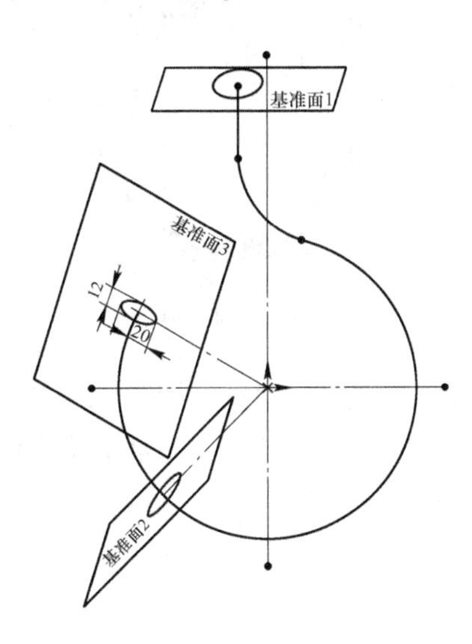

图 21-11　在基准面 3 上绘制草图 4

（9）单击“特征”切换到特征创建面板，在特征栏中选择“放样凸台/基体”命令，系统弹出“放样”属性管理器。“放样轮廓”依次选择草图 2、草图 3 和草图 4，“中心线”选择草图 1，其他采用默认设置，结果如图 21-12 所示。单击“确定”按钮完成放样特征操作，并将三个基准面隐藏，如图 21-13 所示。

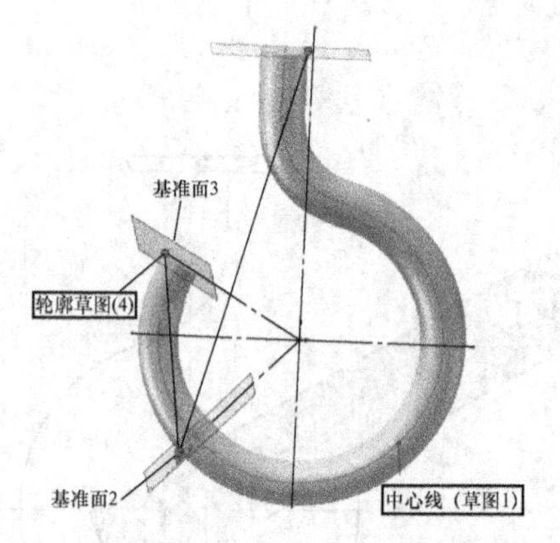

图 21-12 使用中心线控制的放样操作预览

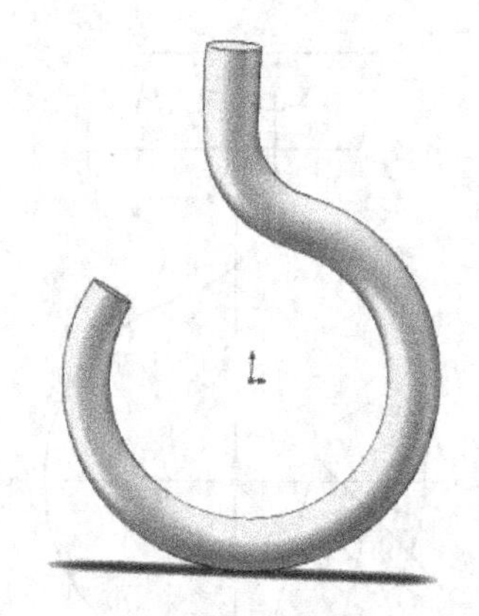
图 21-13 使用中心线控制的放样操作

(10) 选择菜单“插入”→“特征”→“圆顶”命令，系统弹出“圆顶”属性管理器。“到圆顶的面”选择吊钩模型末端椭圆面，距离设为 10，勾选“椭圆圆顶”选项，其他采用默认设置，结果如图 21-14 所示。单击“确定”按钮完成圆顶的创建，如图 21-15 所示。

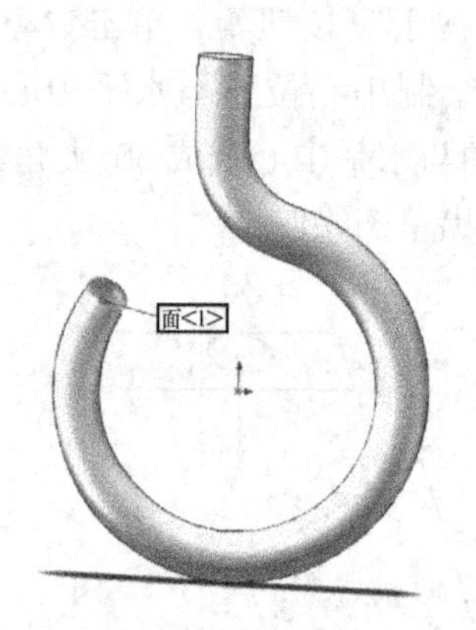

图 21-14 圆顶操作预览

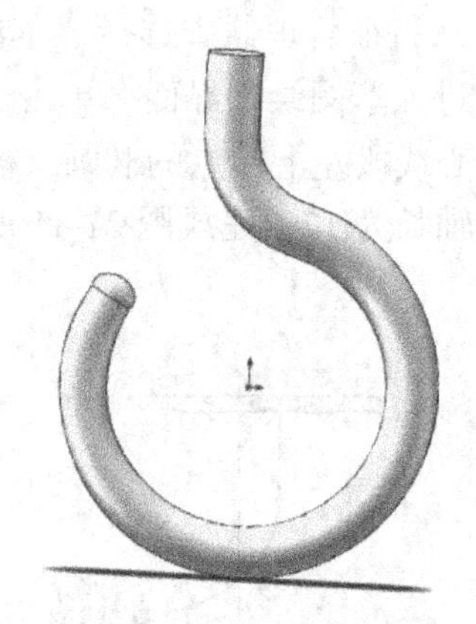
图 21-15 圆顶操作

(11) 完整实例教程 21 吊钩模型创建完成。选择菜单“文件”→“另存为”命令，在弹出的“另存为”对话框将文件命名为“实例教程 21 吊钩 . SLDPRT”，单击“保存”按钮。

实例教程 22　方形盘
——使用 4 条引导线控制的放样特征创建的方形盘

创建如图 22-1 所示的方形盘。

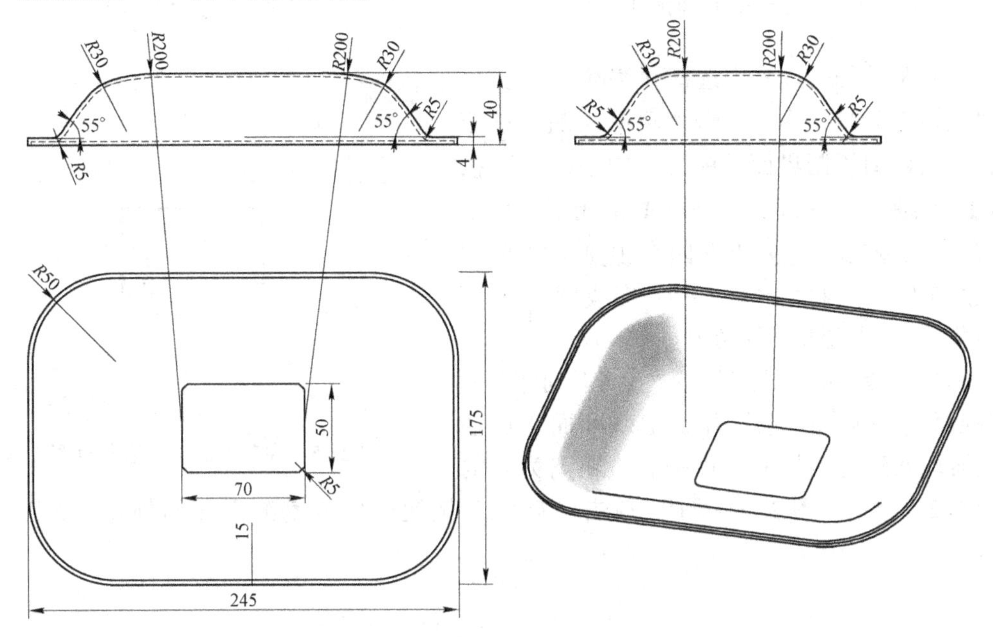

图 22-1　方形盘

实例分析：本例中方形盘是借助 4 条引导线控制的放样创建的模型。需要注意的是 4 条引导线虽然草图绘制形状一样，但却是 4 个不同的草图，即 4 个独立的草图。4 个草图之间不能利用镜向操作完成，需单独绘制。

绘制步骤：

（1）启动 SolidWorks 软件，选择菜单“文件”→“新建” 命令，在弹出的新建文件对话框中选择“零件”，单击“确定”按钮，进入零件设计界面。

（2）从特征管理器中选择“上视基准面”，单击“正视于”按钮，单击“草图绘制”按钮，进入草图绘制界面。单击“中心矩形”按钮，绘制中心位于原点 245×175 的矩形。单击“圆角”命令，选择矩形 4 个顶点为“要圆角化的实体”，圆角半径为 $R50$，完成图 22-2 所示的草图 1，并退出草图绘制。

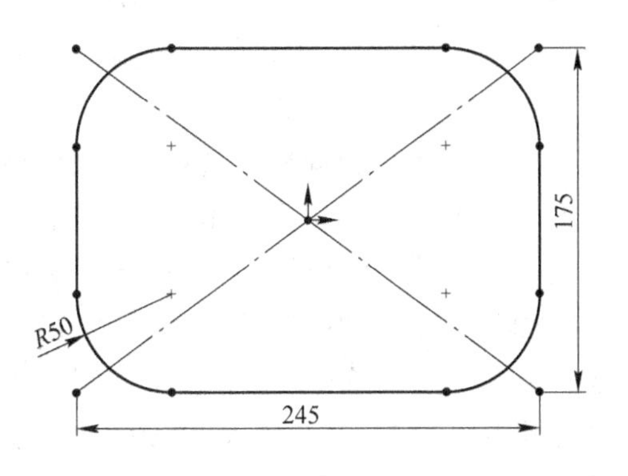

图 22-2　在上视基准面上绘制草图 1

（3）选择菜单“插入”→“参考几何体”→“基准面”命令，系统弹出“基准面”属性管理器。创建与上视基准面平行，距离为 40 的基准面 1，结果如图 22-3 所示。单击“确定”按钮完成基准面 1 的创建，如图 22-4 所示。

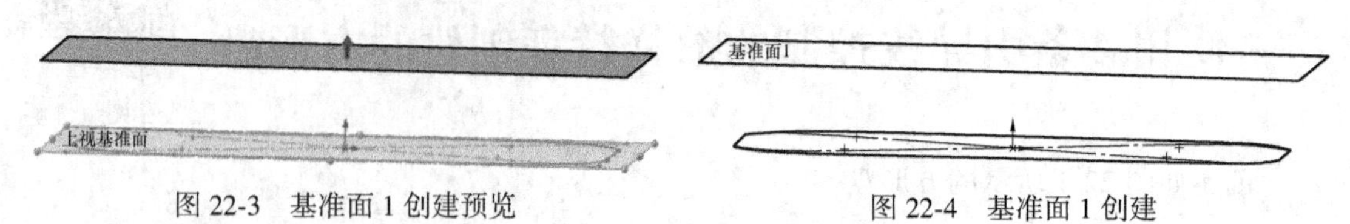

图 22-3　基准面 1 创建预览

图 22-4　基准面 1 创建

（4）从特征管理器中选择“基准面 1”，单击“正视于”按钮，单击“草图绘制”按钮，进入草图绘制界面。单击“中心矩形”按钮，绘制中心位于原点 70×50 的矩形。单击“圆角”命令，选择矩形四个顶点为“要圆角化的实体”，圆角半径为 *R*5，完成图 22-5 所示的草图 2，并退出草图绘制。

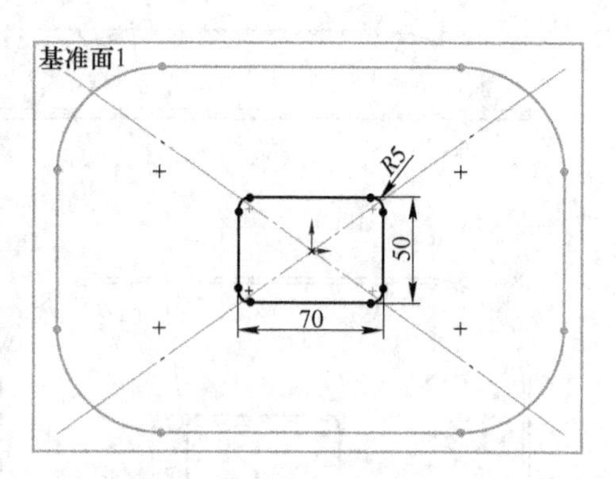

图 22-5　在基准面 1 上绘制草图 2

（5）选择菜单“插入”→“参考几何体”→“基准面”命令，系统弹出“基准面”属性管理器。创建与上视基准面平行，距离为 4 的基准面 2，结果如图 22-6 所示。单击“确定”按钮完成基准面 2 的创建，如图 22-7 所示。

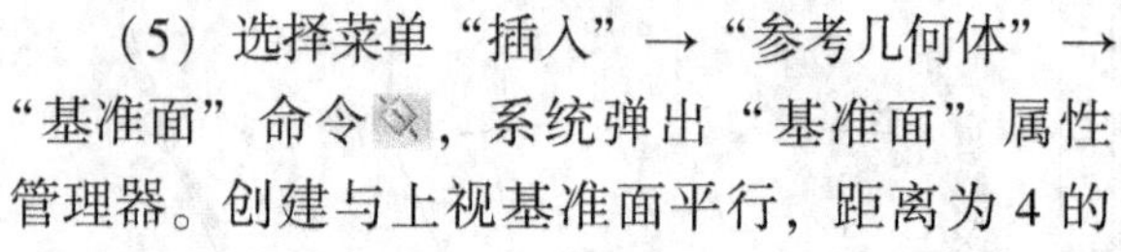

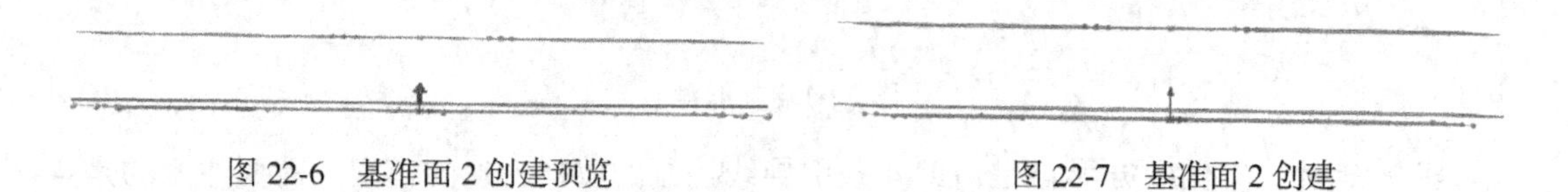

图 22-6　基准面 2 创建预览

图 22-7　基准面 2 创建

（6）从特征管理器中选择“基准面 2”，单击“正视于”按钮，单击“草图绘制”按钮，进入草图绘制界面。单击“等距实体”按钮，将草图 1 矩形向内等距 15mm，得到图 22-8 所示的草图 3，退出草图绘制，并隐藏基准面 1 和基准面 2。

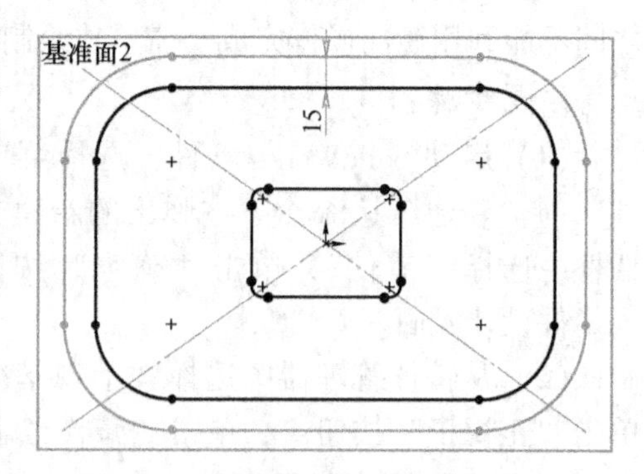

图 22-8　在基准面 2 上绘制草图 3

（7）从特征管理器中选择“前视基准面”，单击“正视于”按钮，单击“草图绘制”按钮，进入草图绘制界面。单击“3 点圆弧”按钮，绘制 *R*200 圆弧。单击“直线”按钮，依次绘制一条与圆弧相连的斜线、一条水平直线和一条竖直直线，其中斜线与水平直线之间夹角为 55°。选中 *R*200 圆弧与草图 2，添加“相切”几何关系，选中 *R*200 圆弧左端点与草图 2 右边直线，添加“穿透”几何关系。选中竖直直线下端点和草图 1 右边直线，添加“穿透”几何关系。最后在斜线上端点和下端点处分别添加 *R*30 和 *R*5 的圆角。选中 *R*5 圆角下端点和草图 3 左边直线，添加“穿透”几何关系，完成图 22-9 所示的草图 4，并退出草图绘制。

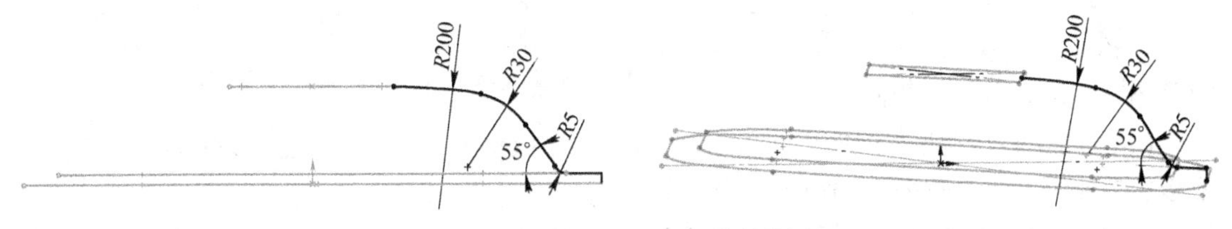

图 22-9　在前视基准面上绘制草图 4

（8）重复步骤（7）。从特征管理器中选择“前视基准面”，单击“正视于”按钮，单击“草图绘制”按钮，进入草图绘制界面。单击“3 点圆弧”按钮，绘制 *R*200 圆弧。单击“直线”按钮，依次绘制一条与圆弧相连的斜线、一条水平直线和一条竖直直线，其中斜线与水平直线之间夹角为 55°。选中 *R*200 圆弧与草图 2，添加“相切”几何关系，选中 *R*200 圆弧右端点与草图 2 左边直线，添加“穿透”几何关系。选中竖直直线下端点和草图 1 左边直线，添加“穿透”几何关系。最后在斜线上端点和下端点处分别添加 *R*30 和 *R*5 的圆角。选中 *R*5 圆角下端点和草图 3 左边直线，添加“穿透”几何关系，完成图 22-10 所示的草图 5，并退出草图绘制。

（9）重复步骤（7）。从特征管理器中选择“右视基准面”，单击“正视于”按钮，单击“草图绘制”按钮，进入草图绘制界面。单击“3 点圆弧”按钮，绘制 *R*200 圆弧。单击“直线”按钮，依次绘制一条与圆弧相连的斜线、一条水平直线和一条竖直直线，其中斜线与水平直线之间夹角为 55°。选中 *R*200 圆弧与草图 2，添加“相切”几何关系，选中 *R*200 圆弧左端点与草图 2 右边直线，添加“穿透”几何关系。选中竖直直线下端点和草图 1 右边直线，添加“穿透”几何关系。最后在斜线上端点和下端点处分别添加 *R*30 和 *R*5 的圆角。选中 *R*5 圆角下端点和草图 3 右边直线，添加“穿透”几何关系，完成图 22-11 所示的草图 6，并退出草图绘制。

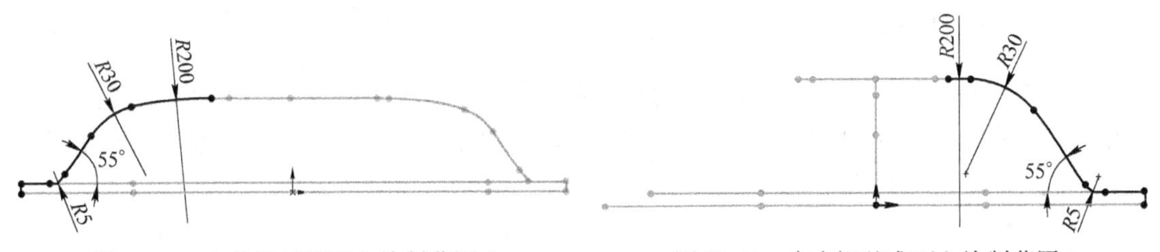

图 22-10　在前视基准面上绘制草图 5　　图 22-11　在右视基准面上绘制草图 6

（10）重复步骤（7）。从特征管理器中选择“右视基准面”，单击“正视于”按钮，单击“草图绘制”按钮，进入草图绘制界面。单击“3 点圆弧”按钮，绘制 *R*200 圆弧。单击“直线”按钮，依次绘制一条与圆弧相连的斜线、一条水平直线和一条竖直直线，其中斜线与水平直线之间夹角为 55°。选中 *R*200 圆弧与草图 2，添加“相切”几何关系，选中 *R*200 圆弧右端点与草图 2 左边直线，添加“穿透”几何关系。选中竖直直线下端点和草图 1 左边直线，添加“穿透”几何关系。最后在斜线上端点和下端点处分别添加 $R30$ 和 $R5$ 的圆角。选中 $R5$ 圆角下端点和草图 3 左边直线，添加“穿透”几何关系，完成图 22-12 所示的草图 7，并退出草图绘制。

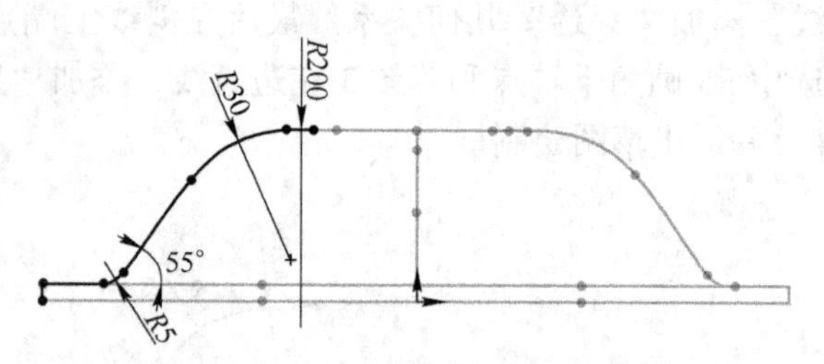

图 22-12 在右视基准面上绘制草图 7

（11）单击“特征”切换到特征创建面板，在特征栏中选择“放样凸台/基体”命令，系统弹出“放样”属性管理器。“放样轮廓”从上至下依次选择草图 2、草图 3 和草图 1，“引导线”依次选择草图 4、草图 5、草图 6 和草图 7，其他采用默认设置，结果如图 22-13 所示。单击“确定”按钮完成放样特征操作，如图 22-14 所示。

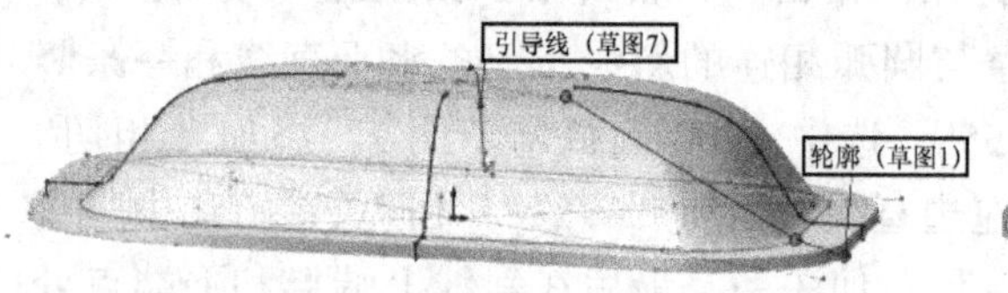

图 22-13 使用多引导线控制的放样操作预览

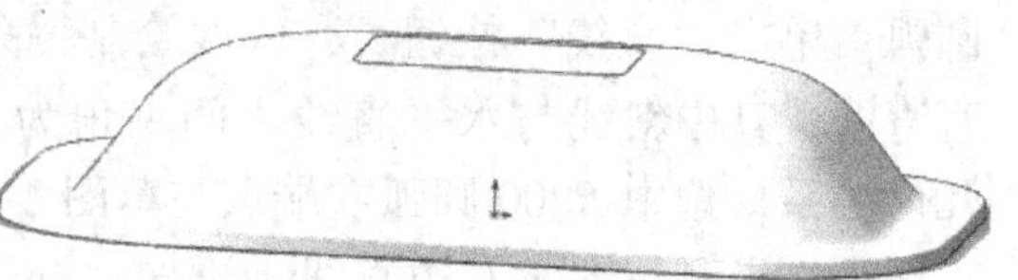

图 22-14 使用多引导线控制的放样操作

（12）单击特征栏上的“抽壳”按钮，系统弹出“抽壳”属性管理器。抽壳厚度设为 2，要移除的面选中方形盘上端面，结果如图 22-15 所示。单击“确定”按钮完成抽壳操作，如图 22-16 所示。

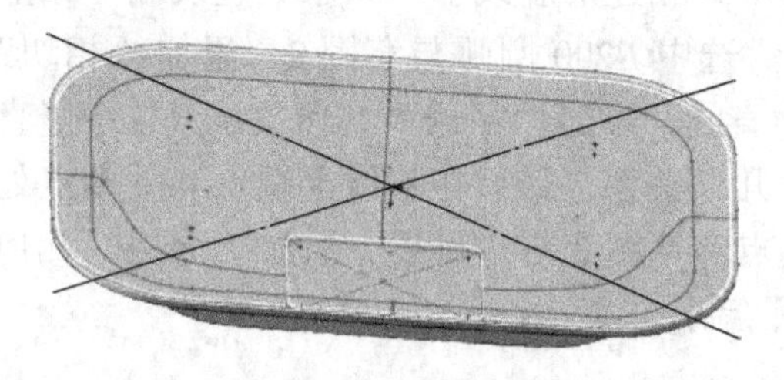

图 22-15 抽壳操作预览

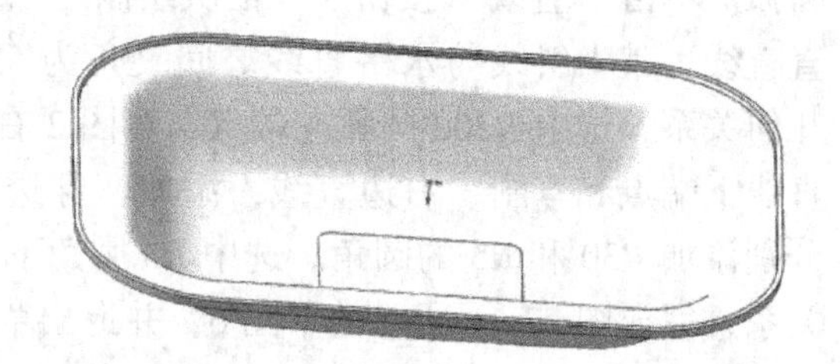

图 22-16 抽壳操作

（13）完整实例教程 22 方形盘创建完成，如图 22-16 所示。选择菜单“文件”→“另存为”命令，在弹出的“另存为”对话框将文件命名为“实例教程 22 方形盘.SLDPRT”，单击“保存”按钮。

实例教程 23　儿童玩具篮
——使用拉伸、切除拉伸、多次圆角和抽壳特征创建的儿童玩具篮

扫一扫
观看视频讲解

创建如图 23-1 所示的儿童玩具篮。

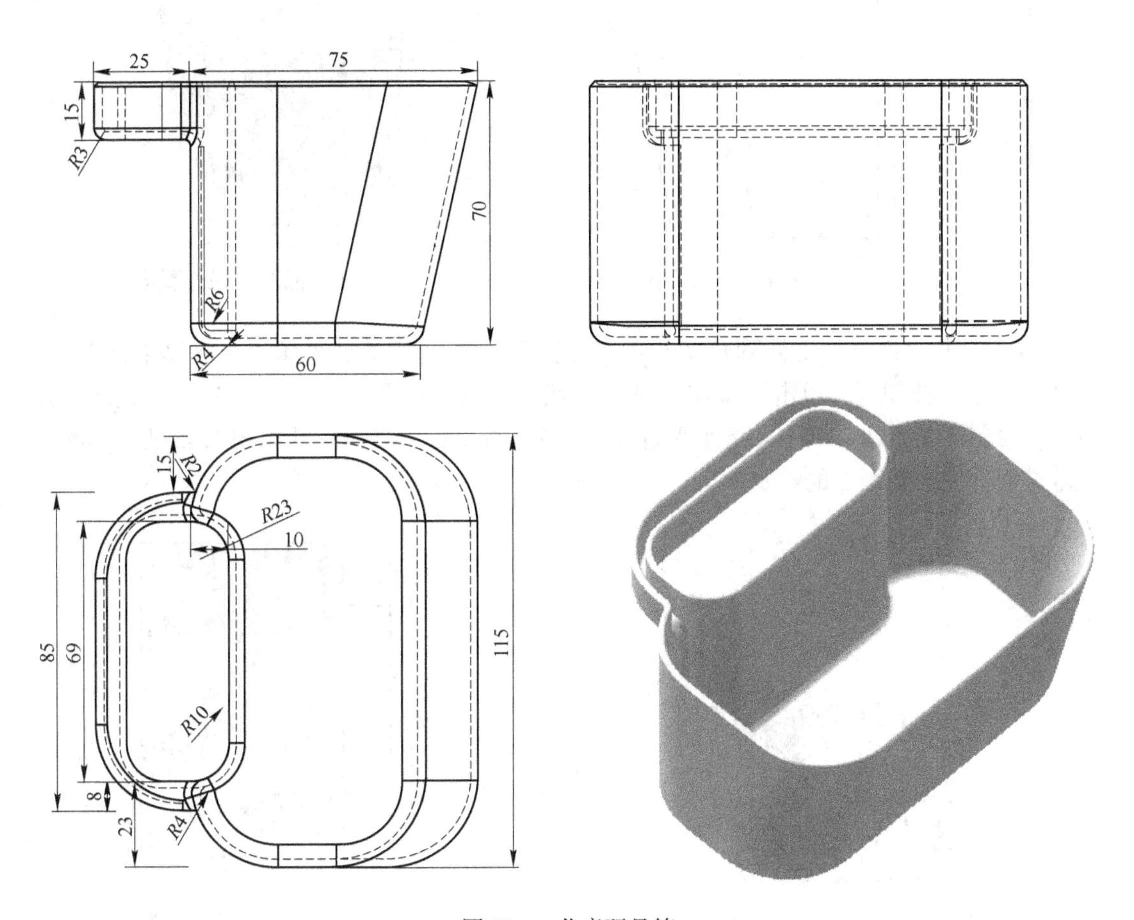

图 23-1　儿童玩具篮

实例分析：本例中的儿童玩具篮设计过程借助两次凸台拉伸、切除拉伸、多次圆角和抽壳特征完成。需要注意圆角顺序和抽壳顺序过程中所用到的技巧。

绘制步骤：

（1）启动 SolidWorks 软件，选择菜单“文件”→“新建”命令，在弹出的新建文件对话框中选择“零件”，单击“确定”按钮，进入零件设计界面。

（2）从特征管理器中选择“前视基准面”，单击“正视于”按钮，单击“草图绘制”按钮，进入草图绘制界面。单击“直线”按钮，绘制 4 条直线。一条是以原点为左端点、长为 75 的水平直线，一条是以原点为上端点、长为 70 的竖直直线，一条是长

为 60 的水平直线，以及一条斜线，如图 23-2 所示。

（3）单击“特征”切换到特征创建面板，在特征栏中选择“拉伸凸台/基体”命令，系统弹出“凸台-拉伸”属性管理器。在“方向 1（1）”栏的“终止条件”选择框中选择“给定深度”，深度设为 115，单击“反向”图标按钮，其他采用默认设置，结果如图 23-3 所示。单击“确定”按钮完成拉伸特征操作，如图 23-4 所示。

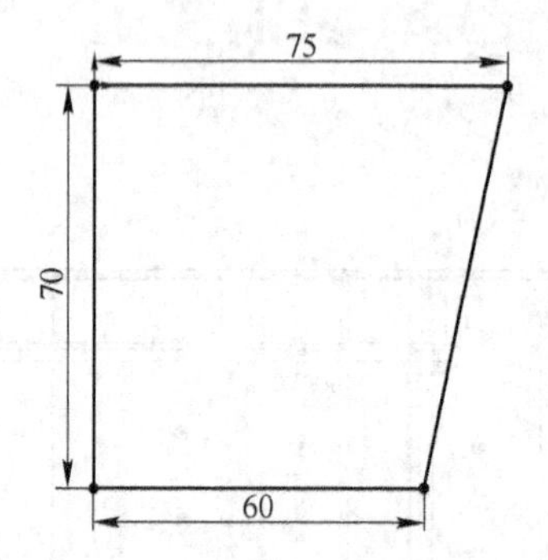

图 23-2 在前视基准面上绘制草图 1

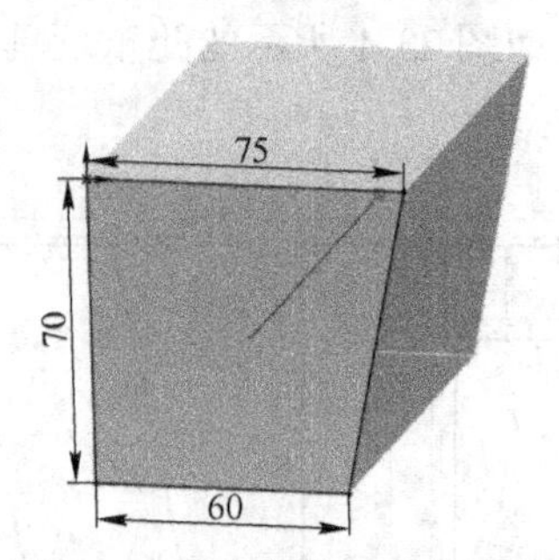

图 23-3 凸台拉伸 1 操作预览

（4）单击“草图”切换到草图绘制界面。从特征管理器中选择“上视基准面”，单击“正视于”按钮，单击“草图绘制”按钮，进入草图绘制界面。单击“直线”按钮，绘制 8 条直线，其中 4 条水平直线，4 条竖直直线，具体尺寸如图 23-5 所示，在上视基准面上完成草图 2 的绘制。

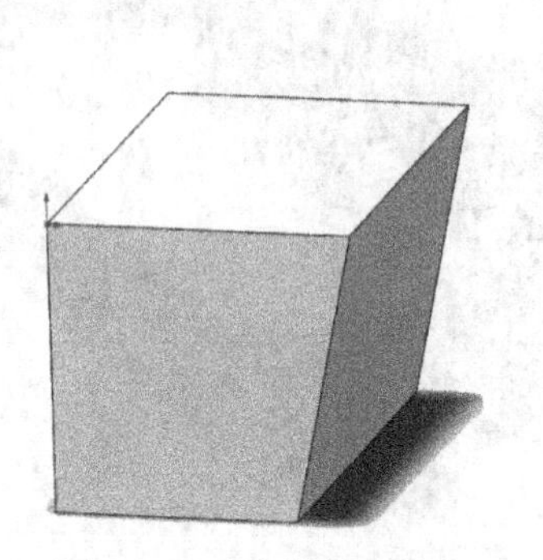

图 23-4 凸台拉伸 1 操作

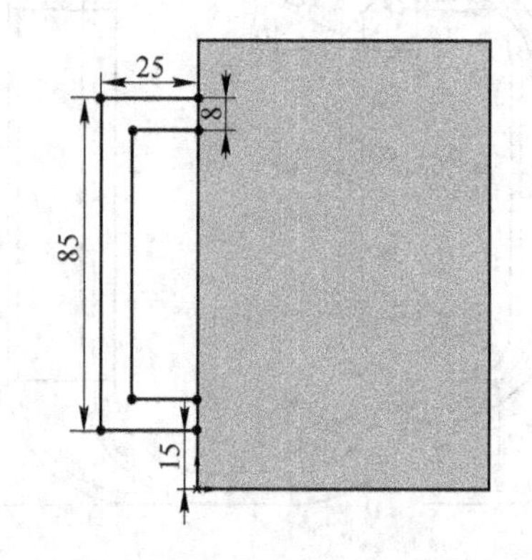

图 23-5 在上视基准面上绘制草图 2

（5）单击“特征”切换到特征创建面板，在特征栏中选择“拉伸凸台/基体”命令，系统弹出“凸台-拉伸”属性管理器。在“方向 1（1）”栏的“终止条件”选择框中选择“给定深度”，深度设为 15，单击“反向”图标按钮，其他采用默认设置，结果如图 23-6 所示。单击“确定”按钮完成拉伸特征操作，如图 23-7 所示。

（6）单击“草图”切换到草图绘制界面。从特征管理器中选择“右视基准面”，单击“正视于”按钮，单击“草图绘制”按钮，进入草图绘制界面。单击“边角矩形”按钮，绘制起点位于凸台拉伸 1 实体上端面、终点位于凸台拉伸 1 实体下端面、大小为 69×70 的矩形，矩形左边距凸台拉伸 1 实体左端面 23，完成如图 23-8 所示的草图 3。

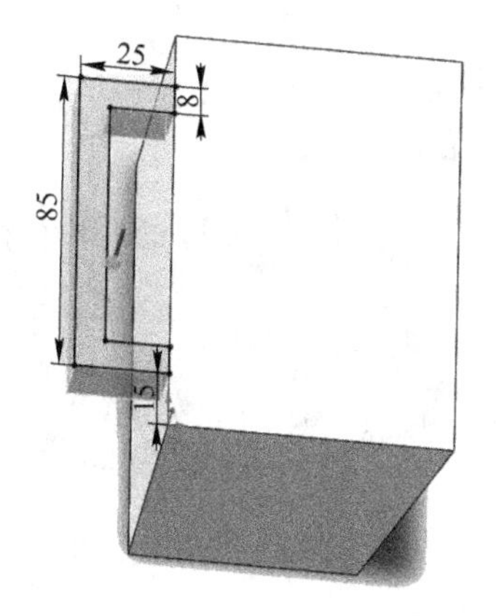

图 23-6　凸台拉伸 2 操作预览

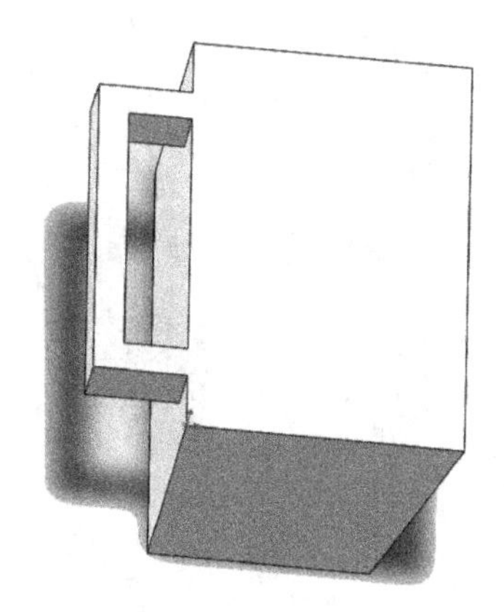

图 23-7　凸台拉伸 2 操作

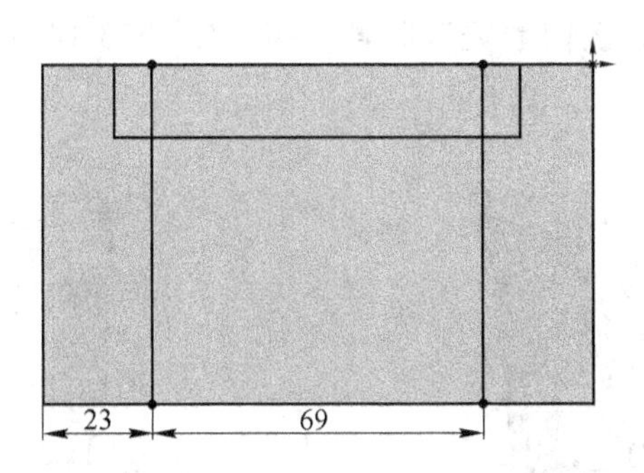

图 23-8　在右视基准面上绘制草图 3

（7）在特征栏中选择“拉伸切除”命令，系统弹出“切除-拉伸”属性管理器。在“方向 1（1）”栏的“终止条件”选择框中选择“给定深度”，深度设为 10，其他采用默认设置，结果如图 23-9 所示。单击“确定”按钮完成切除拉伸特征操作，如图 23-10 所示。

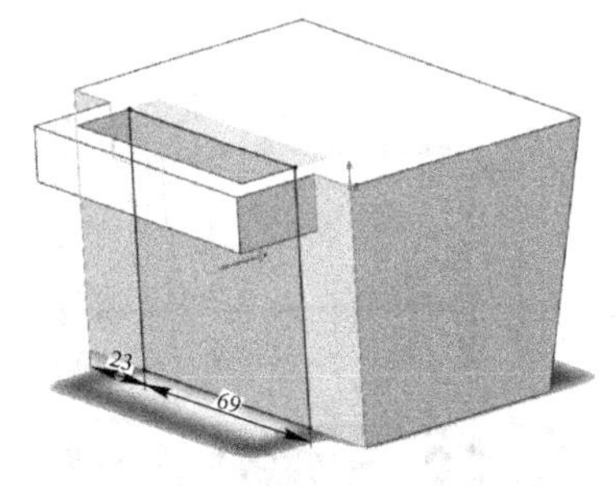

图 23-9　切除拉伸 1 操作预览

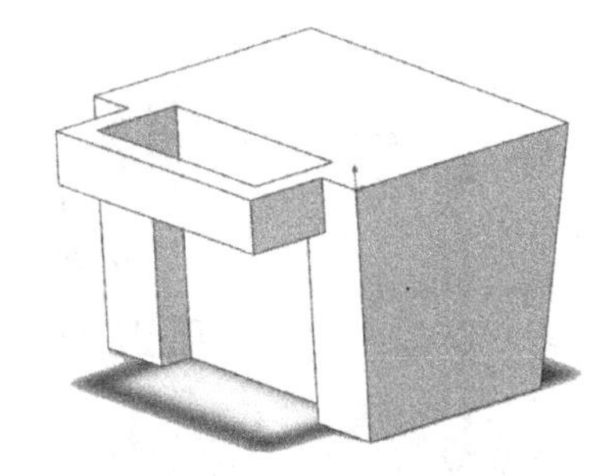

图 23-10　切除拉伸 1 操作

（8）单击特征栏上的“圆角”按钮，系统弹出“圆角”属性管理器。圆角类型选择“恒定大小圆角”，圆角项目选择儿童玩具篮模型上的 4 条竖边线和扶手处两条边线，圆角半径 R 为 23，结果如图 23-11 所示。单击“确定”按钮完成圆角操作，如图 23-12 所示。

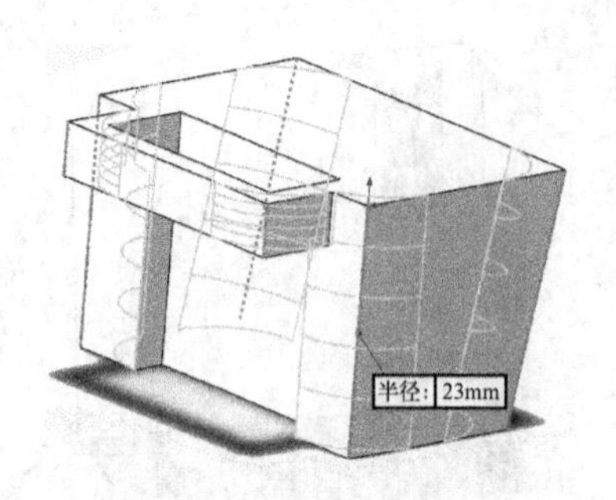

图 23-11　圆角 1 操作预览

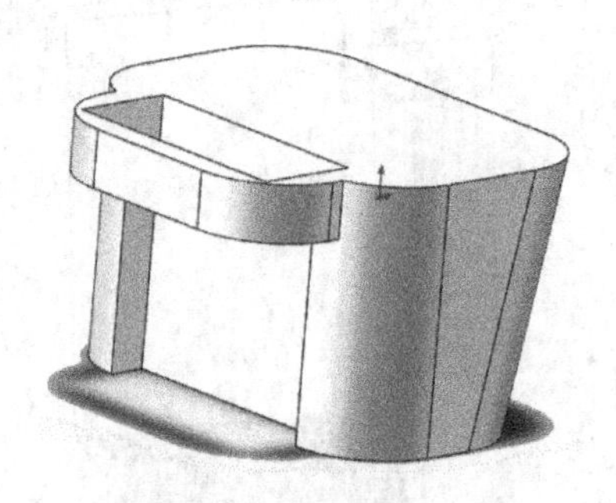

图 23-12　圆角 1 操作

（9）重复步骤（8），圆角项目选择模型上的 4 条边线，圆角半径 R 为 10，结果如图 23-13 所示。单击“确定”按钮✔完成圆角操作，如图 23-14 所示。

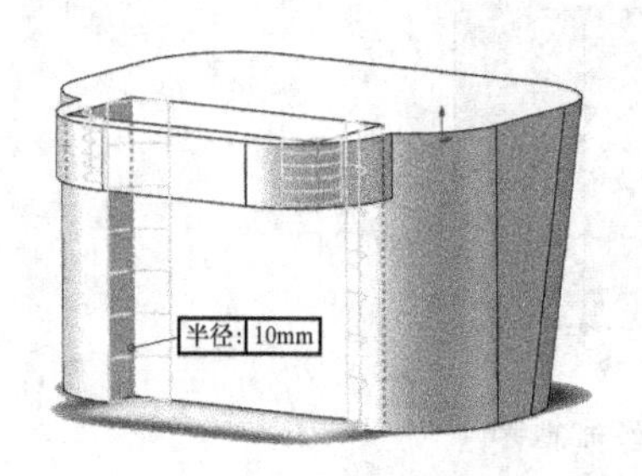

图 23-13　圆角 2 操作预览

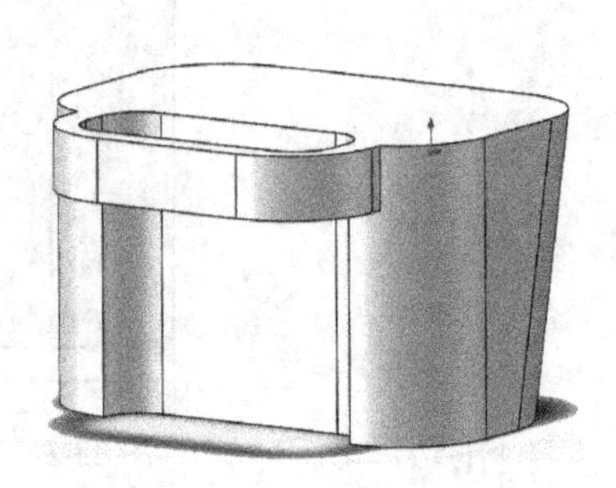

图 23-14　圆角 2 操作

（10）重复步骤（8），圆角项目选择模型底部边线，圆角半径 R 为 6，结果如图 23-15 所示。单击“确定”按钮✔完成圆角操作，如图 23-16 所示。

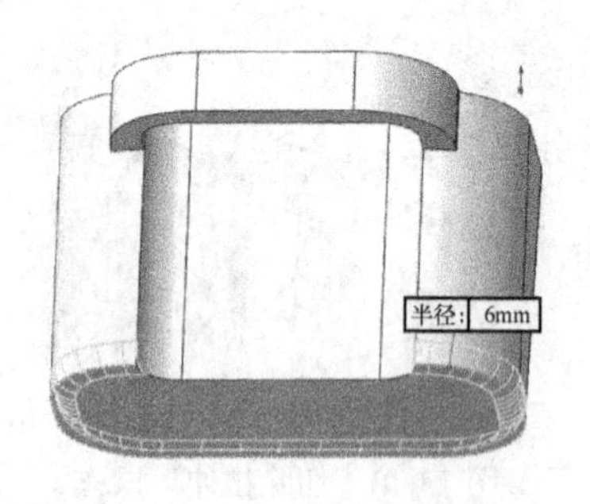

图 23-15　圆角 3 操作预览

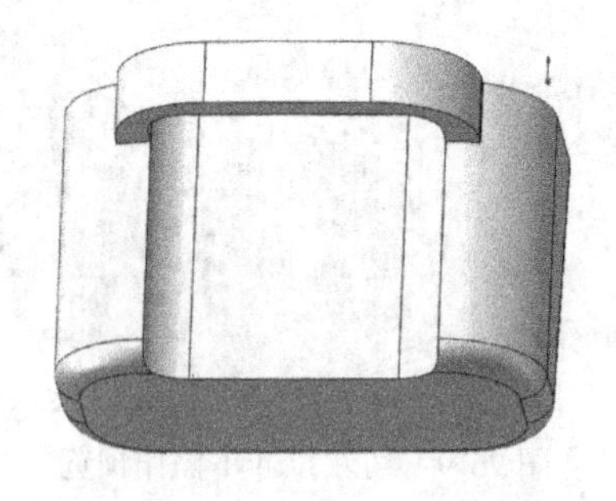

图 23-16　圆角 3 操作

（11）重复步骤（8），圆角项目选择模型侧边边线，圆角半径 R 为 4，结果如图23-17 所示。单击“确定”按钮✔完成圆角操作，如图 23-18 所示。

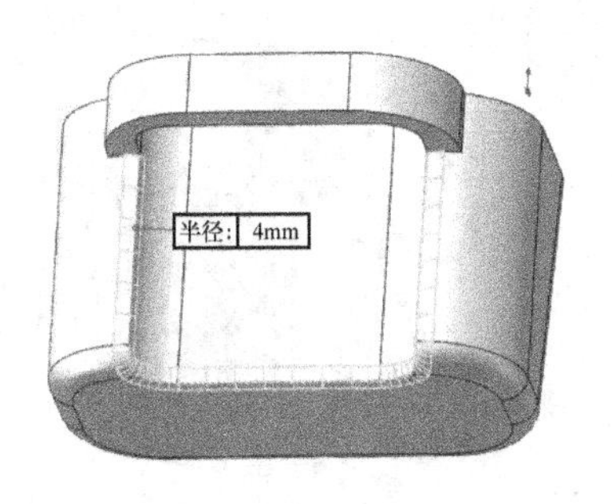

图 23-17　圆角 4 操作预览

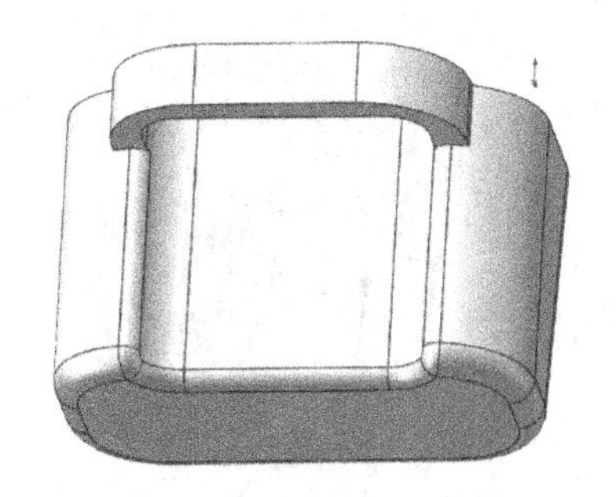

图 23-18　圆角 4 操作

（12）重复步骤（8），圆角项目选择模型扶手下圈边线，圆角半径 *R* 为 3，结果如图 23-19 所示。单击“确定”按钮✓完成圆角操作，如图 23-20 所示。

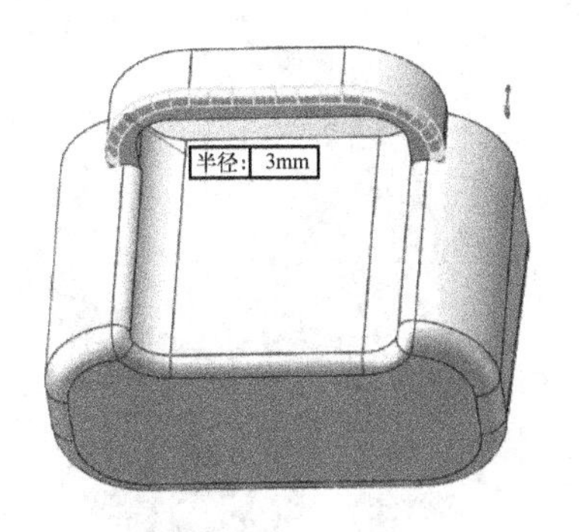

图 23-19　圆角 5 操作预览

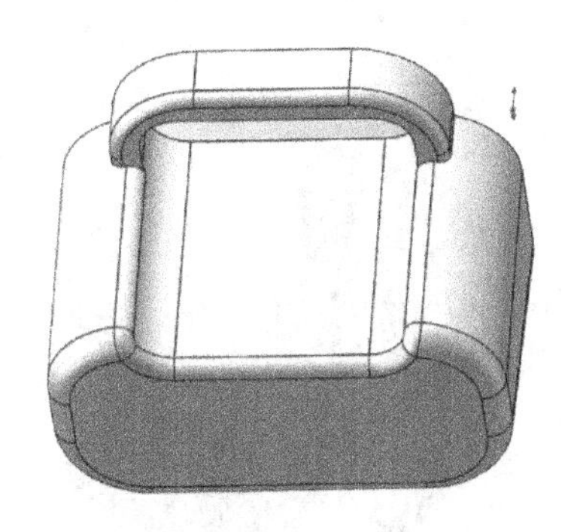

图 23-20　圆角 5 操作

（13）重复步骤（8），圆角项目选择模型扶手两侧边线，圆角半径 *R* 为 2，结果如图 23-21 所示。单击“确定”按钮✓完成圆角操作，如图 23-22 所示。

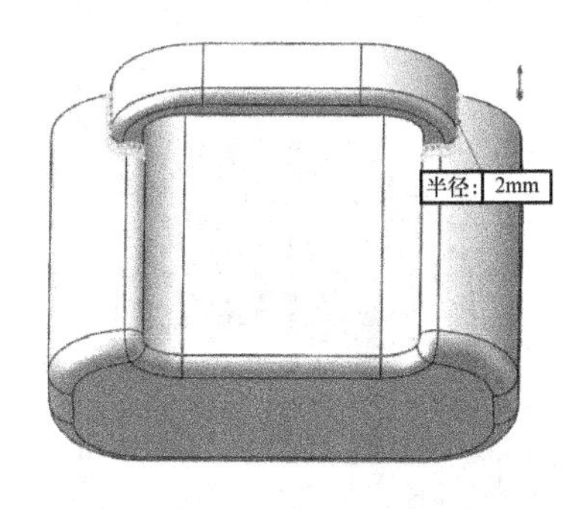

图 23-21　圆角 6 操作预览

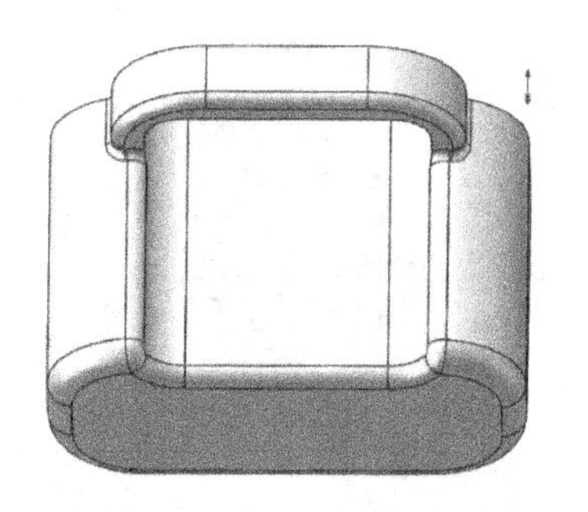

图 23-22　圆角 6 操作

（14）单击特征栏上的“抽壳”按钮，系统弹出“抽壳”属性管理器。抽壳厚度设为 2，要移除的面选择模型上端面，结果如图 23-23 所示。单击“确定”按钮✓完成抽壳操作，如图 23-24 所示。

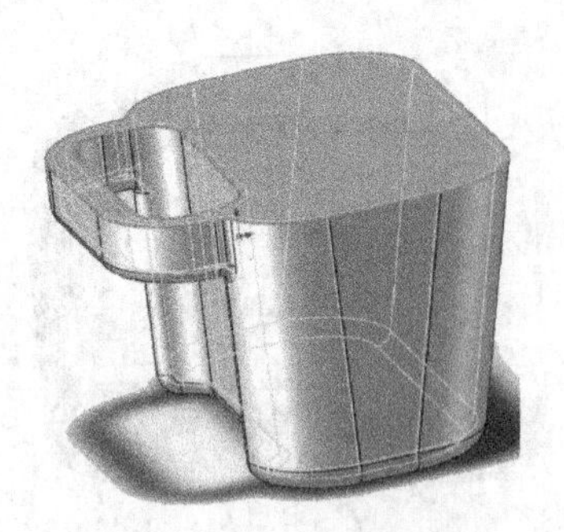
图 23-23　抽壳操作预览

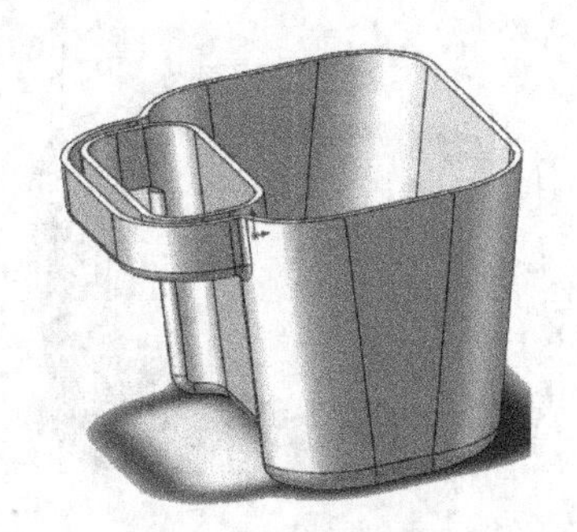
图 23-24　抽壳操作

（15）单击特征栏上的“圆角”按钮，系统弹出“圆角”属性管理器。圆角类型选择“完整圆角”，分别选择玩具篮里面和外面为面组 1 和面组 2，玩具篮中间端面为中央面组，结果如图 23-25 所示。单击“确定”按钮完成圆角操作，如图 23-26 所示。

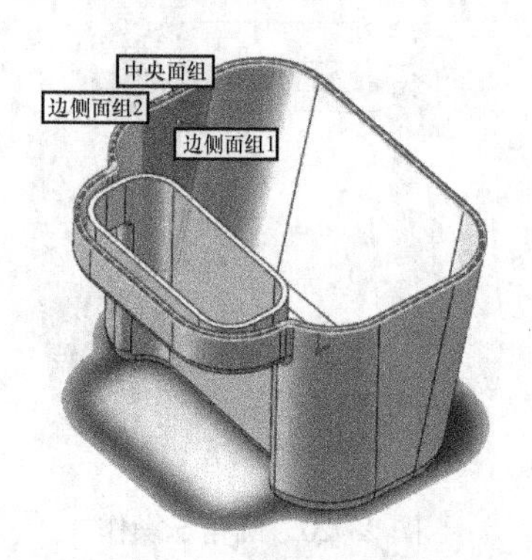

图 23-25　圆角 7 操作预览

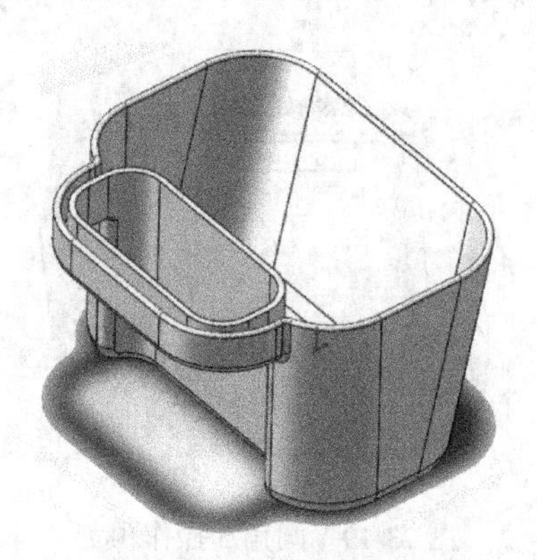
图 23-26　圆角 7 操作

（16）单击特征栏上的“圆角”按钮，系统弹出“圆角”属性管理器。圆角类型选择“完整圆角”，分别选择玩具篮扶手里面和外面为面组 1 和面组 2，玩具篮扶手中间端面为中央面组，结果如图 23-27 所示。单击“确定”按钮完成圆角操作，如图 23-28 所示。

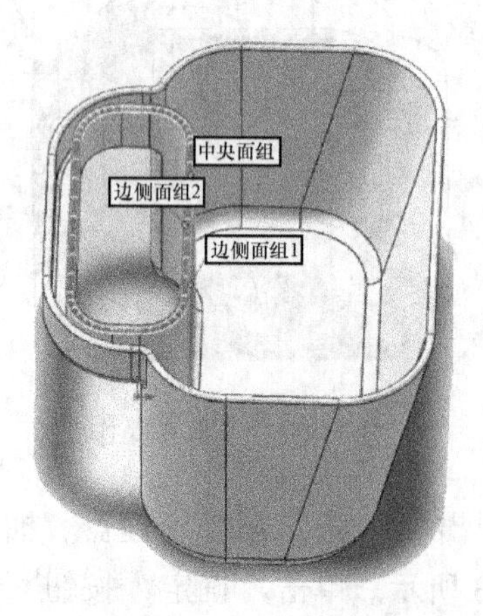

图 23-27　圆角 8 操作预览

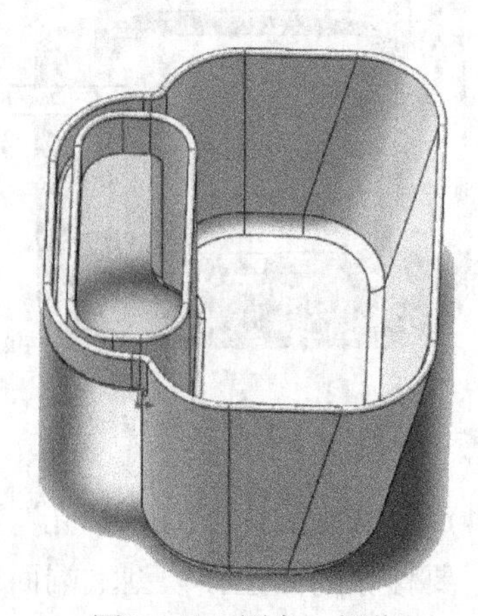
图 23-28　圆角 8 操作

（17）完整实例教程23儿童玩具篮创建完成，如图23-29所示。选择菜单“文件”→“另存为”命令，在弹出的“另存为”对话框将文件命名为“实例教程23儿童玩具篮.SLDPRT”，单击“保存”按钮。

图23-29　儿童玩具篮

对于本实例中的儿童玩具篮的扶手部分除了使用凸台拉伸特征完成，读者也可以尝试采取扫描特征完成。

实例教程 24　环连环
——使用两条路径的扫描特征创建的环连环

创建如图 24-1 所示的环连环。

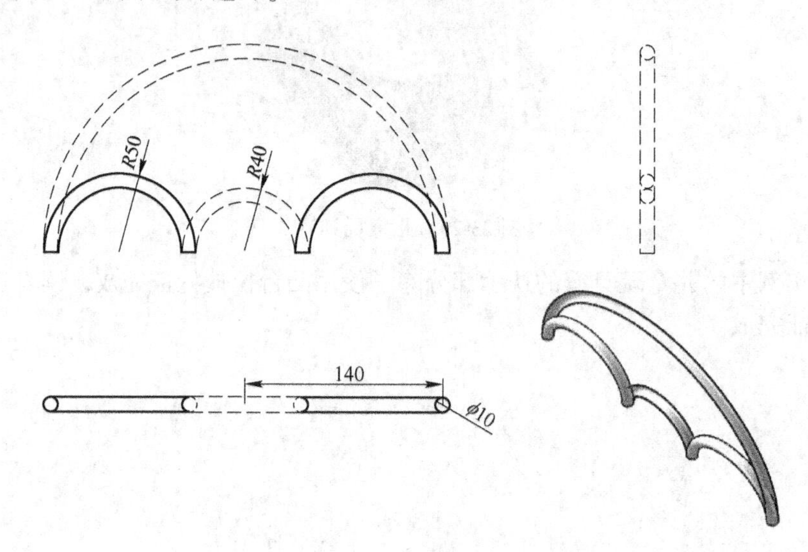

图 24-1　环中环

实例分析：本例中的环连环模型是借助两条路径进行扫描创建的模型。扫描的轮廓为圆形，同一轮廓沿两条路径扫描，而这两条路径是闭合的，为一闭合路径，轮廓和路径分别在不同的基准面上，为两个不同的草图。

绘制步骤：

（1）启动 SolidWorks 软件，选择菜单“文件”→“新建” 命令，在弹出的新建文件对话框中选择“零件”，单击“确定”按钮，进入零件设计界面。

（2）从特征管理器中选择“前视基准面”，单击“正视于”按钮，单击“草图绘制”按钮，进入草图绘制界面。单击“中心线”按钮，绘制一条以原点为中点的水平中心线。单击“圆心/起/终点画弧”按钮，绘制圆心位于原点 $R40$ 的半圆。单击“3点画弧”按钮，在 $R40$ 半圆左右，分别绘制与 $R40$ 半圆相交相切 $R50$ 的半圆。单击“圆心/起/终点画弧”按钮，绘制圆心位于原点，与左右侧 $R50$ 半圆相交相切的半圆，完成图 24-2 所示的草图 1，并退出草图绘制。

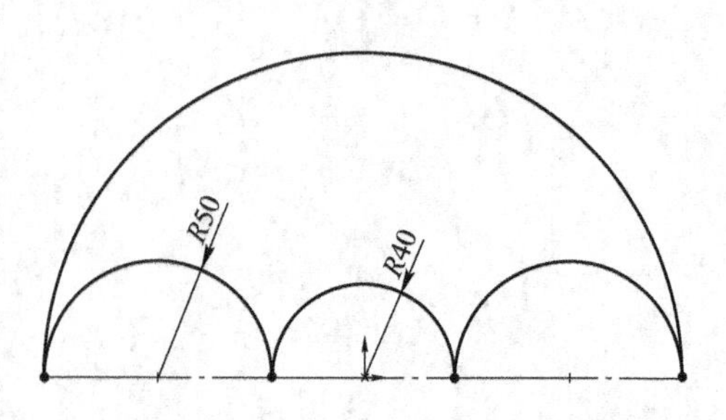

图 24-2　在前视基准面上绘制草图 1

（3）从特征管理器中选择“上视基准面”，单击“正视于”按钮，单击“草图绘制”按钮，进入草图绘制界面。单击“圆”按钮，绘制 ϕ10 的圆，圆心与原点同在一条水平线上，与原点距离为 140，完成图 24-3 所示的草图 2，并退出草图绘制。

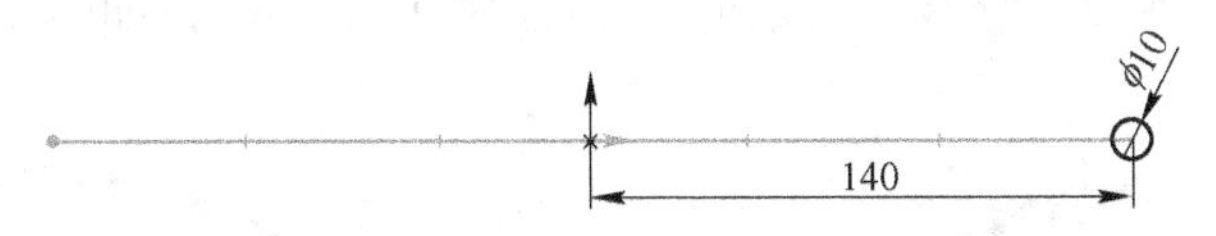

图 24-3　在上视基准面上绘制草图 2

（4）单击“特征”切换到特征创建面板，在特征栏中选择“扫描”命令，系统弹出“扫描”属性管理器。“轮廓”选择草图 2，“路径”选择草图 1，其他采用默认设置，结果如图 24-4 所示。单击“确定”按钮完成扫描特征操作，如图 24-5 所示。

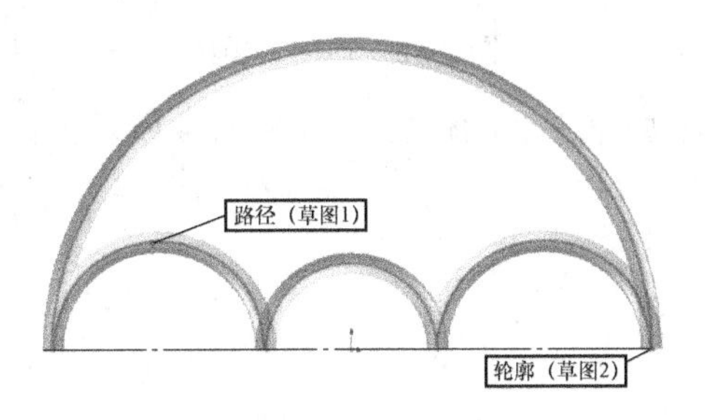

图 24-4　扫描 1 操作预览

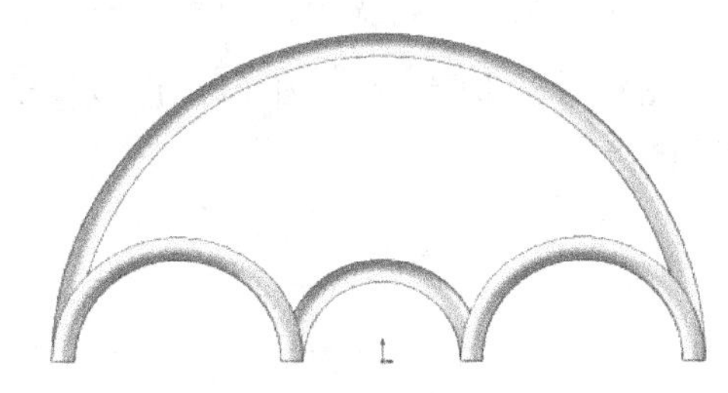

图 24-5　扫描 1 操作

（5）完整实例教程 24 环连环创建完成。选择菜单“文件”→“另存为”命令，在弹出的“另存为”对话框将文件命名为“实例教程 24 环连环 . SLDPRT”，单击“保存”按钮。

本实例中的“环连环”模型，采用扫描特征创建完成。可以看成是一个圆轮廓沿一条闭合路径扫描而得到的模型；也可以看成是同一个圆轮廓沿两条路径进行扫描而得到的模型，而这两条路径之间是相互闭合的。

用一个扫描轮廓和一个扫描路径创建随路径形状变化的扫描特征时，当扫描轮廓的位置发生改变时，经扫描特征创建的模型也会随之发生改变。读者可以自行改变扫描轮廓的位置，得到不同的扫描模型。

（6）在“实例教程 24 环连环”零件的特征管理器中选中扫描 1 下的草图 2，单击鼠标左键，从弹出的快捷菜单中选择“编辑草图”按钮，系统进入草图编辑界面。删除尺寸 140，向原点移动图 24-3 中草图 2 的位置，如图 24-6 所示，并退出草图绘制。

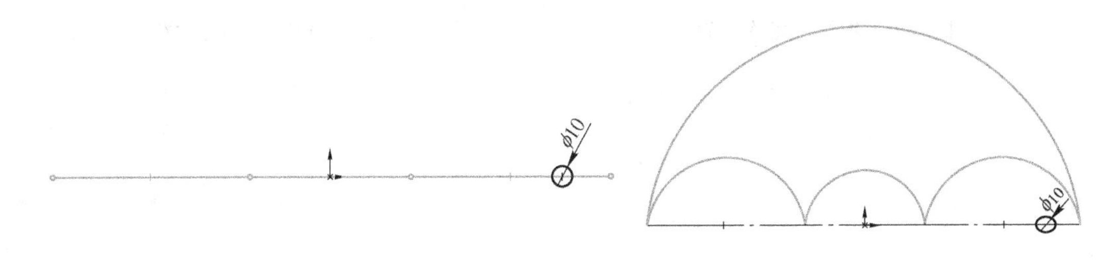

图 24-6　在上视基准面上移动草图 2 位置

（7）单击“特征”切换到特征创建面板，在特征栏中选择“扫描”命令，系统弹出“扫描”属性管理器。“轮廓”选择草图 2，“路径”选择草图 1，其他采用默认设置，结果如图 24-7 所示。单击“确定”按钮完成扫描特征操作，如图 24-8 所示。

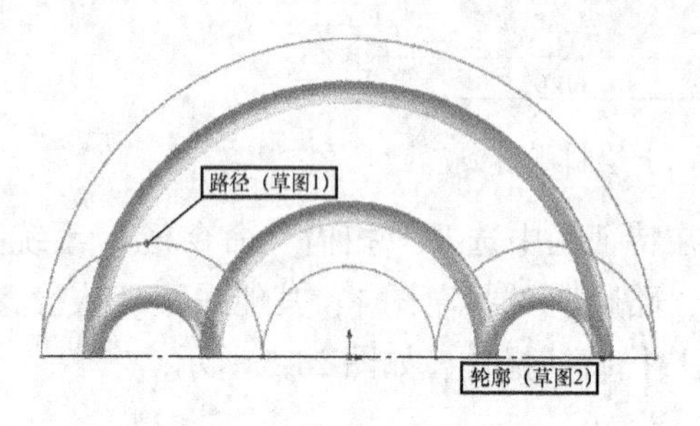

图 24-7　扫描 2 操作预览

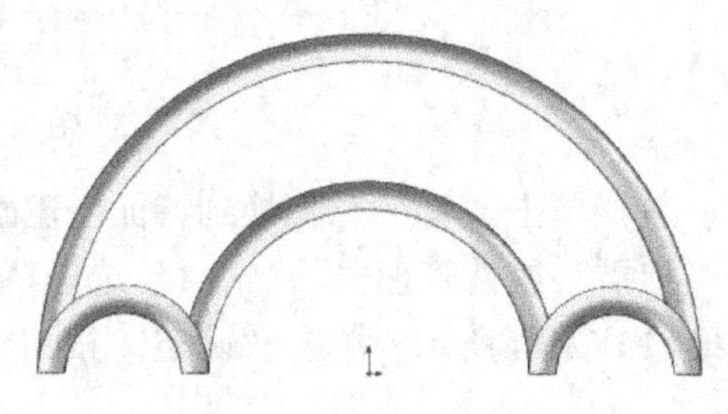
图 24-8　扫描 2 操作

（8）重复步骤（6），继续向原点移动图 24-6 中草图 2 的位置，如图 24-9 所示，并退出草图绘制。

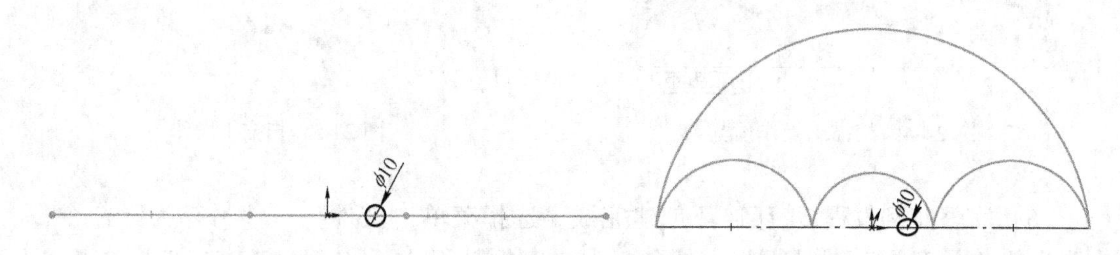

图 24-9　在上视基准面上继续移动草图 2 位置

（9）单击“特征”切换到特征创建面板，在特征栏中选择“扫描”命令，系统弹出“扫描”属性管理器。“轮廓”选择草图 2，“路径”选择草图 1，其他采用默认设置，结果如图 24-10 所示。单击“确定”按钮完成扫描特征操作，如图 24-11 所示。

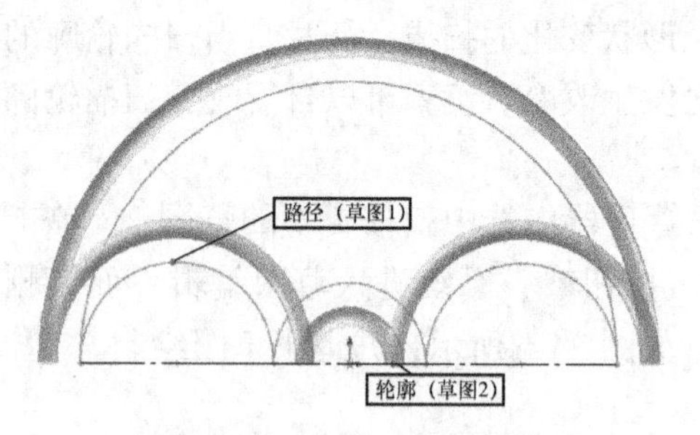

图 24-10　扫描 3 操作预览

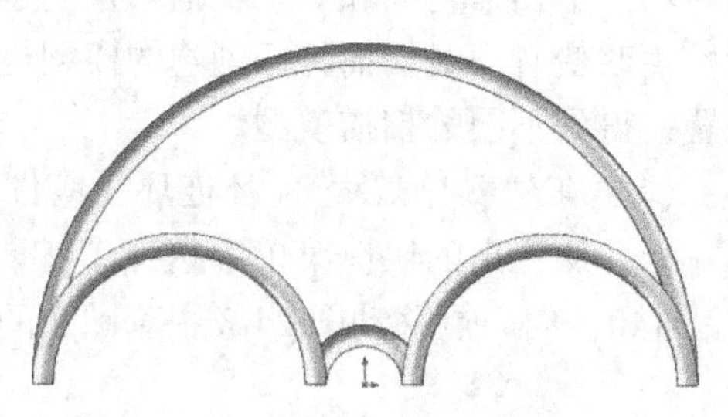
图 24-11　扫描 3 操作

实例教程 25　弹簧线
——使用沿路径扭转的扫描特征创建的弹簧线

扫一扫
观看视频讲解

创建如图 25-1 所示的弹簧线。

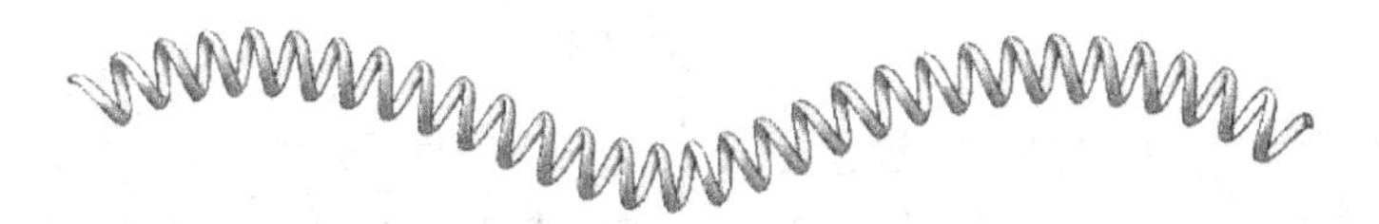

图 25-1　弹簧线

实例分析：本例中的弹簧线模型是借助沿路径扭转方式进行扫描创建的模型。扫描的轮廓为一椭圆，路径为一条样条曲线，且轮廓和路径在同一个基准面上，分别为两个不同的草图。

绘制步骤：

（1）启动 SolidWorks 软件，选择菜单“文件”→“新建”命令，在弹出的新建文件对话框中选择“零件”，单击“确定”按钮，进入零件设计界面。

（2）从特征管理器中选择“前视基准面”，单击“正视于”按钮，单击“草图绘制”按钮，进入草图绘制界面。单击“椭圆”按钮，绘制一个长轴距离为 4，短轴距离为 2 的椭圆，椭圆中心距原点距离为 10，并添加椭圆两个短轴点与原点成“竖直”几何关系，完成图 25-2 所示的草图 1，并退出草图绘制。

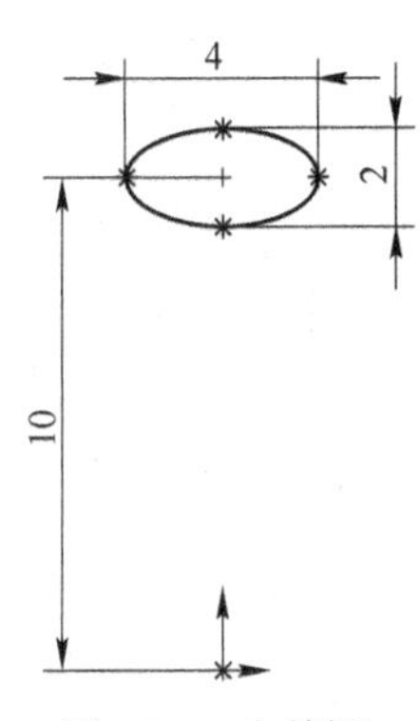

图 25-2　在前视基准面上绘制草图 1

（3）从特征管理器中选择“前视基准面”，单击“正视于”按钮，进入草图绘制界面。单击“样条曲线”按钮，绘制一条以原点为起点，长度为 360 的样条曲线，如图 25-3 所示的草图 2，并退出草图绘制。

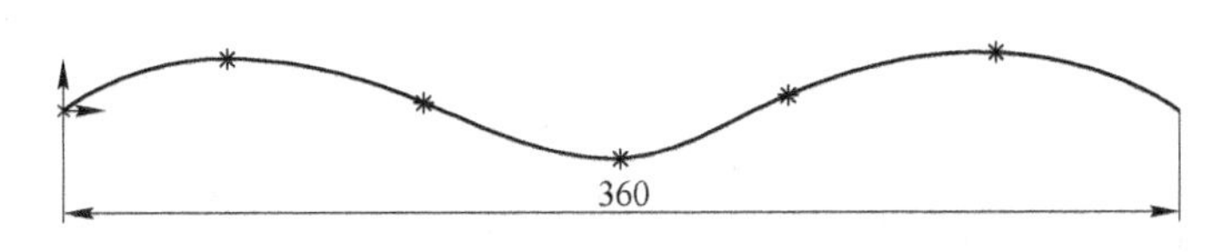

图 25-3　在前视基准面上绘制草图 2

（4）单击“特征”切换到特征创建面板，在特征栏中选择“扫描”命令，系统弹出“扫描”属性管理器。“轮廓”选择草图 1，“路径”选择草图 2。在“方向/扭转控制”选择框中选择“沿路径扭转”，“定义”方式选择“旋转”，“以圈数定义的角度”设为 30。其他采用默认设置，结果如图 25-4 所示。单击“确定”按钮完成扫描特征操作，如图 25-5 所示。

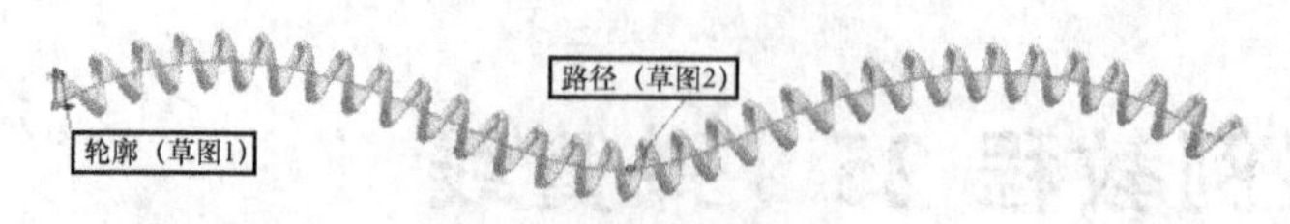

图 25-4　扫描操作预览

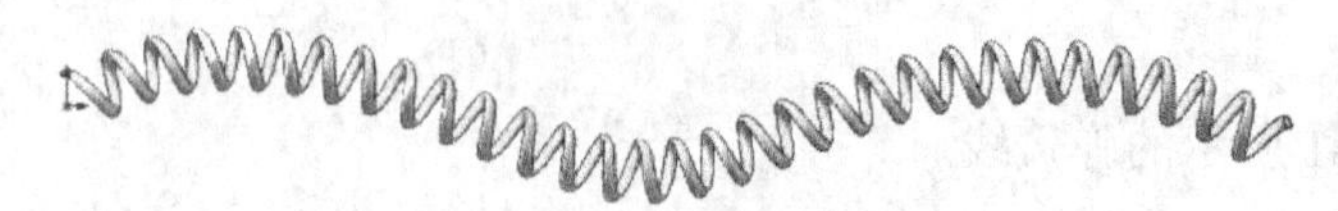

图 25-5　扫描操作

（5）完整实例教程 25 弹簧线创建完成。选择菜单“文件”→“另存为”命令，在弹出的“另存为”对话框将文件命名为“实例教程 25 弹簧线 . SLDPRT”，单击“保存”按钮。

对于本例中扫描轮廓——椭圆的大小及离原点的距离，读者可以自行设定合适尺寸，扫描路径——样条曲线的形状和曲线长度也可以进行相应的调整，还可以设置不同的扫描特征参数——“沿路径扭转”中不同的旋转圈数。

实例教程 26　茶杯
——使用放样、扫描、圆角和抽壳特征创建的茶杯

创建如图 26-1 所示的茶杯。

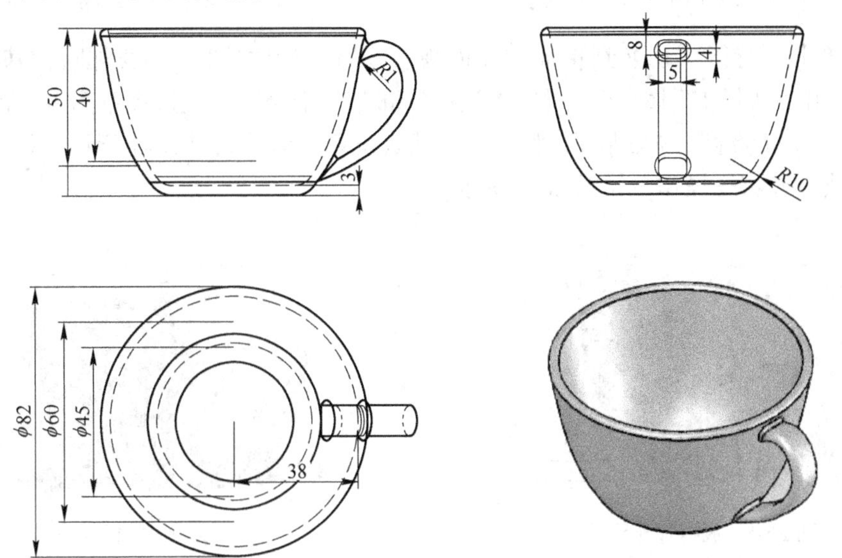

图 26-1　茶杯

实例分析：本例中的茶杯包括了杯体和手柄两部分，其中杯体采用放样特征，手柄采用扫描特征完成。在创建茶杯实体过程中还涉及圆角、抽壳特征。

绘制步骤：

（1）启动 SolidWorks 软件，选择菜单“文件”→“新建”命令，在弹出的新建文件对话框中选择“零件”，单击“确定”按钮，进入零件设计界面。

（2）从特征管理器中选择“上视基准面”，单击“正视于”按钮，单击“草图绘制”按钮，进入草图绘制界面。单击“圆”按钮，绘制圆心位于原点 ϕ82 的圆，完成图 26-2 所示的草图 1，并退出草图绘制。

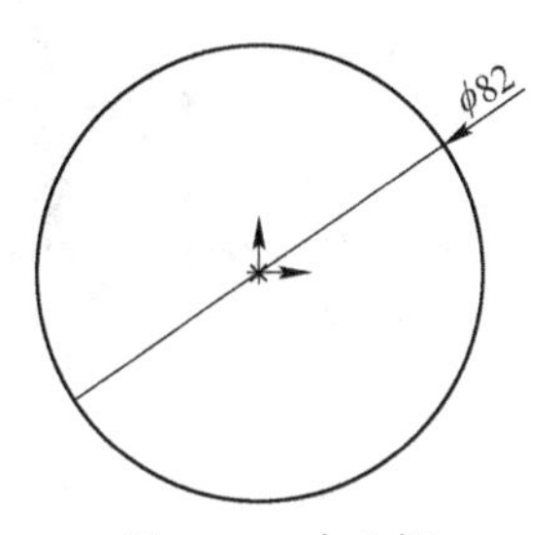

图 26-2　在上视基准面上绘制草图 1

（3）选择菜单“插入”→“参考几何体”→“基准面”命令，创建距离上视基准面为 40、方向向下的基准面 1。在基准面 1 上绘制草图 2。单击“圆”按钮，绘制圆心位于原点 ϕ60 的圆，完成图 26-3 所示的草图 2，并退出草图绘制。

（4）选择菜单“插入”→“参考几何体”→“基准面”命令，创建距离上视基准面为 50、方向向下的基准面 2。在基准面 2 上绘制草图 3。单击

“圆”按钮，绘制圆心位于原点 $\phi45$ 的圆，完成图 26-4 所示的草图 3，并退出草图绘制。

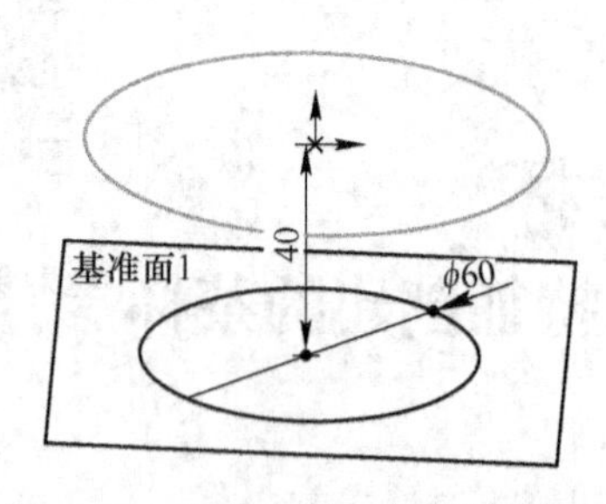

图 26-3　在基准面 1 上绘制草图 2

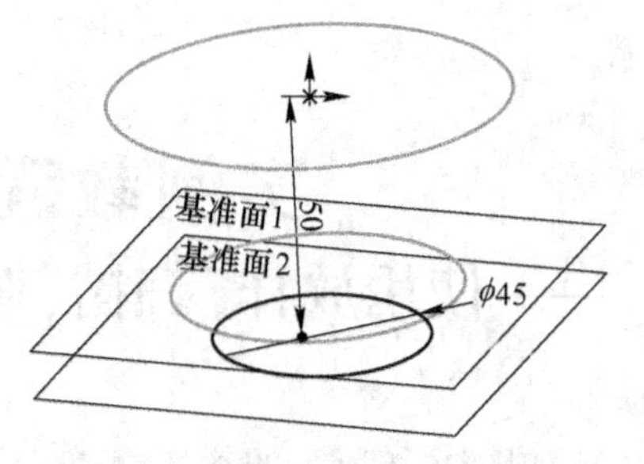

图 26-4　在基准面 2 上绘制草图 3

（5）单击“特征”切换到特征创建面板，在特征栏中选择“放样凸台/基体”命令，系统弹出“放样 1”属性管理器。“放样轮廓”从上至下依次选择草图 1、草图 2 和草图 3（$\phi82$ 圆、$\phi60$ 圆、$\phi45$ 圆），其他采用默认设置，结果如图 26-5 所示。单击“确定”按钮完成放样特征操作，如图 26-6 所示。

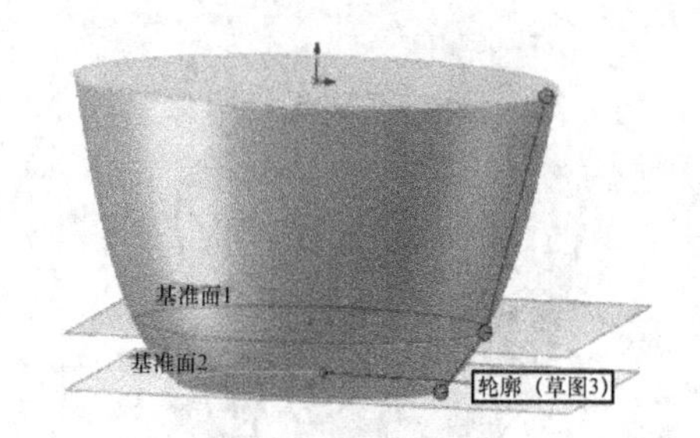

图 26-5　放样操作预览

图 26-6　放样操作

（6）单击特征栏上的“圆角”按钮，系统弹出“圆角”属性管理器。圆角类型选择“恒定大小圆角”，圆角项目选择杯体底部边线，圆角半径 R 为 10，结果如图 26-7 所示。单击“确定”按钮完成圆角操作，如图 26-8 所示。

图 26-7　圆角操作预览

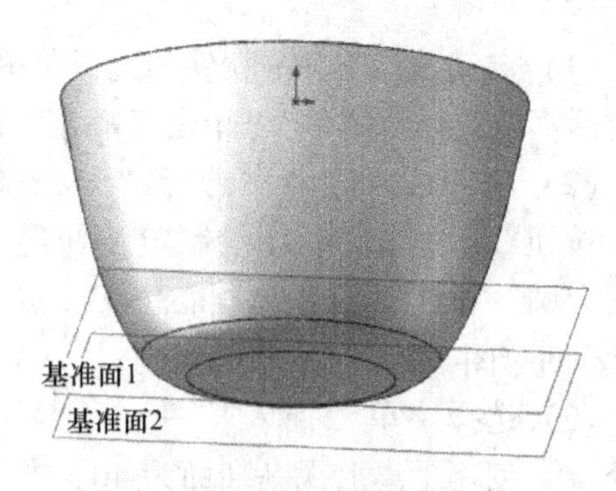

图 26-8　圆角操作

（7）单击特征栏上的“抽壳”命令，系统弹出“抽壳”属性管理器。抽壳要移除的面选择杯体的上端面，抽壳的厚度设为 3，结果如图 26-9 所示。单击“确定”按钮完成杯体抽壳操作，如图 26-10 所示。

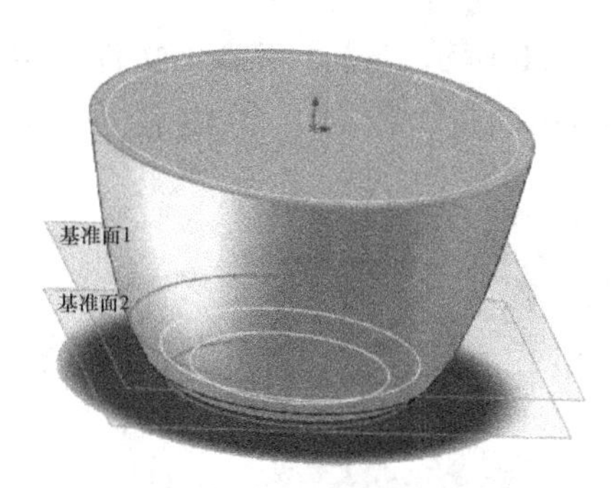

图 26-9 抽壳操作预览

图 26-10 抽壳操作

（8）选择菜单“插入”→“参考几何体”→“基准面”命令，创建距离右视基准面为38、方向向右的基准面3。在基准面3上绘制草图4，单击“中心线”按钮，过原点绘制一条竖直中心线。单击“中心点直槽口”按钮，绘制中心在竖直中心线上的直槽口，槽口长度为5，槽口宽度为4，槽口中心与原点距离为8，如图26-11所示，图26-12为草图4的放大图，退出草图绘制。

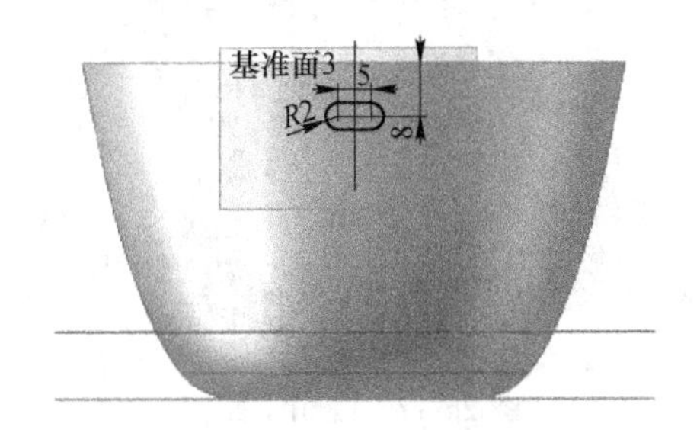

图 26-11 在基准面3上绘制草图4

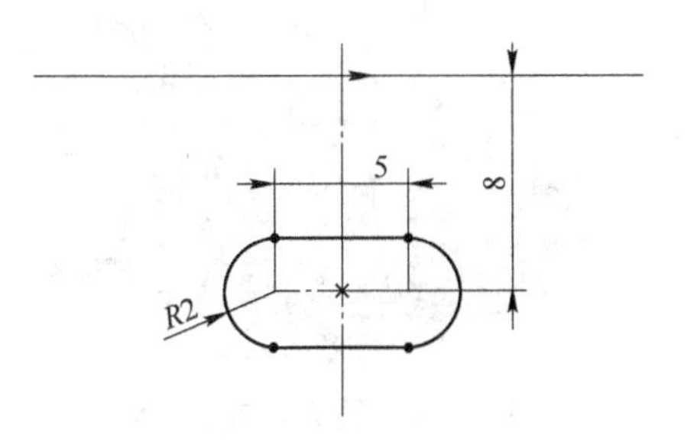

图 26-12 草图4的放大图

（9）从特征管理器中选择“前视基准面”，单击“正视于”按钮，单击“草图绘制”按钮，进入草图绘制界面。单击“样条曲线”按钮，绘制一条以草图4中直槽口中心为起点的样条曲线，完成图26-13所示的草图5，并退出草图绘制。

图 26-13 在前视基准面上绘制草图5

（10）分别将原点、基准面1、基准面2和基准面3隐藏。单击特征栏上的“扫描”按钮，系统弹出“扫描”属性管理器。“轮廓”选择草图4，“路径”旋转草图5，其他采用默认设置，结果如图26-14所示。单击“确定”按钮完成扫描特征操作，如图26-15所示。

（11）单击特征栏上的“圆角”按钮，系统弹出“圆角”属性管理器。圆角类型选择“完整圆角”，分别选择茶杯里面和外面为面组1和面组2，茶杯上端面为中央面组，结果如图26-16所示。单击“确定”按钮完成圆角操作，如图26-17所示。

（12）单击特征栏上的“圆角”按钮，系统弹出“圆角”属性管理器。圆角类型选择“恒定大小圆角”，圆角项目选择手柄上下两处边线，圆角半径R为1，结果如图26-18所示。单击“确定”按钮完成圆角操作，如图26-19所示。

（13）完整实例教程 26 茶杯创建完成，如图 26-20 所示。选择菜单“文件”→“另存为”命令，在弹出的“另存为”对话框将文件命名为“实例教程 26 茶杯 . SLDPRT”，单击“保存”按钮。

图 26-14　扫描操作预览

图 26-15　扫描操作

图 26-16　圆角 1 操作预览

图 26-17　圆角 1 操作

图 26-18　圆角 2 操作预览

图 26-19　圆角 2 操作

图 26-20　茶杯

实例教程 27　叶轮
——使用拉伸、曲面扫描、切除拉伸和圆周阵列特征创建的叶轮

扫一扫
观看视频讲解

创建如图 27-1 所示的叶轮。

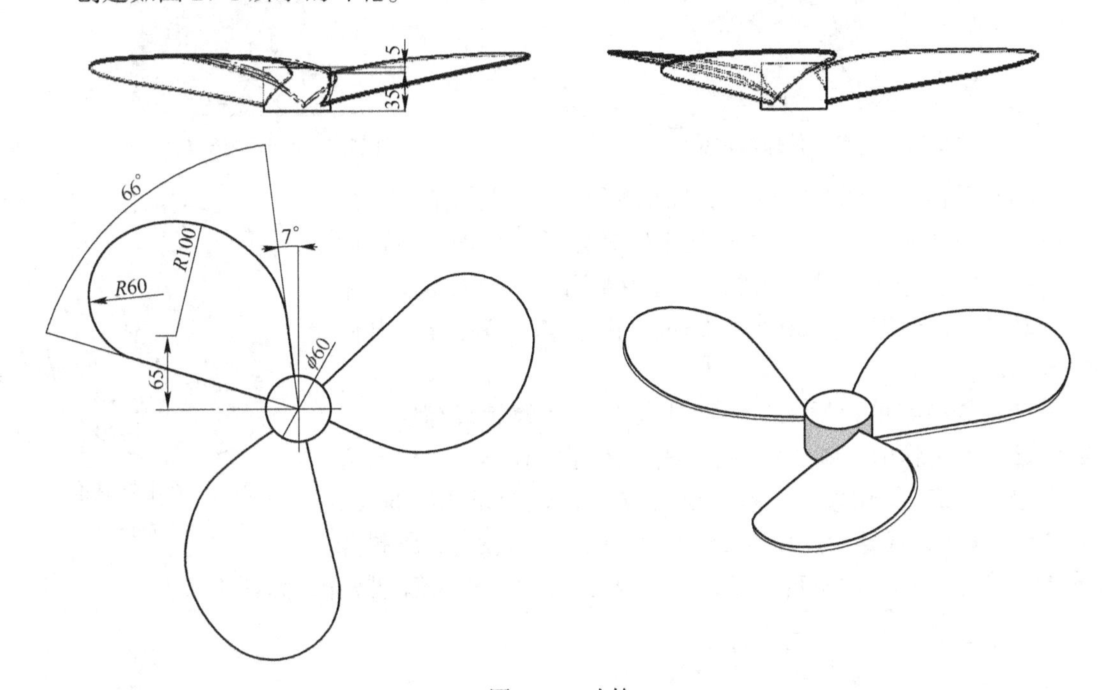

图 27-1　叶轮

实例分析：本例中的叶轮设计过程相对比较复杂，在设计过程中要借助曲线中的螺旋线/涡状线，再以一条直线为轮廓，螺旋线/涡状线为路径，通过曲面扫描特征、加厚特征、反侧切除的切除拉伸及圆周阵列特征创建完成。

绘制步骤：

（1）启动 SolidWorks 软件，选择菜单“文件”→“新建”命令，在弹出的新建文件对话框中选择“零件”，单击“确定”按钮，进入零件设计界面。

（2）从特征管理器中选择“上视基准面”，单击“正视于”按钮，单击“草图绘制”按钮，进入草图绘制界面。单击“圆”按钮，绘制圆心位于原点 $\phi60$ 的圆，完成图 27-2 所示的草图 1。

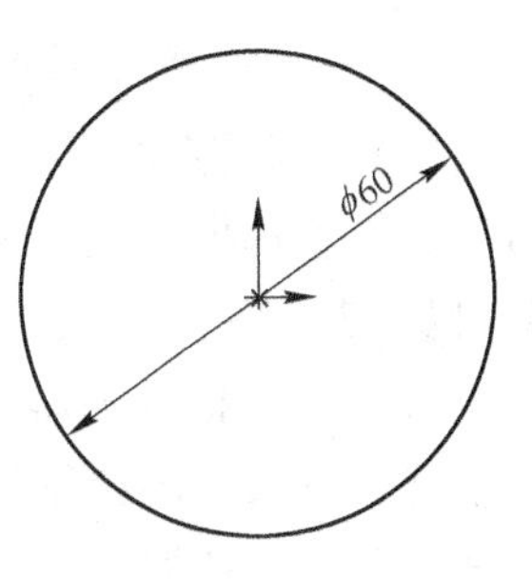

图 27-2　在上视基准面上绘制草图 1

（3）单击“特征”切换到特征创建面板，在特征栏中选择“拉伸凸台/基体”命令，系统弹出“凸台-拉伸”属性管理

器。在“方向 1（1）”栏的“终止条件”选择框中选择“给定深度”，深度设为 5。在“方向 2（2）”栏的“终止条件”选择框中选择“给定深度”，深度设为 35，其他采用默认设置，结果如图 27-3 所示。单击“确定”按钮✔完成拉伸特征操作，如图 27-4 所示。

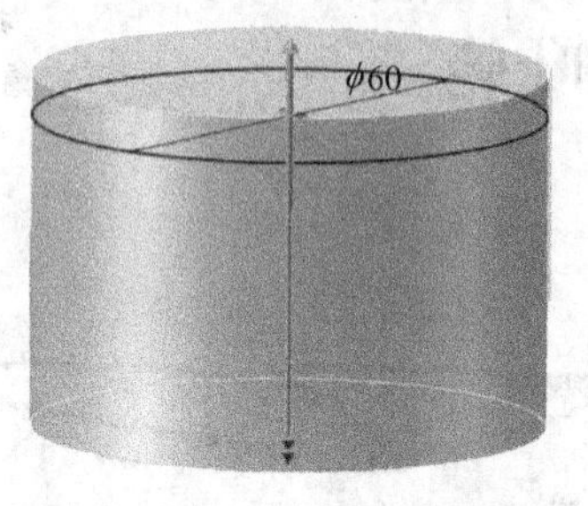

图 27-3 凸台拉伸操作预览

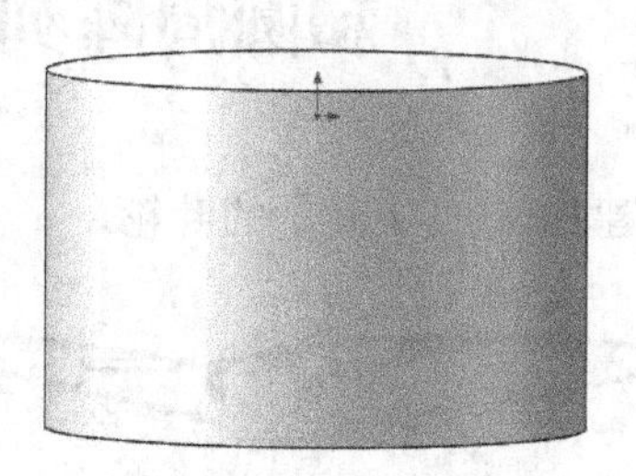

图 27-4 凸台拉伸操作

（4）单击“草图”切换到草图绘制界面。从特征管理器中选择“上视基准面”，单击“正视于”按钮，单击“草图绘制”按钮，进入草图绘制界面。选中草图 1 中的 ϕ60 圆，单击“转换实体引用”按钮，将 ϕ60 圆引用至草图 2 上，如图 27-5 所示。

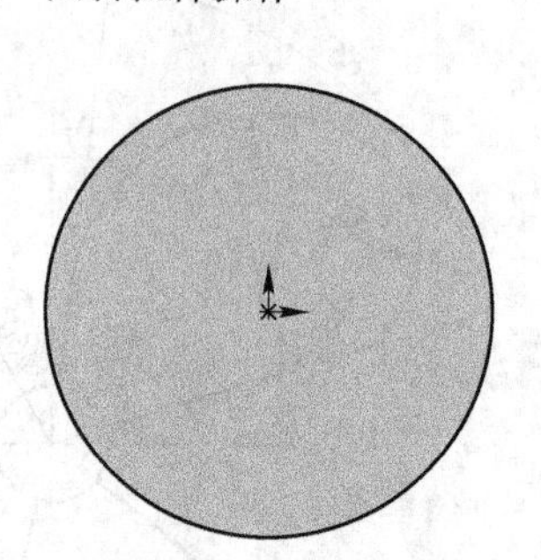

图 27-5 在上视基准面上绘制草图 2

（5）选择菜单“插入”→“曲线”→“螺旋线/涡状线”命令，系统弹出“螺旋线/涡状线”属性管理器。“定义方式”选择“高度和圈数”，高度设为 30，勾选“反向”选项，圈数设为 0.2，起始角度设为 0°，其他采用默认设置，结果如图 27-6 所示。单击“确定”按钮✔完成螺旋线/涡状线创建操作，如图 27-7 所示。

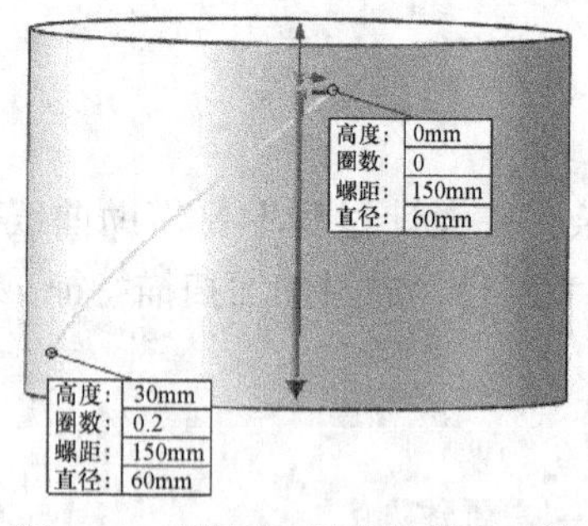

图 27-6 螺旋线/涡状线创建预览

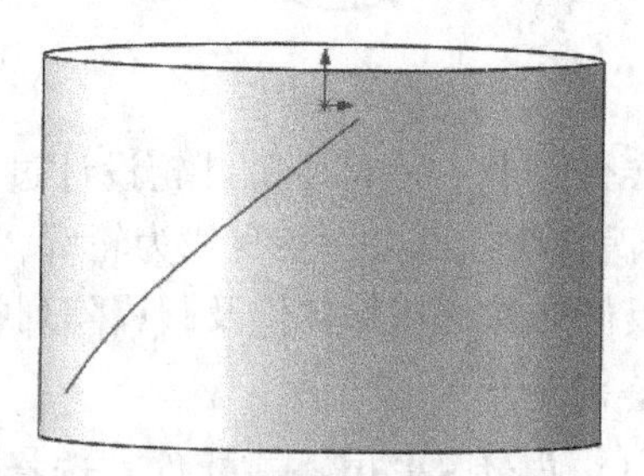

图 27-7 螺旋线/涡状线创建

（6）选择菜单“插入”→“参考几何体”→“基准面”命令，系统弹出“基准面”属性管理器。在绘图区先选择螺旋线/涡状线，再选择螺旋线/涡状线的下端点，结果如图 27-8 所示。单击“确定”按钮✔完成基准面 1 的创建，如图 27-9 所示。

（7）从特征管理器中选择“基准面 1”，单击“正视于”按钮，单击“草图绘制”按钮，进入草图绘制界面。单击“直线”按钮，绘制一条长为 200 的水平直线，并将直线左端点和螺旋线/涡状线添加“穿透”几何关系，完成图 27-10 所示的草图 3，并退出草图绘制。

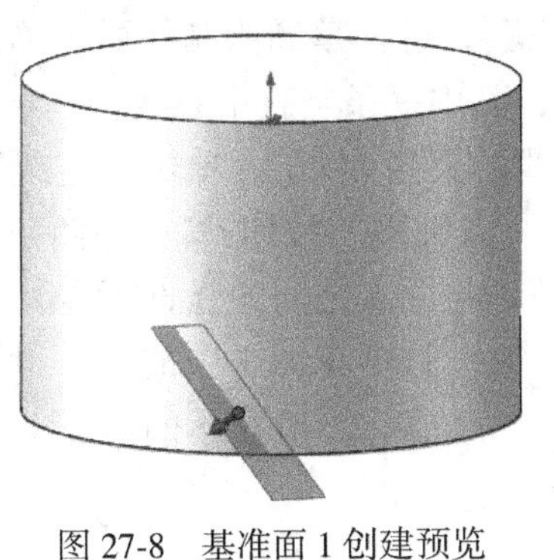

图 27-8 基准面 1 创建预览

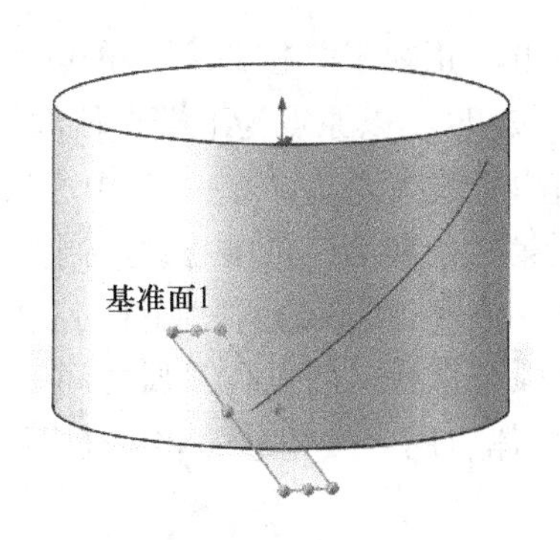

图 27-9 基准面 1 创建

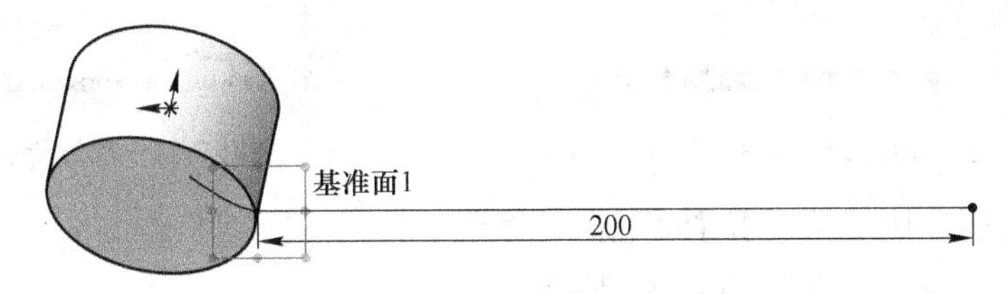

图 27-10 在基准面 1 上绘制草图 3

（8）选择菜单“插入”→“曲面”→“扫描曲面”命令，系统弹出“曲面-扫描”属性管理器。“轮廓”选择“草图 3”，“路径”选择“螺旋线/涡状线”，其他采用默认设置，结果如图 27-11 所示。单击“确定”按钮完成曲面扫描特征操作，并将基准面 1 隐藏，如图 27-12 所示。

图 27-11 曲面扫描操作预览

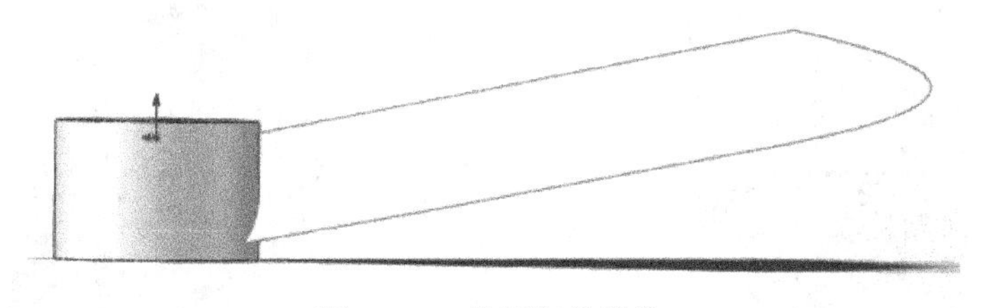

图 27-12 曲面扫描操作

（9）选择菜单“插入”→“凸台/基体”→“加厚”命令，系统弹出“加厚”属性管理器。“要加厚的曲面”选择“曲面-扫描 1”，“加厚方式”选择“加厚侧边 2”，厚度设为 2，其他采用默认设置，结果如图 27-13 所示。单击“确定”按钮完成加厚特征操作，如图 27-14 所示。

（10）单击“草图”切换到草图绘制界面。选取步骤（3）中生成的拉伸实体的下端面，单击“正视于”按钮，单击“草图绘制”按钮，进入草图绘制界面。单击“中心线”按钮，以原点为下端点依次绘制 3 条中心线，其中一条竖直中心线，一条中心线与竖直中心线夹角为 7°，一条中心线与第二条中心线的夹角为 66°。单击“直线”按钮，沿第二条和第三条中心线绘制两条直线。单击“3 点圆弧”按钮，在两条直线之间绘制 *R*60 和 *R*100 的两段圆弧，其中 *R*100 圆弧的圆心与原点之间的竖直距离为 65，并添加圆弧与直线、圆弧与圆弧之间“相切”的几何关系。选中草图 1 中的 $\phi60$ 圆，单击“转换实体引用”按钮，将 $\phi60$ 圆引用至草图 4 上，完成图 27-15 所示的草图 4。

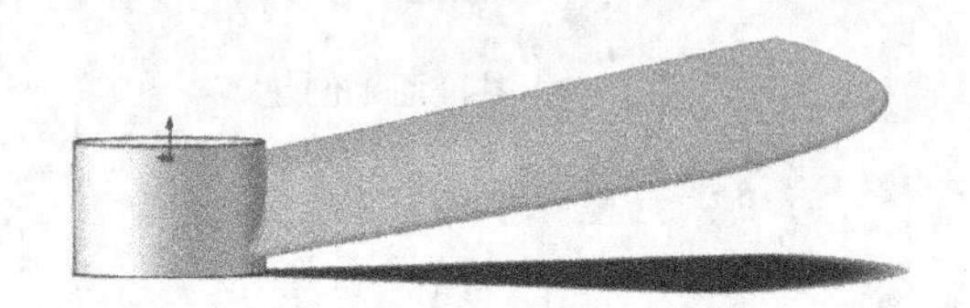

图 27-13 加厚操作预览

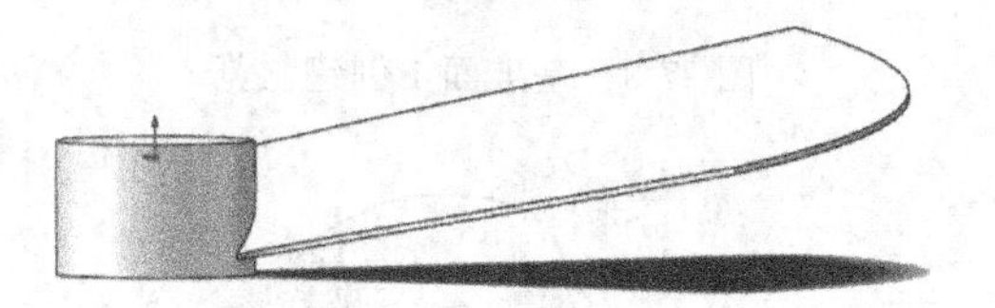

图 27-14 加厚操作

（11）在特征栏中选择“拉伸切除”命令，系统弹出“切除-拉伸”属性管理器。在“方向 1（1）”栏的“终止条件”选择框中选择“完全贯穿”，勾选“反侧切除”选项。单击“所选轮廓（S）”栏，在绘图区中选择草图 4 叶轮面和 $\phi60$ 圆面，其他采用默认设置，结果如图 27-16 所示。单击“确定”按钮完成切除拉伸特征操作，如图 27-17 所示。

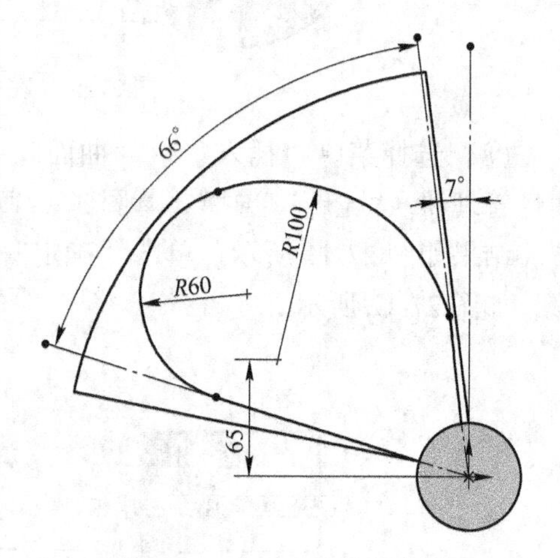

图 27-15 在面 1 上绘制草图 4

（12）选择菜单“插入”→“参考几何体”→“基准轴”命令，系统弹出“基准轴”属性管理器。在绘图区选择圆柱体，结果如图 27-18 所示。单击“确定”按钮完成基准轴 1 的创建，如图 27-19 所示。

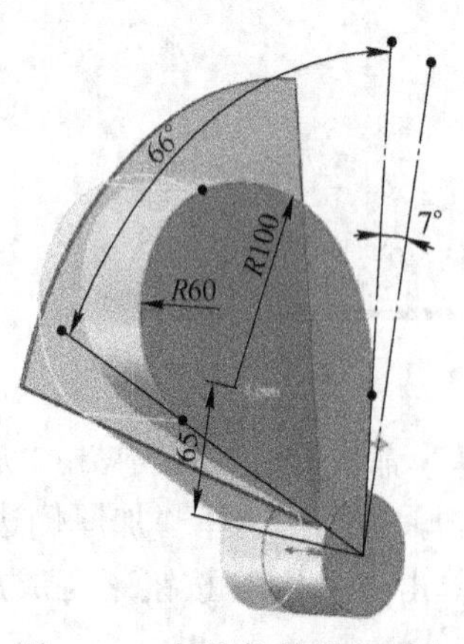

图 27-16 切除拉伸操作预览

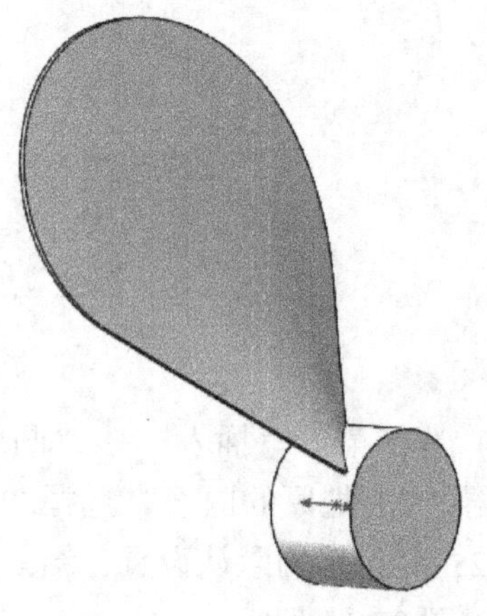

图 27-17 切除拉伸操作

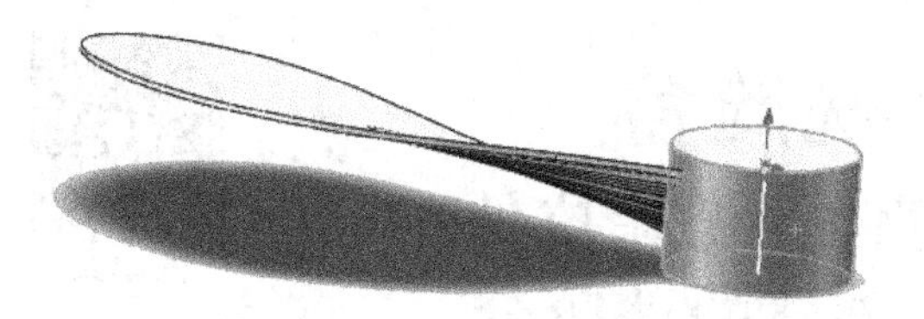

图 27-18 基准轴 1 创建预览

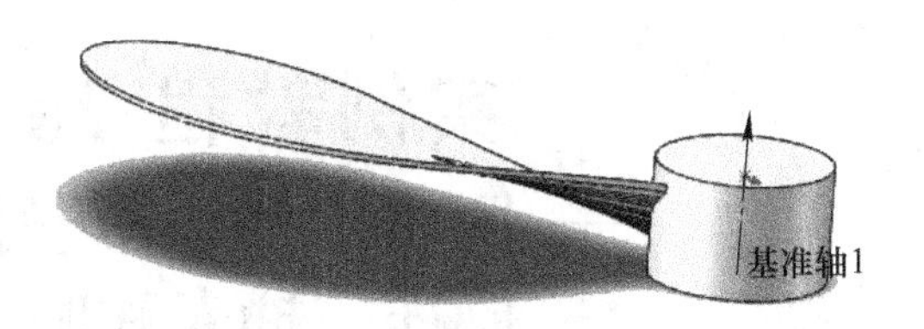

图 27-19 基准轴 1 创建

（13）单击特征栏上的“圆周阵列”按钮，系统弹出“圆周阵列”属性管理器。“阵列轴”选择基准轴 1，角度设为 360°，实例数设为 3，勾选“等间距”选项，“要阵列的实体”选步骤（11）切除拉伸生成的实体，结果如图 27-20 所示。单击“确定”按钮完成圆周阵列操作，如图 27-21 所示。

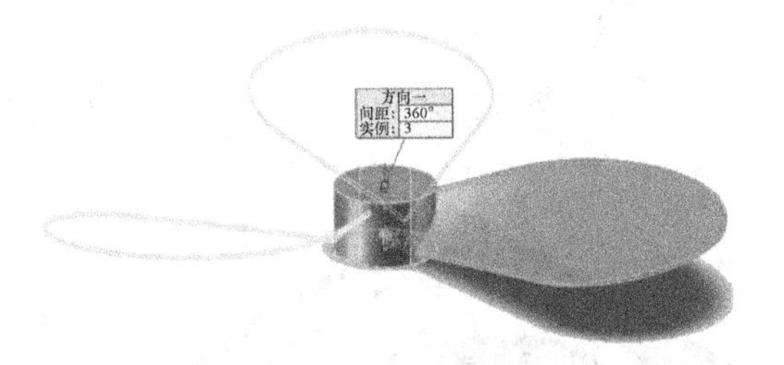

图 27-20 圆周阵列操作预览

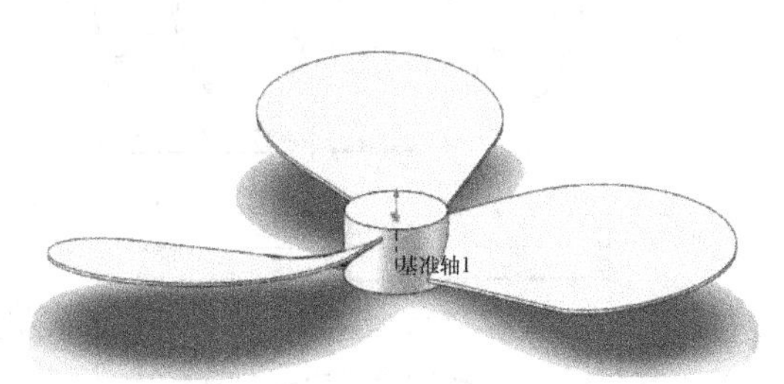

图 27-21 圆周阵列操作

（14）完整实例教程 27 叶轮创建完成，如图 27-22 所示。选择菜单“文件”→“另存为”命令，在弹出的“另存为”对话框将文件命名为“实例教程 27 叶轮 .SLDPRT”，单击“保存”按钮。

图 27-22 叶轮

实例教程 28　洗脸盆

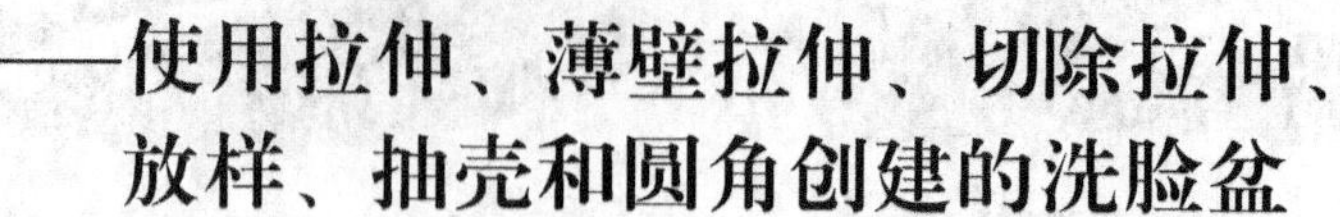

——使用拉伸、薄壁拉伸、切除拉伸、放样、抽壳和圆角创建的洗脸盆

扫一扫
观看视频讲解

创建如图 28-1 所示的洗脸盆。

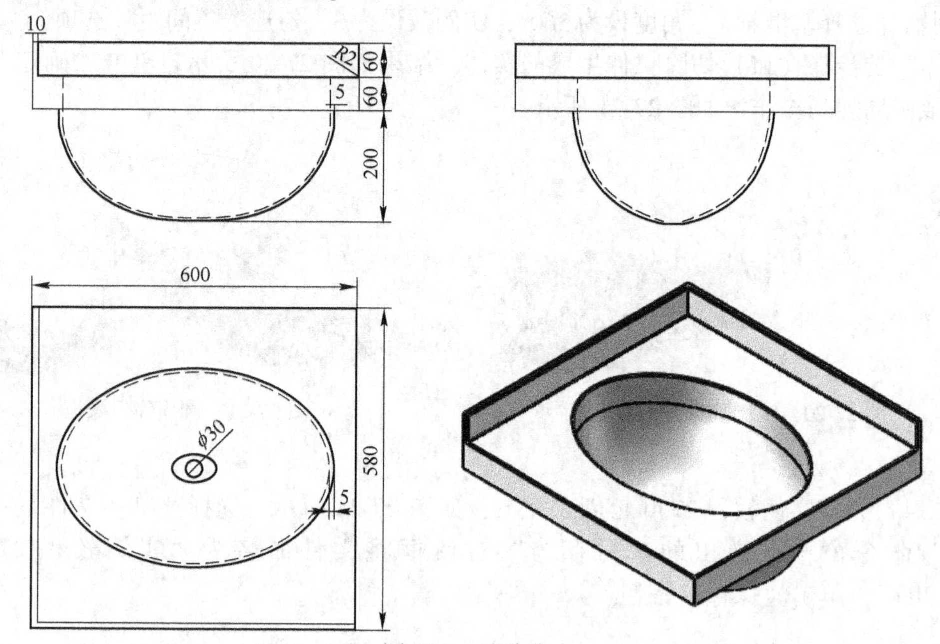

图 28-1　洗脸盆

实例分析：洗脸盆是一种常见的零件。本例中的洗脸盆建模过程中先后使用拉伸、薄壁拉伸、切除拉伸、放样、抽壳和圆角特征创建完成。在建模过程中要注意抽壳与圆角的先后顺序。

绘制步骤：

（1）启动 SolidWorks 软件，选择菜单“文件”→“新建” 命令，在弹出的新建文件对话框中选择“零件”，单击“确定”按钮，进入零件设计界面。

（2）从特征管理器中选择“上视基准面”，单击“正视于”按钮，单击“草图绘制”按钮，进入草图绘制界面。单击“中心矩形”按钮，绘制中心位于原点 600×580 的矩形，如图 28-2 所示。

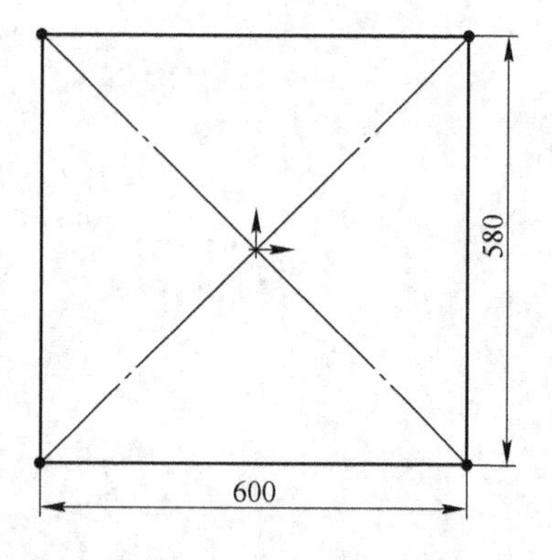

图 28-2　在上视基准面上绘制草图 1

（3）单击“特征”切换到特征创建面板，在特征栏中选择“拉伸凸台/基体”命令，系统弹出“凸台-拉伸”属性管理器。在“方向 1（1）”栏的“终止条件”

选择框中选择“给定深度”，深度设为 60，其他采用默认设置，结果如图 28-3 所示。单击“确定”按钮✔完成拉伸特征操作，如图 28-4 所示。

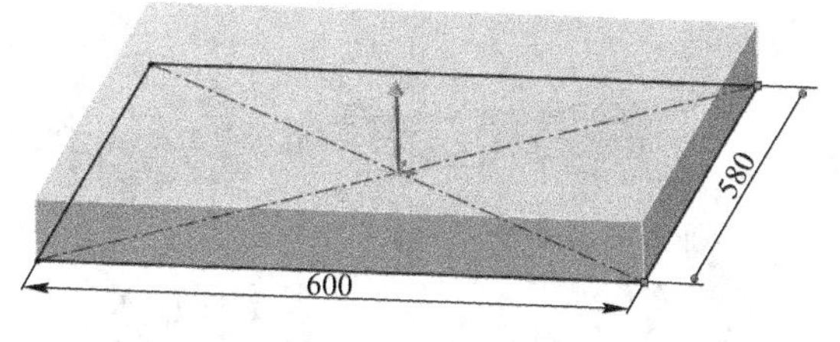

图 28-3　凸台拉伸操作预览

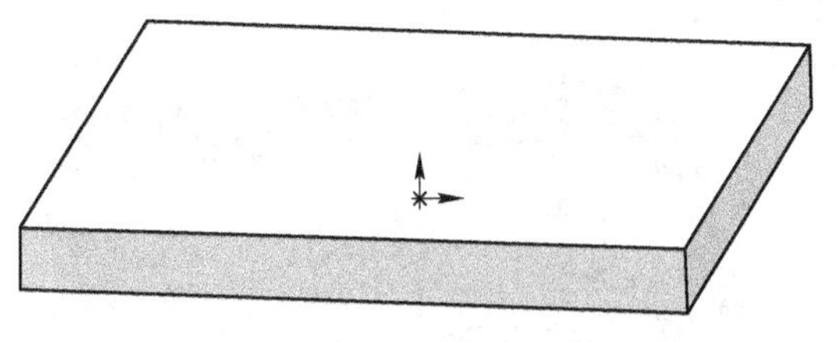

图 28-4　凸台拉伸操作

（4）单击“草图”切换到草图绘制界面。选取步骤（3）中生成的拉伸实体的上端面，单击“正视于”按钮，单击“草图绘制”按钮，进入草图绘制界面。单击“直线”按钮，沿步骤（3）中生成的拉伸实体的左上点开始绘制一条水平直线和一条竖直直线，如图 28-5 所示。

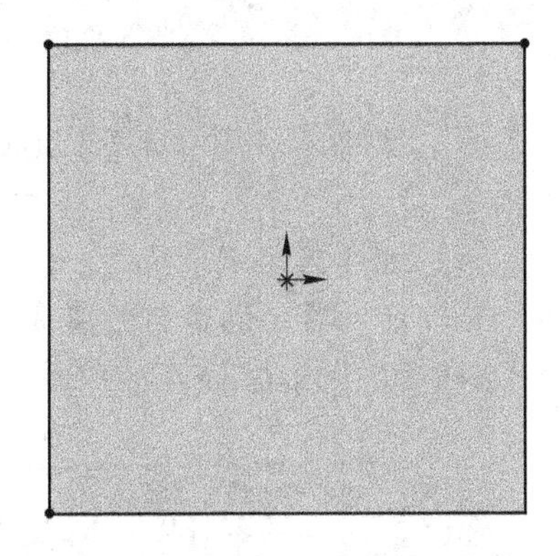

图 28-5　在面 1 上绘制草图 2

（5）单击“特征”切换到特征创建面板，在特征栏中选择“拉伸凸台/基体”命令，系统弹出“凸台-拉伸”属性管理器。在“方向 1（1）”栏的“终止条件”选择框中选择“给定深度”，深度设为 60。系统自动勾选“薄壁特征”，薄壁特征的类型选择“单向”，单击薄壁特征中的“反向”图标按钮，厚度设为 10，其他采用默认设置，结果如图 28-6 所示。单击“确定”按钮✔完成薄壁拉伸特征操作，如图 28-7 所示。

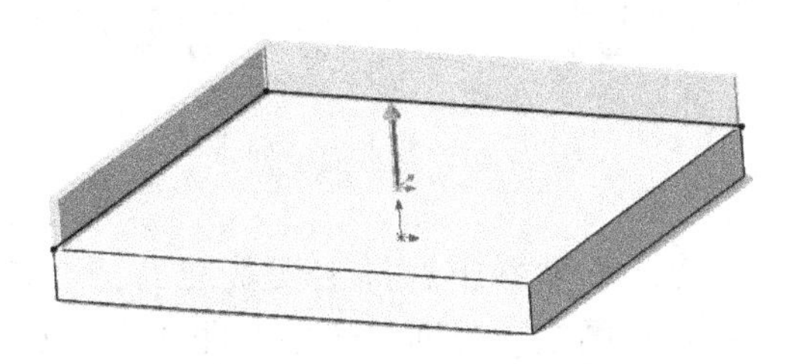

图 28-6　薄壁拉伸操作预览

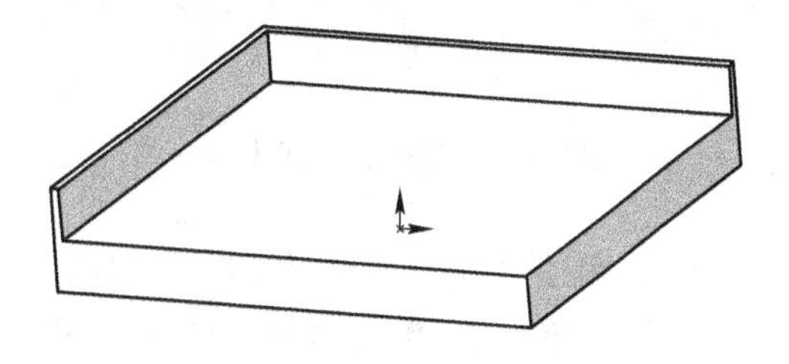

图 28-7　薄壁拉伸操作

（6）单击“草图”切换到草图绘制界面。从特征管理器中选择上视基准面，单击“正视于”按钮，单击“草图绘制”按钮，进入草图绘制界面。单击“椭圆”按钮，绘制一个以原点为中心，长轴距离为 500，短轴距离为 350 的椭圆，并添加椭圆两个长轴点与原点成“水平”几何关系，两个短轴点与原点成“竖直”几何关系，完成图 28-8 所示的草图 3。

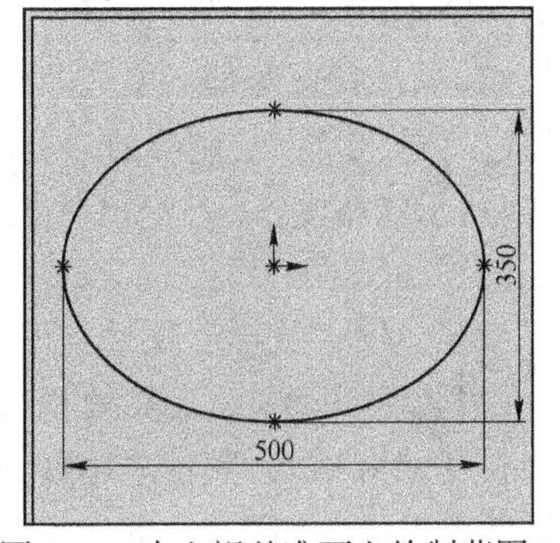

图 28-8　在上视基准面上绘制草图 3

（7）在特征栏中选择“拉伸切除”命令，系统弹出“切除-拉伸”属性管理器。在“方向 1

(1)”栏的“终止条件”选择框中选择“给定深度”，深度设为 60，单击“反向”图标按钮，其他采用默认设置，结果如图 28-9 所示。单击“确定”按钮完成切除拉伸特征操作，如图 28-10 所示。

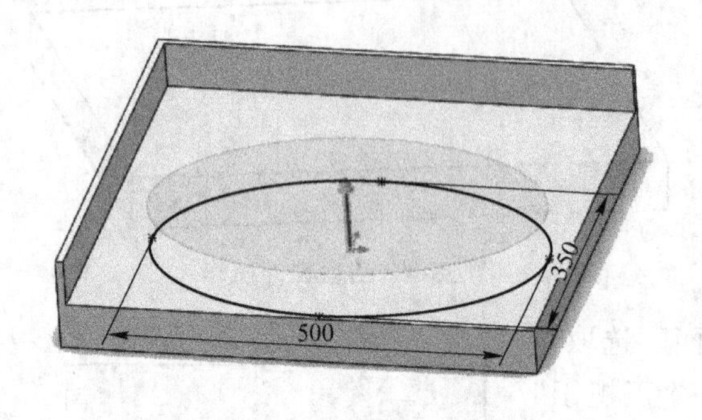

图 28-9　切除拉伸操作预览

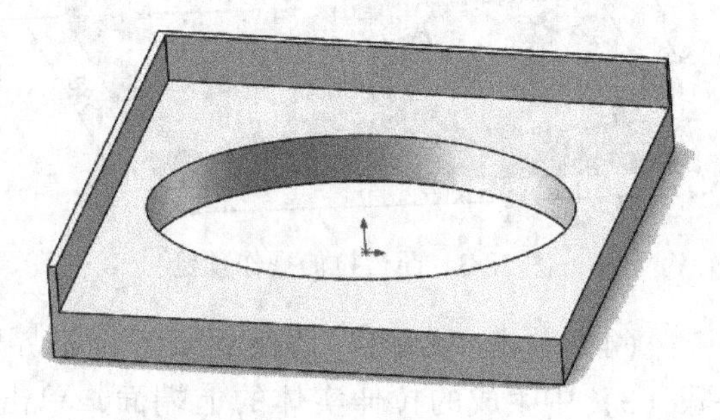

图 28-10　切除拉伸操作

(8) 选择菜单“插入”→“参考几何体”→“基准面”命令，系统弹出“基准面”属性管理器。创建与上视基准面平行、距离为 200 的基准面 1，勾选“反转等距”选项，结果如图 28-11 所示。单击“确定”按钮完成基准面 1 的创建，如图 28-12 所示。

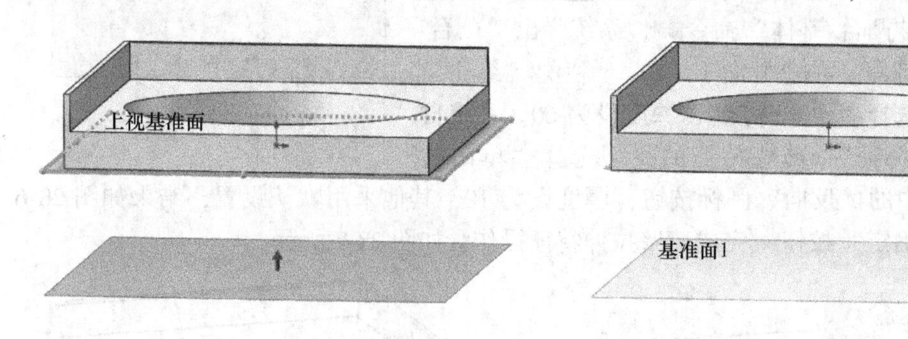

图 28-11　基准面 1 创建预览

图 28-12　基准面 1 创建

(9) 单击“草图”切换到草图绘制界面。从特征管理器中选择上视基准面，单击“正视于”按钮，单击“草图绘制”按钮，进入草图绘制界面。选中草图 3 中 500×350 的椭圆，单击“转换实体引用”按钮，将该椭圆引用至草图 4 上，完成图 28-13 所示的草图 4，并退出草图绘制。

(10) 从特征管理器中选择“基准面 1”，单击“正视于”按钮，单击“草图绘制”按钮，进入草图绘制界面。单击“圆”按钮，绘制圆心位于原点 $\phi30$ 的圆，完成图 28-14 所示的草图 5，并退出草图绘制。

(11) 单击“特征”切换到特征创建面板，在特征栏中选择“放样凸台/基体”命令，系统弹出“放样”属性管理器。“放样轮廓”依次选择草图 4 和草图 5，“开始约束”选择“垂直于轮廓”，起始处相切长度设为 2；“结束约束”选择“垂直于轮廓”，结束处相切长度设为 0.1，其他采用默认设置，结果如图 28-15 所示。单击“确定”按钮完成放样特征操作，如图 28-16 所示。

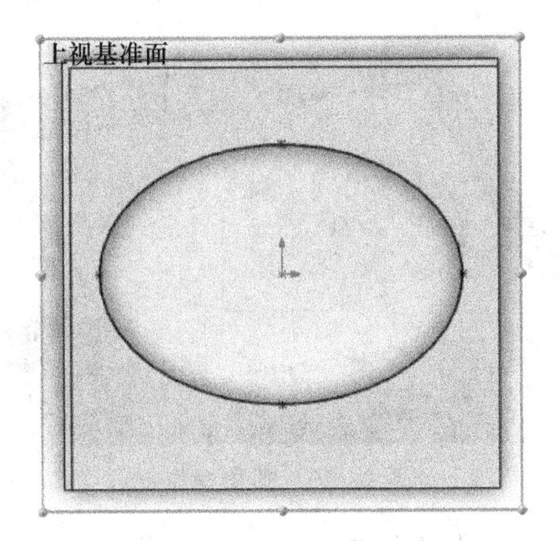

图 28-13　在上视基准面上绘制草图 4

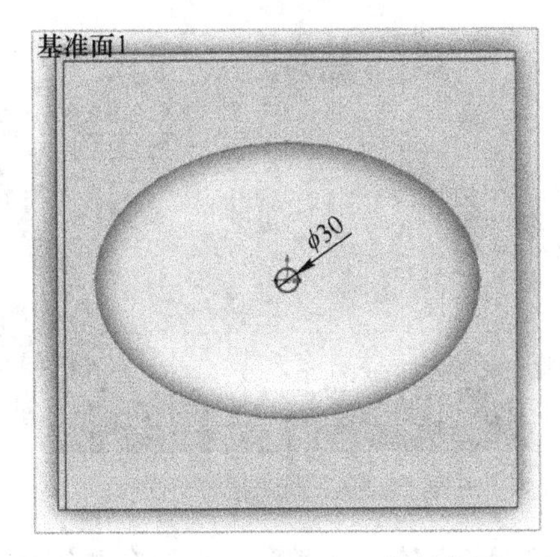

图 28-14　在基准面 1 上绘制草图 5

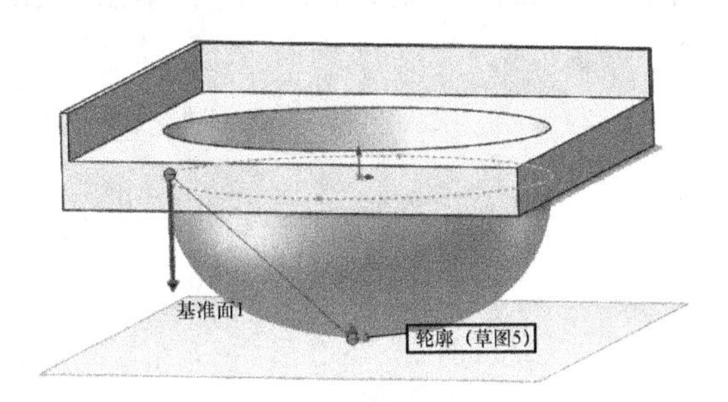

图 28-15　放样操作预览

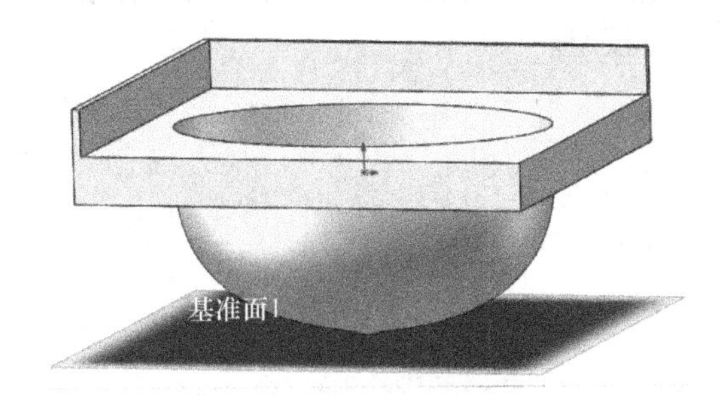

图 28-16　放样操作

（12）单击特征栏上的“抽壳”按钮，系统弹出“抽壳”属性管理器。抽壳厚度设为 5，要移除的面选择步骤（11）中生成的放样实体的上下端面，勾选“壳厚朝外”选项，结果如图 28-17 所示。单击“确定”按钮完成抽壳操作，如图 28-18 所示。

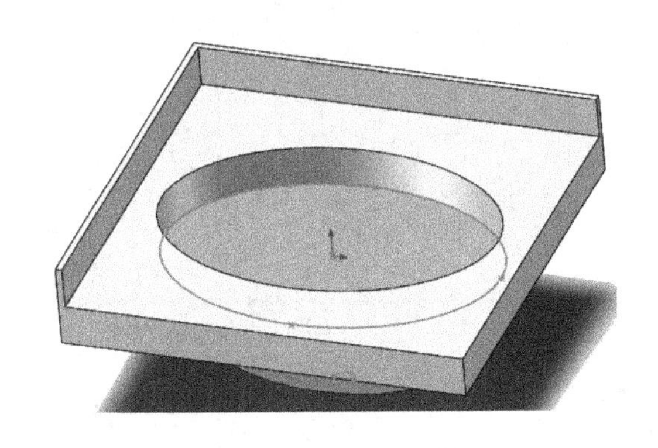

图 28-17　抽壳操作预览

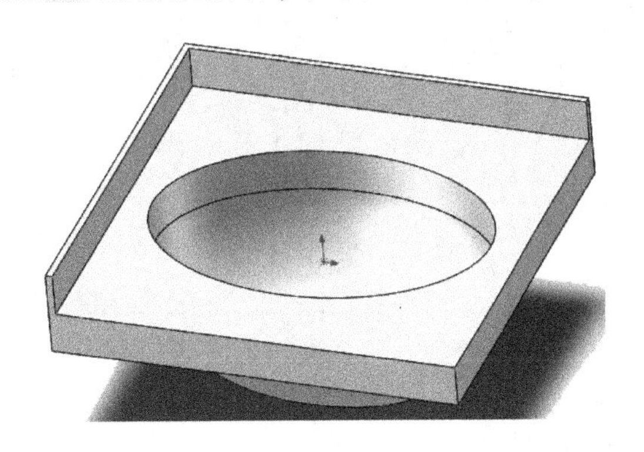

图 28-18　抽壳操作

（13）单击特征栏上的“圆角”按钮，系统弹出“圆角”属性管理器。圆角类型选择“恒定大小圆角”，圆角项目选择洗脸盆模型上的 9 条边线和椭圆一圈边线，圆角半径 R 为 2，结果如图 28-19 所示。单击“确定”按钮完成圆角操作，如图 28-20 所示。

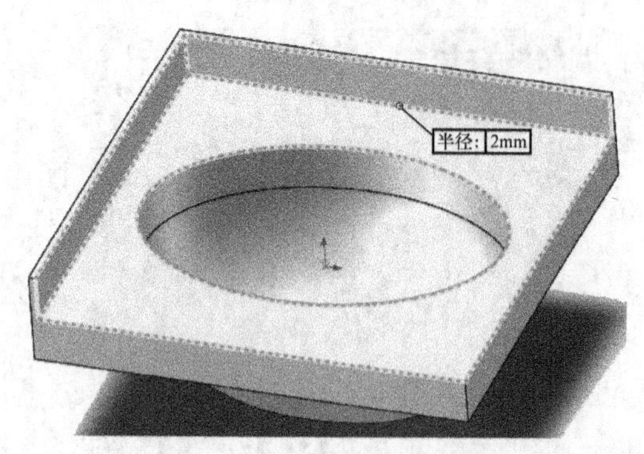

图 28-19　圆角操作预览

图 28-20　圆角操作

（14）完整实例教程 28 洗脸盆创建完成。选择菜单“文件”→“另存为”命令，在弹出的“另存为”对话框将文件命名为“实例教程 28 洗脸盆 . SLDPRT”，单击“保存”按钮。

实例教程 29　水龙头
——使用拉伸、旋转、薄壁扫描和圆角特征创建的水龙头

扫一扫
观看视频讲解

创建如图 29-1 所示的水龙头。

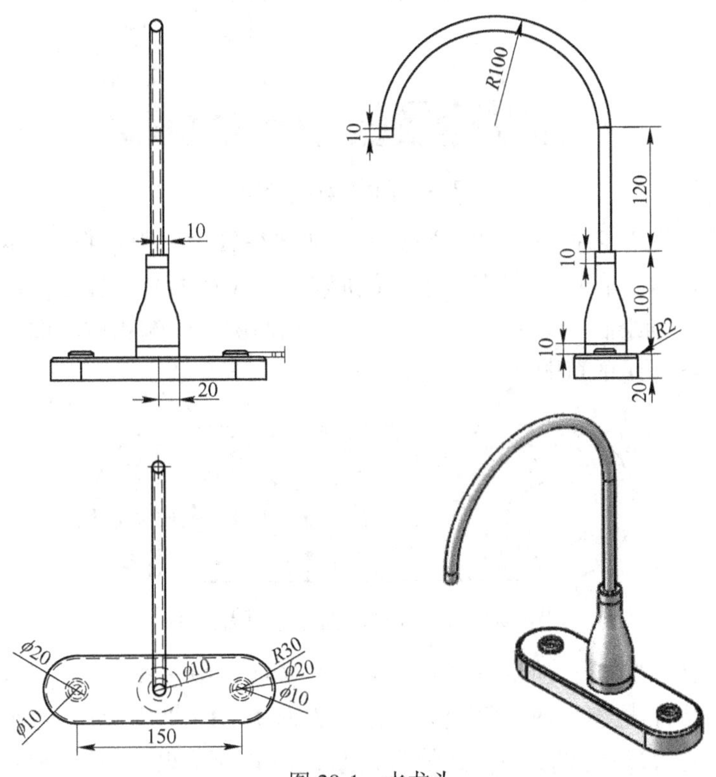

图 29-1　水龙头

实例分析：水龙头是一种常见的零件。本例中的水龙头建模过程中先后使用凸台拉伸、旋转、薄壁扫描和圆角特征创建完成。

绘制步骤：

（1）启动 SolidWorks 软件，选择菜单“文件”→“新建”命令，在弹出的新建文件对话框中选择“零件”，单击“确定”按钮，进入零件设计界面。

（2）从特征管理器中选择“上视基准面”，单击“正视于”按钮，单击“草图绘制”按钮，进入草图绘制界面。单击“中心点直槽口”按钮，绘制中心在原点的直槽口，槽口长度为 150，槽口宽度为 60，如下图 29-2 所示。

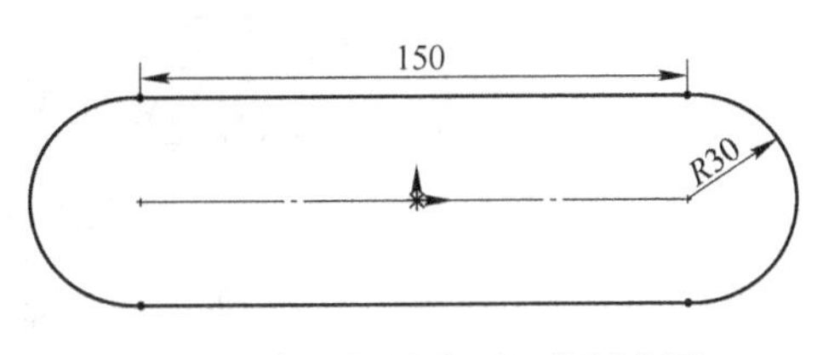

图 29-2　在上视基准面上绘制草图 1

（3）单击“特征”切换到特征创建面板，在特征栏中选择“拉伸凸台/基体”命令，系统弹出“凸台-拉伸”属性管理器。在“方向 1（1）”栏的“终止条件”选择框中选择“给定深度”，深度设为 20，单击“反向”图标按钮，其他采用默认设置，结果如图 29-3 所示。单击“确定”按钮完成拉伸特征操作，如图 29-4 所示。

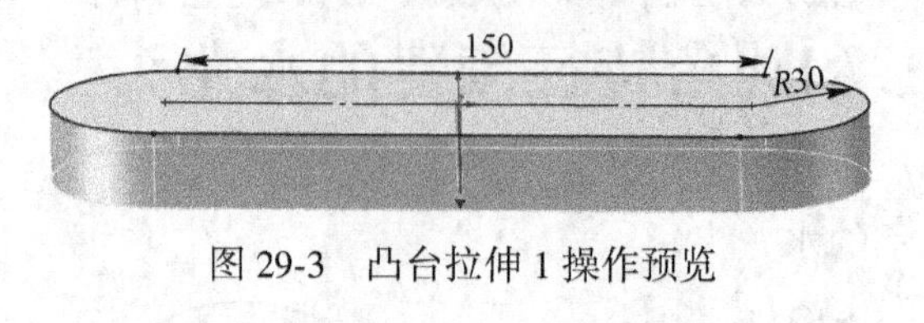

图 29-3 凸台拉伸 1 操作预览

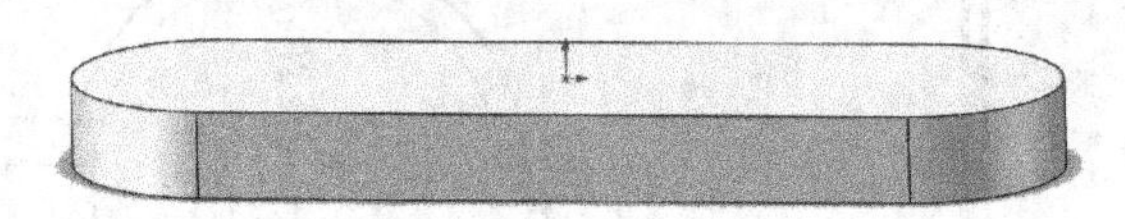

图 29-4 凸台拉伸 1 操作

（4）单击“草图”切换到草图绘制界面。从特征管理器中选择“上视基准面”，单击“正视于”按钮，单击“草图绘制”按钮，进入草图绘制界面。单击“圆”按钮，在原点两边分别绘制 $\phi10$ 和 $\phi20$ 的圆，并添加两圆与同侧相应半圆“同心”的几何关系，完成图 29-5 所示的草图 2。

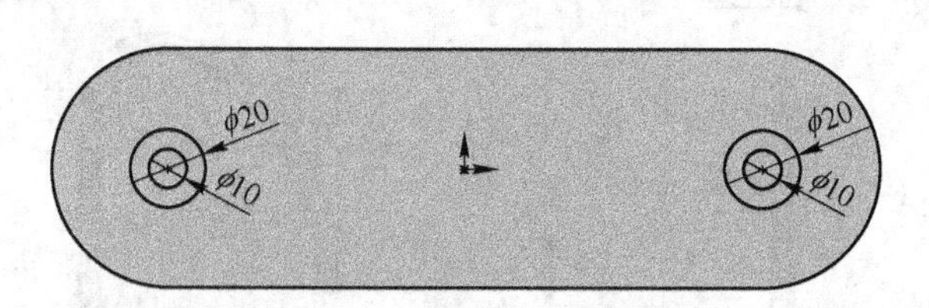

图 29-5 在上视基准面上绘制草图 2

（5）单击“特征”切换到特征创建面板，在特征栏中选择“拉伸凸台/基体”命令，系统弹出“凸台-拉伸”属性管理器。在“方向 1（1）”栏的“终止条件”选择框中选择“给定深度”，深度设为 5，其他采用默认设置，结果如图 29-6 所示。单击“确定”按钮完成拉伸特征操作，如图 29-7 所示。

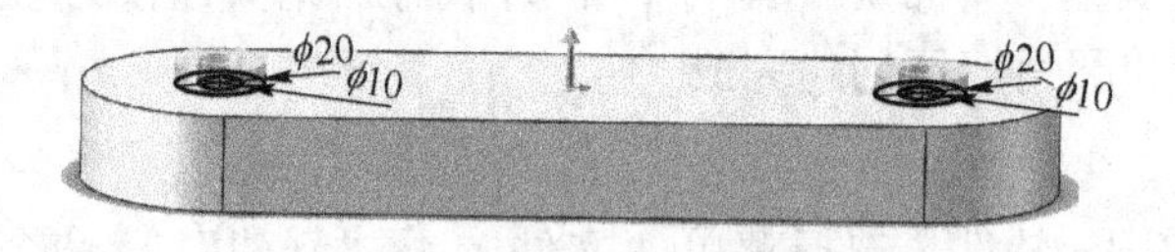

图 29-6 凸台拉伸 2 操作预览

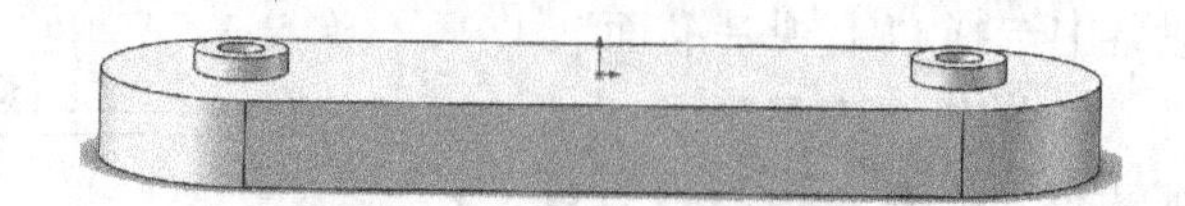

图 29-7 凸台拉伸 2 操作

（6）单击“草图”切换到草图绘制界面。从特征管理器中选择前视基准面，单击“正视于”按钮，单击“草图绘制”按钮，进入草图绘制界面。单击“直线”按钮

↘，绘制两条水平直线和三条竖直直线。单击“样条曲线”按钮~，在上下两条竖直直线之间绘制一条平滑的样条曲线，具体尺寸如图 29-8 所示，完成草图 3 的绘制。

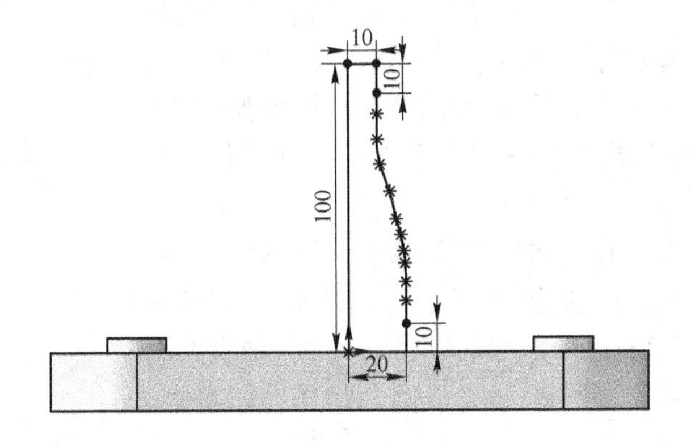

图 29-8　在前视基准面上绘制草图 3

（7）单击“特征”切换到特征创建面板，在特征栏中选择“旋转凸台/基体”命令，系统弹出“旋转”属性管理器。“旋转轴”选择草图 3 中长为 100 的竖直直线，在“方向 1（1）”栏的“旋转类型”选择框中选择“给定深度”，角度设为 360°，其他采用默认设置，结果如图 29-9 所示。单击“确定”按钮✔完成旋转特征操作，如图 29-10 所示。

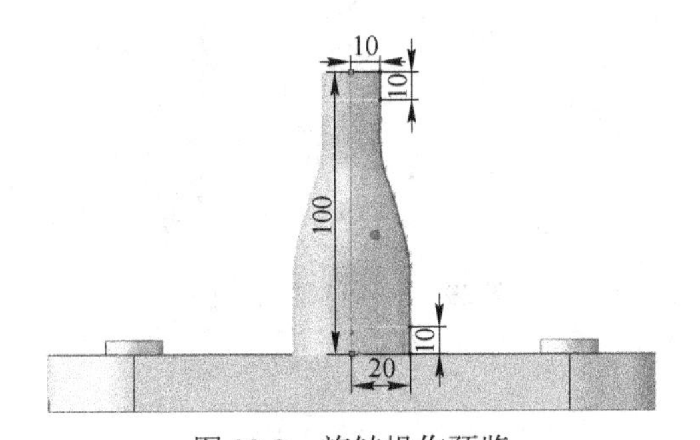

图 29-9　旋转操作预览

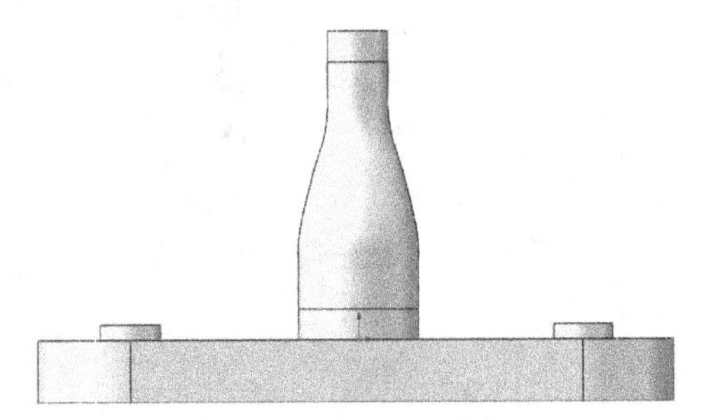

图 29-10　旋转操作

（8）单击“草图”切换到草图绘制界面。选取步骤（7）中生成的旋转实体的上端面，单击“正视于”按钮，单击“草图绘制”按钮，进入草图绘制界面。单击“圆”按钮，绘制圆心位于原点 $\phi10$ 的圆，完成图 29-11 所示的草图 4，并退出草图绘制。

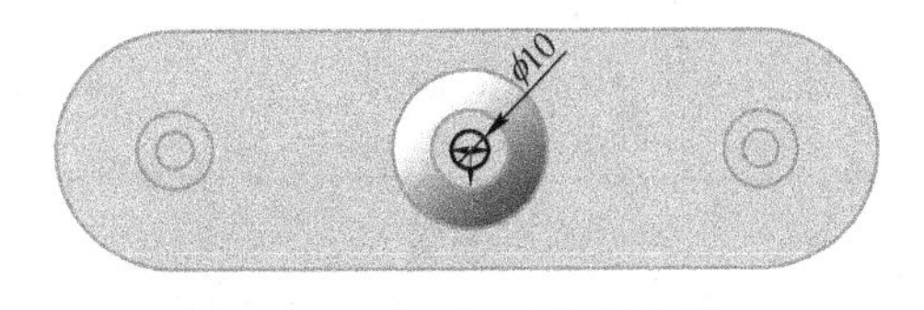

图 29-11　在面 1 上绘制草图 4

（9）从特征管理器中选择右视基准面，单击“正视于”按钮，单击“草图绘制”按钮，进入草图绘制界面。单击“直线”按钮↘，以草图 4 中 $\phi10$ 圆的圆心为下端点，绘制一条长为 120 的竖直直线。单击“切线弧”按钮，绘制一段与直线相切 $R100$ 的圆弧。单击“直线”按钮↘，在圆弧的另一端点绘制一条长为 10 的竖直直线，并添加圆弧和直线成“相切”的几何关系，完成图 29-12 所示的草图 5，并退出草图绘制。

（10）单击“特征”切换到特征创建面板，在特征栏中选择“扫描”命令，系统弹出“扫描”属性管理器。“轮廓”选择草图 4，“路径”选择草图 5，勾选“薄壁特征”，薄壁特征的类型选择“单向”，单击“反向”图标按钮，薄壁的厚度设为 1，其他采用默认设置，结果如图 29-13 所示。单击“确定”按钮完成薄壁扫描特征操作，如图 29-14 所示。

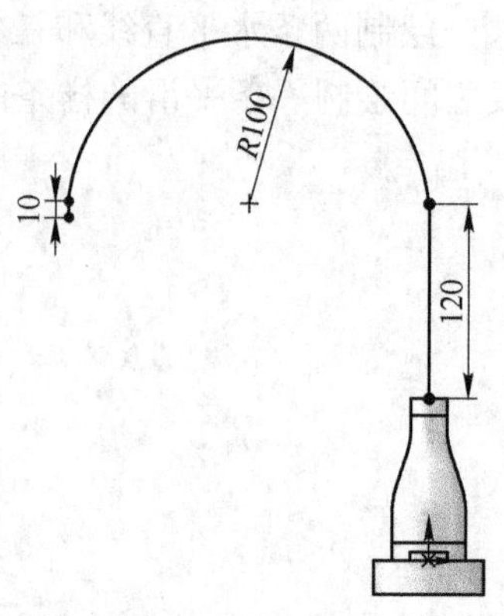

图 29-12　在右视基准面上绘制草图 5

（11）单击特征栏上的“圆角”按钮，系统弹出“圆角”属性管理器。圆角类型选择“恒定大小圆角”，圆角项目选择水龙头模型上四圈边线，圆角半径 R 为 2，结果如图 29-15 所示。单击“确定”按钮完成圆角操作，如图 29-16 所示。

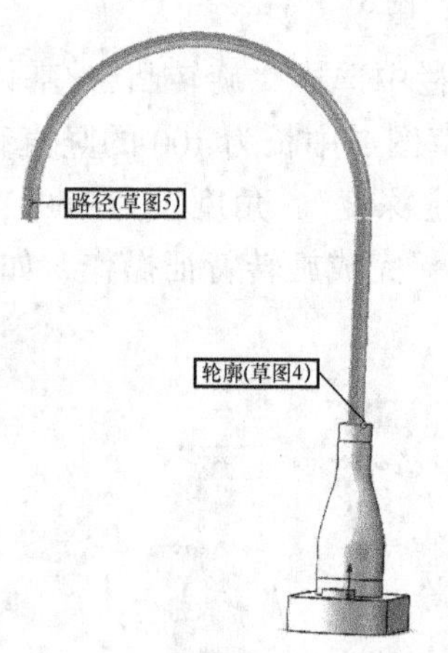

图 29-13　薄壁扫描操作预览

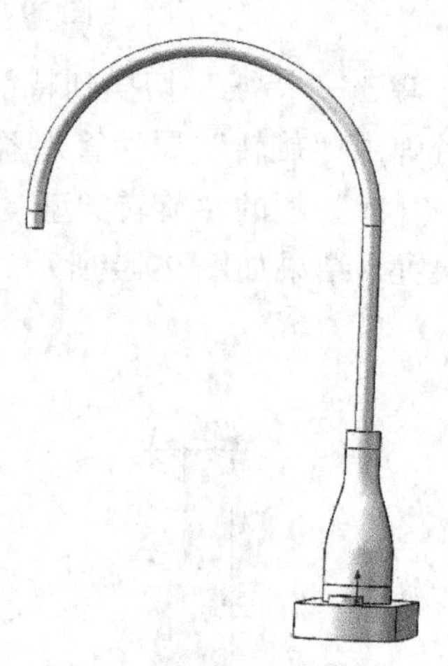

图 29-14　薄壁扫描操作

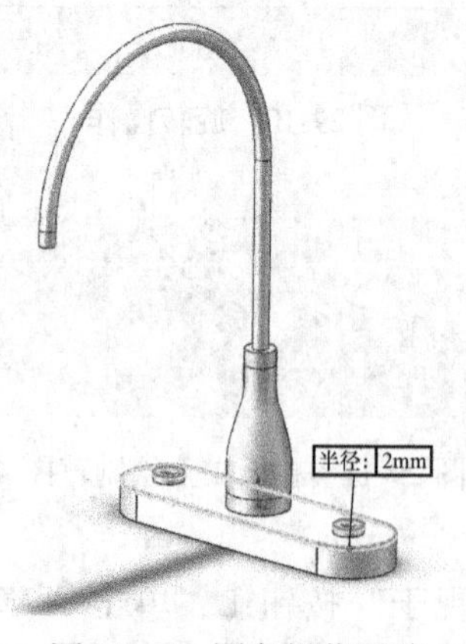

图 29-15　圆角操作预览

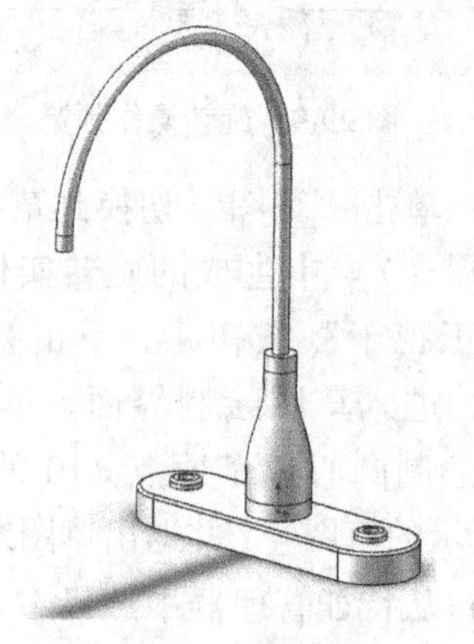

图 29-16　圆角操作

（12）完整实例教程 29 水龙头创建完成。选择菜单“文件”→“另存为”命令，在弹出的“另存为”对话框将文件命名为“实例教程 29 水龙头 . SLDPRT”，单击“保存”按钮。

实例教程 30　洗脸盆和水龙头装配体

——使用装配关系完成洗脸盆和水龙头装配体

扫一扫
观看视频讲解

装配完成如图 30-1 所示的洗脸盆和水龙头装配体。

图 30-1　洗脸盆和水龙头装配体

实例分析：洗脸盆和水龙头装配体是由洗脸盆和水龙头零部件装配而成。首先插入洗脸盆零部件并固定在原点上，然后插入水龙头零部件，并作相应的配合。

装配步骤：

(1) 启动 SolidWorks 软件，选择菜单“文件”→“新建” 命令，在弹出的新建文件对话框中选择“装配体”，单击“确定”按钮，进入装配体设计界面。

(2) 单击“确定”按钮后，系统弹出“开始装配体”属性管理器。单击“浏览”按钮，出现“打开”对话框，找到文件夹中的实例教程 28 洗脸盆零部件，如图 30-2 所示。

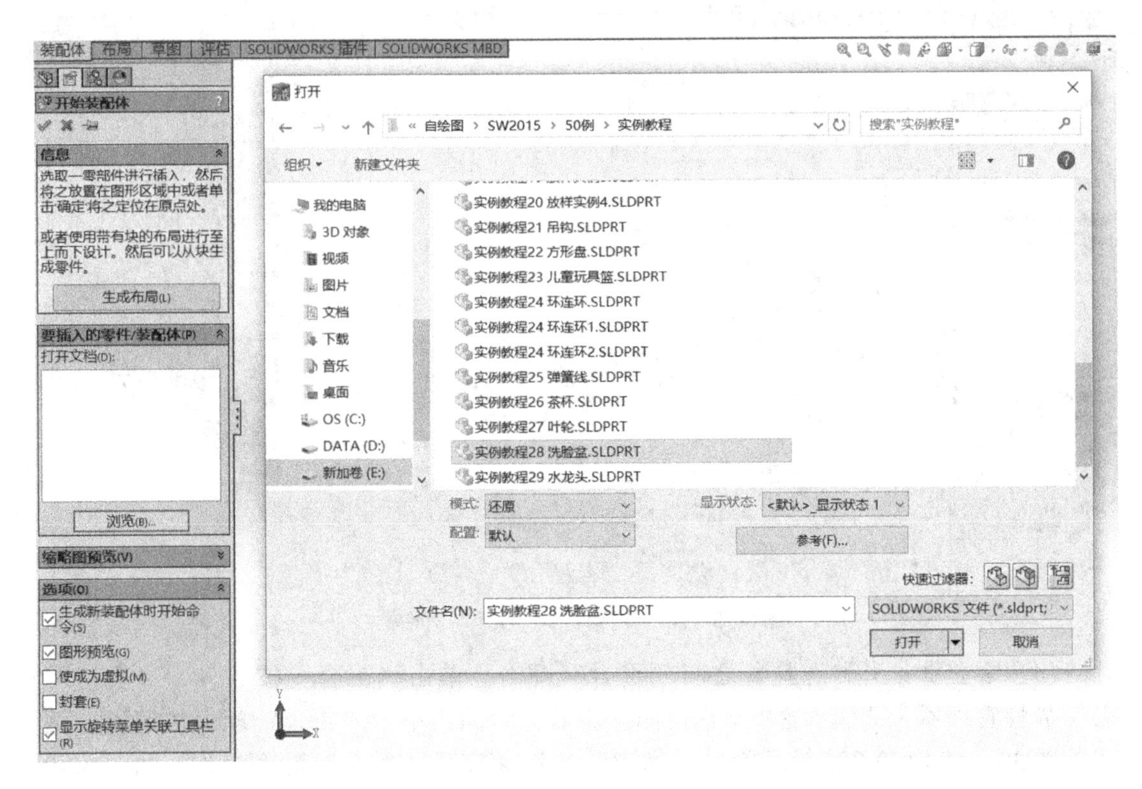

图 30-2　开始装配体的“打开”对话框

单击右下方“打开”按钮，“打开”对话框消失。打开的洗脸盆零部件随着鼠标的移动而移动，在绘图区域将鼠标移到原点位置单击，在原点处插入固定的“洗脸盆”零部件，如图 30-3 所示。在特征管理器中洗脸盆零部件前出现了“（固定）”文字，如图 30-4 所示，表明选脸盆这个零部件位置已固定。在 SolidWorks 软件中，凡是第一个插入的零部件，系统会自动将其固定。

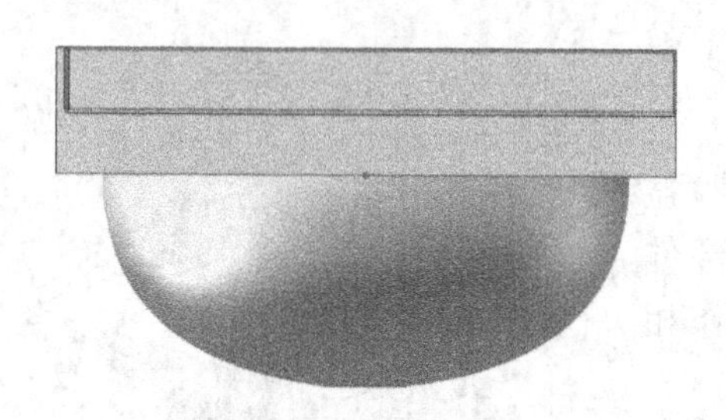

图 30-3　在原点插入洗脸盆

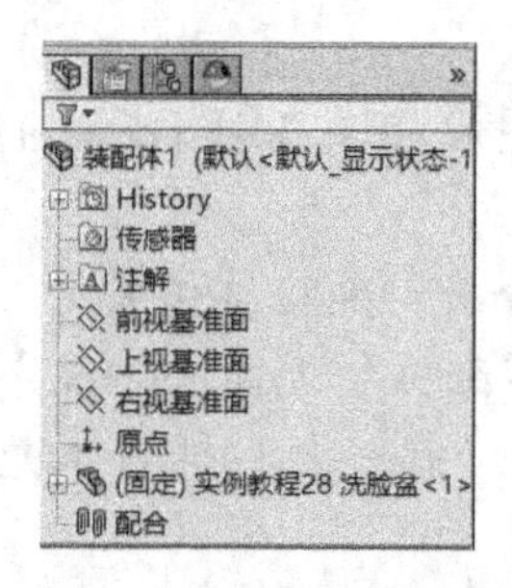

图 30-4　位置固定的洗脸盆

（3）单击面板上的“插入零部件”按钮，系统弹出“插入零部件”属性管理器。单击“浏览”按钮，出现“打开”对话框，找到文件夹中的实例教程 29 水龙头零部件，如图 30-5 所示。单击右下方“打开”按钮，“打开”对话框消失。移动鼠标将水龙头零部件放置到合适的位置后单击，如图 30-6 所示。

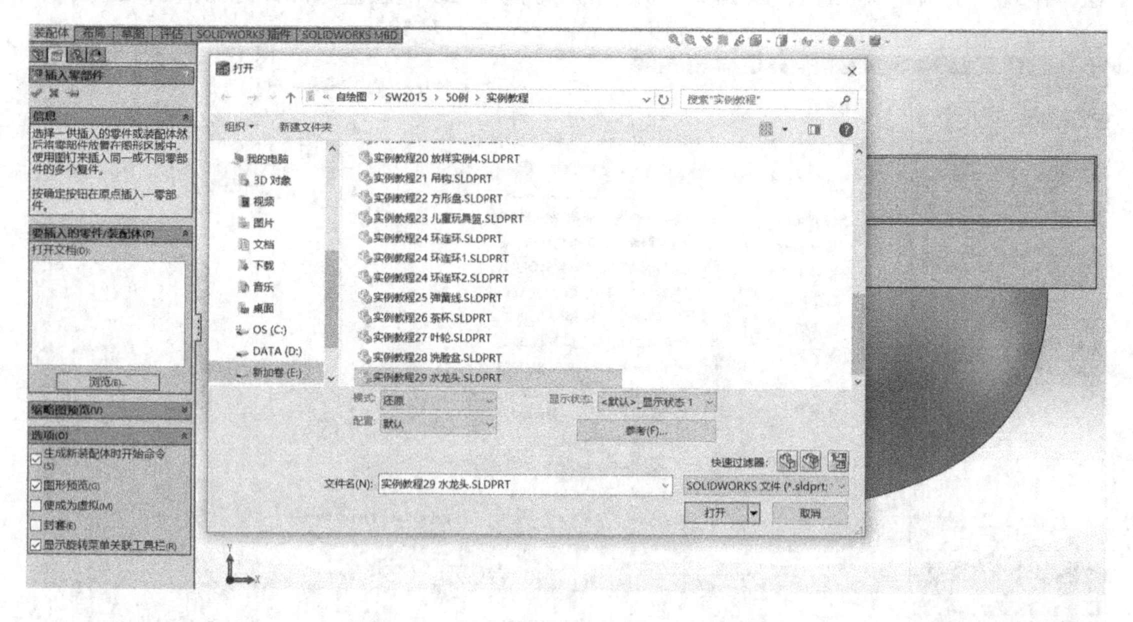

图 30-5　插入零部件的“打开”对话框

（4）建立水龙头和洗脸盆之间“重合”配合。单击“配合”按钮，出现“配合”属性管理器。选择水龙头下端面和洗脸盆上台面，单击“重合”配合按钮，结果如图 30-7 和图 30-8 所示。单击“确定”按钮完成“重合”配合操作，如图 30-9 所示。

图 30-6　在合适位置插入水龙头

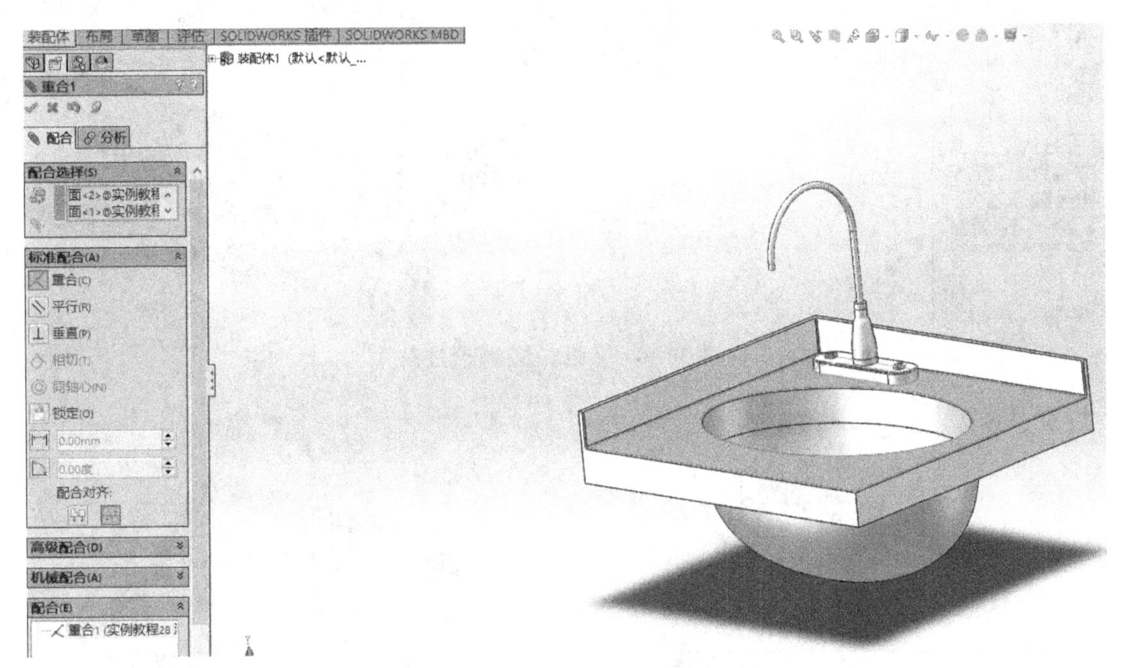

图 30-7　“重合”配合过程

图 30-8　“重合”配合预览

图 30-9　“重合”配合完成

（5）重复步骤（4），建立水龙头和洗脸盆之间“距离”配合。单击“配合”按钮，出现“配合”属性管理器。选择水龙头后端面边线和洗脸盆上台面后边线，单击“距离”配合按钮，距离设为 27.5，结果如图 30-10 和图 30-11 所示。单击“确定”按钮完成“距离”配合操作，如图 30-12 所示。

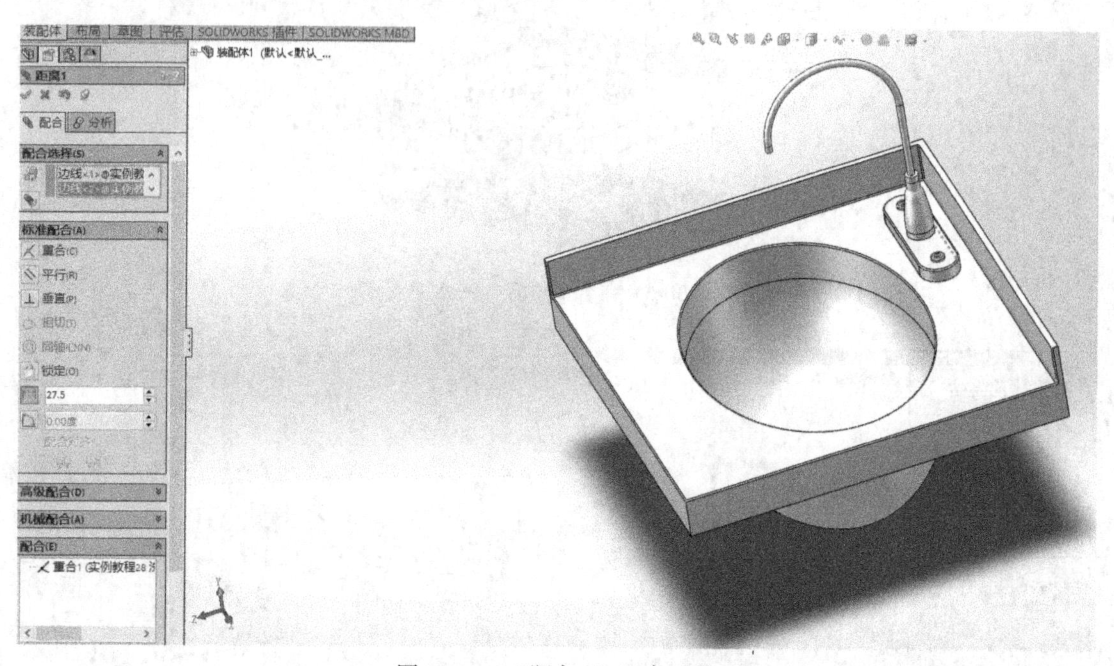

图 30-10　“距离 1”配合过程

图 30-11　“距离 1”配合预览

图 30-12　“距离 1”配合完成

（6）重复步骤（5），建立水龙头和洗脸盆之间“距离”配合。单击“配合”按钮，出现“配合”属性管理器。选择水龙头底座竖边线和洗脸盆上台面右边线，单击“距离”配合按钮，距离设为 225，结果如图 30-13 和图 30-14 所示。单击“确定”按钮完成“距离”配合操作，如图 30-15 所示。

（7）完整实例教程 30 洗脸盆和水龙头装配体装配完成。选择菜单“文件”→“另存为”命令，在弹出的“另存为”对话框将文件命名为“实例教程 30 洗脸盆和水龙头装配体 . SLDASM”，单击“保存”按钮。

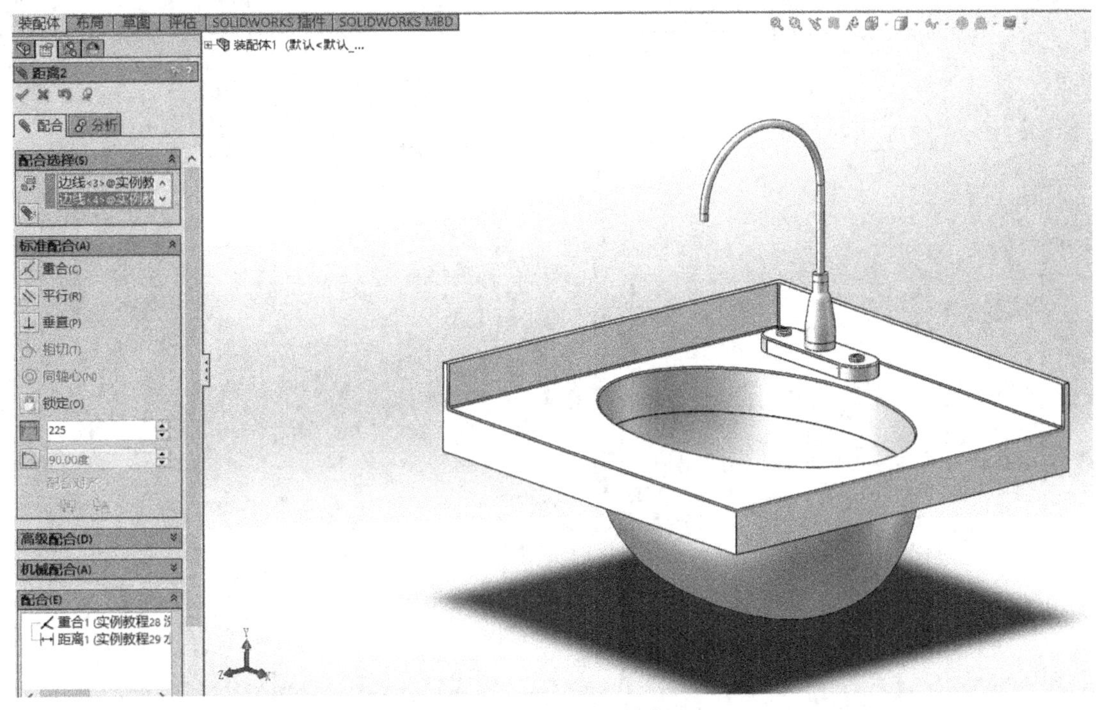

图 30-13　“距离 2”配合过程

图 30-14　“距离 2”配合预览

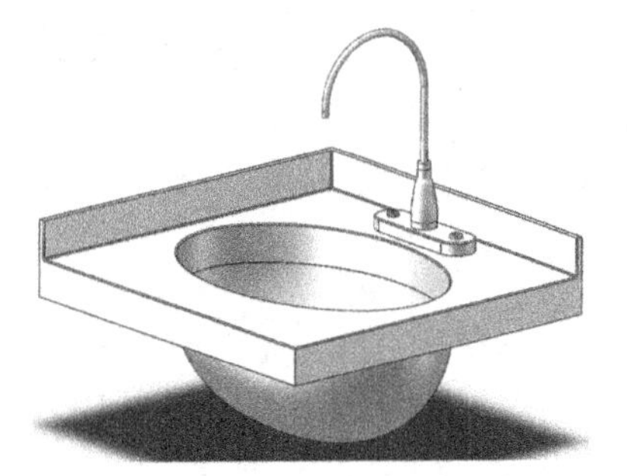

图 30-15　“距离 2”配合完成